坎儿井地下水资源涵养与保护技术

邢义川　张爱军　王　力　胡海涛　王俊臣　等著

黄河水利出版社
·郑州·

内 容 提 要

本书是在水资源节约管理与保护专项“坎儿井地下水资源涵养与保护方案编制”项目(1261330111014)研究成果的基础上,经过总结、提炼、深化后编撰而成的。全书共6章,涉及坎儿井区域水环境演变调查与趋势分析、吐鲁番盆地山前冲积扇蓄洪入灌地下水技术论证、坎儿井的破坏机理与加固技术研究和非灌溉期坎儿井水量控制与地下水涵养技术研究四个方面的内容。

本书可供从事水利工程设计、施工、科研等工作的工程技术人员参考,也可作为高等院校相关专业师生的教学参考书。

图书在版编目(CIP)数据

坎儿井地下水资源涵养与保护技术/邢义川等著.
郑州:黄河水利出版社,2015.4
ISBN 978-7-5509-1087-4

Ⅰ.①坎… Ⅱ.①邢… Ⅲ.①坎儿井-地下水资源-水资源管理②坎儿井-地下水资源-资源保护
Ⅳ.①TV213.4

中国版本图书馆CIP数据核字(2015)第079095号

策划编辑:李洪良 电话:0371-66026352 邮箱:hongliang0013@163.com

出 版 社:黄河水利出版社
地址:河南省郑州市顺河路黄委会综合楼14层 邮政编码:450003
发行单位:黄河水利出版社
发行部电话:0371-66026940、66020550、66028024、66022620(传真)
E-mail:hhslcbs@126.com
承印单位:河南省瑞光印务股份有限公司
开本:787 mm×1 092 mm 1/16
印张:12 彩插:1
字数:280千字 印数:1—1 000
版次:2015年4月第1版 印次:2015年4月第1次印刷

定价:48.00

坎儿井地下水资源涵养与保护技术

项目类别:水资源节约管理与保护

项目名称:坎儿井地下水资源涵养与保护方案编制(1261330111014)

依托单位:中国水利水电科学研究院

参加单位:中国水利水电科学研究院
吐鲁番地区水利水电勘测设计研究院
西北农林科技大学

项目负责人:邢义川

主要完成人:邢义川　张爱军　黄庆文　王　力
魏振荣　王俊臣　胡海涛　安　鹏
刘建刚　邓　俊　郭敏霞　张　博
张　伟　宋志鹏　买尔旦·买买提
余　琅　朱海龙　赵卫全　万金红
李云鹏　朱云枫　周　波　金松丽
陈方舟

前　言

坎儿井主要分布在我国新疆的吐鲁番和哈密地区，与都江堰、大运河并称为我国古代三大水利工程，是我国古代伟大的历史遗产，也是可以正常使用的“活态文物”。但是，多年来由于地下水严重超采、坎儿井暗渠及竖井破坏严重以及管理模式落后等，坎儿井出水量日渐减少，有水坎儿井数量急剧衰减，具有逐渐消亡的趋势，亟待拯救。受水资源节约管理与保护专项资助，笔者开展了“坎儿井地下水资源涵养与保护方案编制”项目的研究工作。本书在大量调查分析的基础上，系统论述了坎儿井的现状和引起坎儿井衰减的本质原因；在分析和论证吐鲁番盆地山前冲积扇蓄洪入灌地下的可能性基础上，提出了以涵养吐鲁番盆地山前地下水为主的坎儿井地下水资源保护技术——蓄洪入灌技术；在分析坎儿井运行规律的基础上，提出了坎儿井非灌溉期间农闲水利用技术——农闲水回灌地下技术；在分析坎儿井水无法控制、无法实现科学用水管理的基础上，提出了坎儿井水量增强和实现人为控制管理技术——辐射井坎儿井水量增强和控制技术；在采用现场实测、室内试验和数值模拟等多种方法研究的基础上，揭示了坎儿井的破坏机理，提出了新型的坎儿井暗渠加固技术——锚杆挂土工格栅喷（抹）混凝土加固技术。主要内容如下：

（1）坎儿井区域水环境演变调查与趋势分析。对新疆坎儿井做了详细的统计调查；分析了近30年来吐鲁番地区引起坎儿井干涸衰减的主要因素和区域水环境演变趋势；通过坎儿井与机电井布局、数量以及抽水量的数值模拟，重点分析了机电井对吐鲁番地区坎儿井出水量的影响；针对坎儿井及区域水环境演变趋势，提出了坎儿井保护与利用策略。

（2）吐鲁番盆地山前冲积扇蓄洪入灌地下水技术论证。采用现场踏勘和数值分析等方法，分析了天山山前暴雨特征、洪水频率、水文地质条件等，论证了山前蓄洪入灌地下水增加坎儿井水源补给量的可行性；研究了入灌洪水的泥沙处理和入灌工程技术，提出了蓄洪入灌补给地下水的鱼鳞坑或拦洪坝技术方案；以喀尔于孜萨依沟区域作为典型区域计算了蓄洪入灌量，并扩展至吐鲁番盆地得出：若修建蓄洪入灌工程后，5年一遇洪量增加补给地下水量约570.2万 m^3/a。

（3）坎儿井破坏机理与加固技术研究。采用现场考察、土工试验和数值分析相结合的方法，对坎儿井暗渠和竖井在干湿循环、冻融循环和水流渗透作用下的破坏机理进行了研究，揭示了引起暗渠破坏的主要影响因素；系统总结了现有的坎儿井竖井和涝坝加固方案，以及暗渠与明渠的防渗方案，提出了方案选择原则；在传统的坎儿井暗渠出口段加固方案分析的基础上，提出了“自旋式锚杆挂土工格栅喷（抹）混凝土加固方案”，修建了一处示范工程，并开展了数值模拟验证和经济技术比较论证，证明方案的可行性。

（4）非灌溉期坎儿井水量控制与地下水涵养技术研究。根据坎儿井出水量、灌溉用水量、生态用水量等，对坎儿井非灌溉期间的农闲水量和灌溉期间的农闲水量做了预测，证明2015年以前每年的农闲水量均不少于4 800万 m^3；根据吐鲁番当地实际情况，提出了利用农用机电井和设置反滤回灌井进行回灌的两种技术方案，并以农用机电井为例开展了现场回灌试验和有限元数值模拟，论证了其可行性；通过对坎儿井水文地质情况和运行机制的研究，提出了辐射井控水方案和暗渠加固控水方案，为解决非灌溉期间坎儿井井水流失浪费问题提供了可行的方法。

本书编写人员及编写分工如下：第1章由邢义川、王力、安鹏编写，第2章由王力、张爱军、刘建刚、邓俊编写，第3章由胡海涛、张爱军编写，第4章由邢义川、王俊臣、安鹏编写，第5章由张爱军、张伟、宋志鹏编写，第6章由邢义川、张爱军编写。安鹏完成了全书文字的整编和校订工作。项目组其他成员均为本书成果的提出和本书的编著出版做了大量极有成效的工作。

作 者

2014年10月31日

目 录

第1章　绪　论

坎儿井主要分布在干旱、半干旱的国家和地区，由于干旱少雨，这些地区很难形成永久性河流，但蕴含丰富的地下水资源。千百年来，生活在这里的人们发明创造了坎儿井，并传播到其他地区。目前，全世界有40多个国家分布有坎儿井，我国主要分布在新疆。据统计，新疆坎儿井暗渠总长度超过5 000 km，人们形象地喻之为“地下长城”。

1.1　概　述

坎儿井是“井穴”的意思，新疆维吾尔语称为“Karez”，伊朗波斯语称为“Qanat”。各地叫法不一，如陕西省叫作“井渠”，山西省叫作“水巷”，甘肃省叫作“百眼串井”，也有的地方称为“地下渠道”。坎儿井是在第四纪地层中，通过截取山前冲积扇的地下水潜流，采用暗渠输水至盆地的一种取水方式，可以有效避免蒸发损失。这种取水方式无需提供能源，可自流供水和灌溉。

1.1.1　坎儿井构造

坎儿井由暗渠、明渠、竖井、涝坝四个部分组成。工程的主体深藏地下，叫作“暗渠”，并具有一定的纵坡降。暗渠又分为集水段和输水段，前部分为集水段，位于当地地下水位以下，起截引地下水的作用；后部分为输水段，在当地地下水位以上。由于暗渠坡度小于地表坡度，因此地下水可通过暗渠自流出地表（如图1-1所示）。

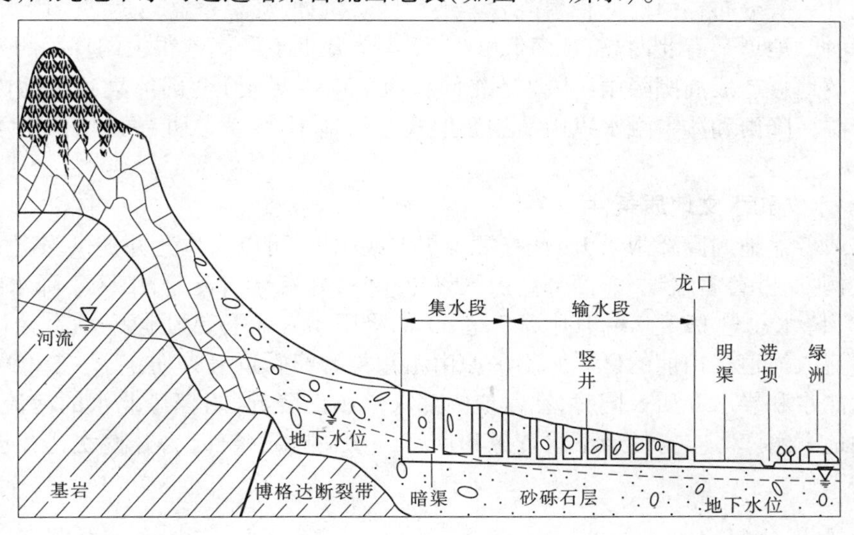

图1-1　坎儿井纵剖面示意图

明渠在龙口至涝坝中间,用于输送井水到灌溉地或者供水地,以及最后的涝坝内。竖井是为了方便坎儿井暗渠的掏淤和通风而开挖的。涝坝是坎儿井的储水工程,储存多余井水,以提高灌溉用水能力,并可调节水量用于农田灌溉。

坎儿井按其成井的水文地质条件可以分成三种类型:一种是山前潜水补给型,这类坎儿井直接截取山前侧渗的地下水,集水段较短;一种是山溪河流河谷潜水补给型,这类坎儿井集水段较长,出水量较大,在吐鲁番地区分布较广;另一种是平原潜水补给型,这类坎儿井分布在灌区内,地层多为土质,水文地质条件差,出水量较小(俗称土坎)。

一条坎儿井的总长度大约在几百米到十几千米不等,四季水流不断,水量稳定。由于断面面积较小,坎儿井暗渠顶部呈尖拱形,一般不需要衬砌,每年仅需适当维修。坎儿井的竖井则完全是为开挖暗渠,供施工人员出入及运出挖渠弃土所建。涝坝的库容根据坎儿井的出水量和其控制的灌溉面积而定。在古代科学技术不发达的条件下,这种结构简单,无需耗用动力,自流引出地下水的方法充分显示了古代劳动人民的勤劳和智慧。

1.1.2　坎儿井赋存条件

坎儿井的开挖需要独特的自然环境,即气候条件、地形和地貌条件,以及水文和水文地质条件等。

1.1.2.1　气候条件

坎儿井分布区要求降水少,特别是一次性降水少,以不形成地表径流为最好。大量降水对坎儿井的安全运行极为不利,雨水下渗入坎,坎儿井周壁土中的细颗粒随水流运移,轻者淤积暗渠,重者会造成暗渠塌方堵水,乃至断流报废。一次性降水量的大小,是坎儿井能否开挖的重要条件。例如,吐鲁番地区多年平均降水量不足 17 mm,这种降水条件十分有利于坎儿井的开挖和稳定。

1.1.2.2　地形和地貌条件

坎儿井一般分布在山前冲积扇或者盆地地区。例如,吐鲁番盆地是一个山间洼地,四周高,中间低,地形具有北西高、东南低、以艾丁湖为最低点和高差很大的环状闭塞地形特点。这样的地形造成周围降雨(主要是北部和西部山区降雨)全部汇集到盆地内部补给盆地水资源。降雨和冰雪融水以山前侧渗形式补给地下水,为坎儿井提供源源不断的水源补给。

1.1.2.3　水文和水文地质条件

山上或者盆地周围降雨量大,且有常年积雪或冰川,可以为坎儿井提供稳定的地下潜水水源。例如,吐鲁番盆地北、西部高山区终年积雪,并有冰川覆盖,山区年降水量 700 ~ 800 mm,年降水总量 15 亿 m^3,其中 5.7 亿 m^3 的降雨渗入地下变为地下水,其余以地表径流的形式流入河道。山前的砾质倾斜平原由粗颗粒的卵砾石组成,层厚均在 200 m 以上,是良好的储水和导水介质。同时,在盆地中部火焰山的隆起,阻挡了北水的南流,形成一个巨大的地下水库。丰富的地下水资源和良好的水文地质条件,为开挖坎儿井创造了极为有利的条件。

1.1.3　坎儿井沿革

关于坎儿井的起源,学术界众说纷纭。目前,主要流传着三种说法:一种是坎儿井始凿于汉代，早在《史记》中便有记载，时称“井渠”，由内地传入新疆，然后由新疆传向中亚等国；一种是挖坎儿井的技术源于波斯（伊朗）的“Qanat”，后传入新疆；但更多的人认为坎儿井是新疆劳动人民根据当地自然地理条件，经过长时间的探索，充分发挥自己的聪明才智，在生产实践中创造的。这三种说法都是根据文献推断而来的，但坎儿井两千年来存在于新疆吐鲁番及哈密地区已经是一个毋庸置疑的事实。

历史上坎儿井一直是吐鲁番、哈密地区农业和生活的主要水源，但受当时人口和社会经济发展水平所限，发展速度缓慢。直至19世纪中叶，清朝道光年间，吐鲁番地区的坎儿井在林则徐的倡导下有较大发展，是新疆坎儿井发展的重要阶段。

清道光二十二年（1842年），林则徐被贬新疆，协助办理垦务。道光二十五年（1845年），林则徐亲历南疆库车、阿克苏、叶尔羌等地勘察，行程三万里，所至倡导水利，开辟屯田。其间，林则徐在吐鲁番发现了当地的民间水利设施——卡井。这种卡井能引水横流，由南至北，渐引渐高，水从地下穿穴而行，林则徐觉得非常有意思，用六日时间研究卡井之运作，其后把卡井改造，命名为“坎井”，将之推广，只要地形许可，就开凿“坎井”，“坎井”数量星罗棋布，把吐鲁番、伊拉里克等大片荒野变成沃土，为吐鲁番坎儿井发展做出了巨大贡献。林则徐深受当地人感戴，称坎井为“林公井”、渠为“林公渠”。

吐鲁番另一次兴建坎儿井的高潮是在左宗棠进入新疆以后。光绪六年（1883年），左宗棠进疆后，号召军民大兴水利，在吐鲁番开挖坎儿井近200处，在鄯善、库车、哈密等处都新建不少坎儿井，并进一步扩展到天山北的奇台、阜康、巴里坤和昆仑山北麓皮山等地。

哈密坎儿井，军坎始于1825年，民坎始于1845年，1905年哈密回王雇吐鲁番坎匠在自己的领地尖尖墩、二堡、三堡、五堡开挖坎儿井。其中，规模最大的3条坎儿井集中在二堡的鸽子窝。每条坎儿井的流量足以灌溉千亩以上的耕地，其他14条坎儿井则分布在王府辖地中缺少地面水源的地方。

民国初，新疆水利会勘察全疆水利，重点对吐鲁番、鄯善等地的坎儿井进行了规划，提出了开凿新井和改造旧井的计划。重点普查了吐鲁番、鄯善、库车和木垒等地的坎儿井及水资源状况。以吐鲁番为例，当时勘查结果为“河水居其三，坎水居其七”。据查，当时吐鲁番有坎儿井600条，鄯善约360条，托克逊100条，在当地的农业生产中作用很大。

1949年前，吐鲁番和哈密地区的工农业生产用水及人畜饮水主要靠泉水和坎儿井水。1943年数据显示，哈密地区共有坎儿井约495条，年出水量1.97亿 m^3，可灌溉土地0.75万 hm^2（11.25万亩[1]）。20世纪50年代，工农业生产发展很快，生产、生活用水严重不足，主要靠新挖坎儿井，掏捞、延伸坎儿井，挖泉眼，增加可供水量。据统计，1949年年底，吐鲁番地区311.33 hm^2 土地中，有50%是坎儿井灌区，吐鲁番地区可使用的坎儿井1 084条，年出水量5.081亿 m^3，灌溉土地1.93万 hm^2（28.95万亩）。1957年增加到1 237条，年出水量5.626亿 m^3，可灌溉土地2.14万 hm^2（32.10万亩）。当时各公社（乡）均有挖坎专业队，并制定了“定领导、定人员、定时间、定任务、定质量”的“五定”制度，常年对坎儿井进行捞泥、维修、延伸，保证坎儿井出水量逐年增加。

随着人口的增长，工农业生产的不断发展，泉水和坎儿井水已不能满足国民经济和社

[1] 1亩 = 1/15 hm^2，下同。

会发展的需要。1966 年有水坎儿井 1 161 条,年径流量 6. 607 亿 m^3(这是历史上坎儿井年径流量最多的一年)。从此坎儿井无论从数量上还是从年径流量上都呈下降趋势。至2005 年,坎儿井数量有 390 条,年径流量 1. 909 6 亿 m^3。坎儿井数量比最多的 1957 年减少了 847 条,减少 68. 5%;年径流量比最多的 1966 年减少了 4. 697 4 亿 m^3,减少 71. 1%。

从 1968 年开始,逐步掀起了一个群众性打井运动,至 1985 年吐鲁番地区共打井 3 431眼,年抽水量 1. 756 亿 m^3。在此期间还建成了 10 座中小型水库,总库容 0. 62 亿 m^3,灌溉面积增加到 6. 649 万 hm^2。

随着当地耕地面积的不断扩大和大力发展机电井,地下水位急剧下降,严重干扰了坎儿井水源,最终导致大量坎儿井因失水而被荒弃。1997 年哈密地区坎儿井仅剩 177 条,年出水量 0. 41 亿 m^3,可灌溉面积减少至 0. 08 万 hm^2(1. 2 万亩)。近几年来,由于个体户的开发,坎儿井数量有所增加,但坎儿井总流量依然在逐年减少。2003 年,吐鲁番地区有水坎儿井尚存 404 条,至 2009 年第三次全国文物普查,吐鲁番地区有水坎儿井数量已经锐减到 242 条。

坎儿井是在新疆干旱地区特有的自然环境、水资源条件下,在新疆社会发展的历史阶段产生的水利工程,至今仍作为当地农村人畜饮水工程的主要水源,被当地人民誉为“生命之泉”,但目前坎儿井正处于日益衰减、干涸以至消亡的状态。

1. 2 坎儿井价值分析

坎儿井在吐鲁番、哈密盆地 2 000 多年的发展过程中,已成为当地人民生产、生活、生态环境保护和人文形态中不可缺少的一部分,对吐哈盆地绿洲的形成和发展、绿洲文明的孕育起到了决定性作用。作为干旱地区人们利用水资源最为经济、有效的水利工程,坎儿井不仅有其重要的科技价值,并且在发展地方经济、保护生态环境,以及促进历史文化建设方面也具有不可替代的作用。

1. 2. 1 科技价值分析

新疆独特的地形、地貌和水文地质条件,造就了坎儿井这一具有地域特色的古代水利工程。坎儿井科学的规划、卓越的技术成就,使其成为历史上干旱区水资源与绿洲农业发展史的里程碑。

1. 2. 1. 1 卓越的技术成就

吐鲁番、哈密盆地气候条件极为干旱,地面径流极度缺乏。盆地北面由冰雪融水和降雨补给的天山水系以数十条山谷河流的形式流向盆地。这些河流在流出山口后,流经戈壁砾石地带,大多数渗入地下。吐鲁番盆地中部火焰山背斜构造多属泥质页岩,透水性极差,阻止了地下水向南流入盆地,从而使火焰山北麓出现了不少由回归潜水形成的高水位地带,并在火焰山所有缺口处形成了一系列的泉水沟。这些泉水流出火焰山后,再次渗入地下,补给了火焰山南部盆地的地下径流。吐鲁番、哈密盆地丰富的地下水源,加上地面坡度大等因素,形成了开挖坎儿井引水的条件。

古代的经济技术条件较差,修建地面水利工程困难很大。坎儿井的取水形式既可节省土方工程,又可长年供水;地下渠道不但可以防止风沙侵袭,而且可以减少蒸发损失;工程所需材料易于获得,操作技术亦颇简易,容易被当地群众所掌握。千百年生产劳动的实践和内外文化技术经验的交流,在吐鲁番盆地成就和成熟了坎儿井技术,并流传至今。因此,可以说利用坎儿井开采地下水,是人类认识自然、利用自然,并合理改造自然的一次成功壮举。

1.2.1.2　科学的规划

坎儿井由竖井、暗渠、明渠、涝坝四部分组成。暗渠是坎儿井的主体,分段设置,长度一般为3～5 km,最长的超过10 km。暗渠的出口称龙口,龙口以下接明渠。明渠是暗渠出水口至农田之间的水渠。明渠与暗渠交接处建有涝坝,又称蓄水池,用以调节灌溉水量,缩短灌溉时间,减少输水损失和调节水温。竖井与暗渠相通,用于出土、通风、定向。竖井分布疏密不等,上游比下游间距长,一般间距30～50 m,靠近明渠处10～20 m。竖井的深度,最深者可达80 m以上,从上游至下游由深变浅。

水源由当地坎匠们选定,这些坎匠具有非常丰富的经验。他们所选的坎儿井源头一般出水量较大、水流通畅、源流时间较长。即使用现代科学探测手段探得的水文地质条件相同的两个地方,其出水量也是不一样的。在当时的历史条件下,坎匠们无从得到具体的水文地质资料,他们仅依靠口口相传、手手相授的观测经验来判断出水量较大的位置。通常他们从土壤的颜色、湿度,附近鹅卵石的形状、植被的种类和覆盖情况来判断地下水源的丰富程度。

1.2.1.3　严格的施工工艺

暗渠的挖掘是坎儿井的主要工程(见图1-2),是输送水的主要廊道,工程量大、用工时间长。镐头和镢头用来挖土,桶或箩筐用来装土,所挖之土用人力或畜力牵引辘轳出土。为了保证地下照明和挖掘方向的正确性,用定向灯来指引方向和照明。为了把挖出的土运出去,每隔20～50 m就要挖一个竖井,挖出的土堆放在井口周围可以阻挡山洪冲击到井中,对井造成破坏。井口平时用树枝或井盖加土封上,一是可以减少水分蒸发,二是可以保护井渠不受外界风沙或洪水的破坏。

灯葫芦,俗称坎儿井匠的眼睛,是坎儿井开凿、维修、延伸时使用的首选工具,这些灯葫芦铸造工艺复杂多变,不仅形态各异,而且功能多样,使用方便、灵活、简单易行,在坎儿井开凿、掏捞、延伸施工前,先将灯点燃,用绳子放下去或在施工匠人进入深部暗渠时测定是否有瘴气存在,以防施工人员伤亡,还具有深井、暗渠开凿时照明,两竖井间凿通暗渠定向(取直),暗渠顶部、两侧和渠底的平直测定,以及“更班”计时等功能,是古代吐鲁番各族劳动人民聪明智慧的结晶。

坎儿井的运行是利用地面坡度大于地下水力坡度的特点,将上游的地下潜流引出流向下游地面,在无需动力的前提下进行自流灌溉,无需任何提水设备。坎儿井独特的施工工艺集中体现了古代劳动人民在长期与干旱恶劣环境作斗争的过程中练就的特殊智慧。

1.2.2　社会经济价值分析

吐鲁番地区水资源极度匮乏,是新疆最缺水地区之一。历史上,坎儿井一直是吐鲁番和哈密地区人畜饮水和农业灌溉的重要水源。吐鲁番盆地地下水矿化度高,而坎儿井水

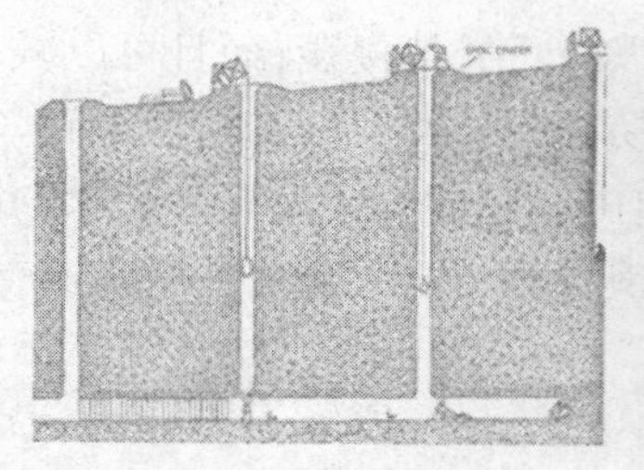

竖井及暗渠挖掘

井架及竖井

灯葫芦

绞盘

图 1-2 坎儿井施工工艺

来自山前地下潜水，矿化度低、无污染、常年水温变化不大、冬季不冻，是当地人民生活用水的重要保障。目前，仍有约 5 万居民和 10 万头牲畜直接饮用坎儿井水。

坎儿井是发展农牧业生产的主要水源之一。1943 年，坎儿井年出水量为 1.97 亿 m^3，可灌溉土地 11.23 万亩；1949 年年底，坎儿井年出水量为 5.081 7 亿 m^3，坎儿井灌区的灌溉面积为 28.99 万亩，占耕地面积的一半；1957 年，出水量增加到 5.626 亿 m^3，灌溉面积达到 32.14 万亩。出水量最大的一年是 1966 年，可达到 6.607 亿 m^3。近年来，坎儿井仍承担着大量的灌溉任务，2003 年灌溉面积 13.23 万亩，2009 年灌溉面积 9.87 万亩。

吐鲁番地区属于纯灌溉农业，坎儿井灌溉对当地农牧业经济发展，提高农民收入发挥着重要的作用。吐鲁番地区是国家重点葡萄生产基地，目前种植面积达到 45.51 万亩，全年的葡萄产量为 50.45 万 t，特殊的气候条件也使其成为全国 95% 的葡萄干生产基地。吐鲁番地区，农业人口为 43.2 万，占总人口的 70%。2012 年农牧民人均纯收入 7 236 元，农民收入主要依靠农业生产，坎儿井水资源发挥了重要作用。

1.2.3 生态价值分析

吐鲁番盆地是内陆典型的沙漠绿洲，其年降雨量不足 17 mm，蒸发量却达到 3 000 mm 左右，地面径流稀少。坎儿井通过截取山前潜流将水送到绿洲盆地，是沙漠绿洲主要且稳定的水源，孕育了吐鲁番盆地的生态文明。

坎儿井水源源不断地输向干旱、高温的沙漠地带，所到之处绿洲兴起，使原本不适合人类居住的环境变得生机盎然。20 世纪五六十年代的吐鲁番地区，随处可见以坎儿井命名的村落，到处是一片宜人的田园风光。吐鲁番炎热的夏日，沙漠上热浪滚滚，而暗渠边凉风习习，涝坝旁绿柳成荫，坎儿井营造的小气候格外宜人。

坎儿井本身就是一个独特的生态系统，它不仅是吐鲁番盆地很多植被获得水源的主要途径，同时对当地动物的生存起着特殊的作用。例如，坎儿井竖井在地面呈现一串线形的土丘，有利于沙蜥、沙鼠等穴居动物的栖息；鸟类利用坎儿井的内壁筑巢、繁殖、隐蔽或御寒。坎儿井的涝坝不但能调节水量，还是鱼类、两栖类生物的特殊生存环境。涝坝水量稳定、水温适中（一般夏季水温在16~17 ℃，即使在严冬也不低于10 ℃）、矿化度低（pH值在7.9~8.2），适宜鱼类和两栖类生存。水中多种浮游生物是鱼类的天然食物，生物的排泄物给农田提供营养，形成了小生态系统的良性循环。总之，坎儿井独特的条件和丰富的水资源成为了当地动植物生存的重要物质基础，并引来其他动物，丰富了该区域内动植物种类的多样性。

坎儿井在农业灌溉方面维持着成片绿色农田的同时，还滋润着7万多亩生态林木，在维持区域生态系统平衡上起着举足轻重的作用。根据计算，大约40%的坎儿井水量还给了生态环境，这恰恰是维持当地生态平衡所必需的。然而，近些年吐鲁番盆地地下水超采严重，地下水位下降，不少天然植被因缺水已逐渐衰退死亡。艾丁湖盐场公路沿线的植物剖面可以清晰地显示植被演替规律。卫星遥感监测数据表明，吐鲁番盆地荒漠化土地面积已经占了盆地总面积的46.87%。然而，有水坎儿井附近区域仍然保持着绿色与生机，无水坎儿井区域荒漠化加剧，很多居民也已搬迁。

由24位院士、知名教授和研究人员组成的专家队伍进行的关于中国西北水资源的最新研究成果表明：西北地区生态耗水和经济社会系统耗水以各占50%为宜，新疆之所以生态环境持续恶化，其根本原因在于没有足够的生态用水。坎儿井这种水利设施既能供给社会经济用水，又可供生态用水，因此在绿洲生态供水中的地位就显得举足轻重了。

1.2.4　历史文化价值分析

坎儿井不只是吐鲁番、哈密盆地的引水工程，更具有丰富的历史文化内涵，它的出现标志着游牧生活方式转向定居生活方式，农业成为区域的主要经济支撑。目前，吐鲁番坎儿井是国家级重点文物保护工程，作为一项不可多得的珍贵人类文化遗产，坎儿井具有极高的历史文化价值，甚至有专家认为，在科技文明发达的今天，坎儿井的文化价值远远要超过它的其他价值。

1.2.4.1　坎儿井的历史文化价值

坎儿井作为古老的引水工程，对当地人民的生产生活方式产生了深远的影响，形成了独特的绿洲文化，对吐哈盆地绿洲的形成和发展、绿洲文明的孕育，特别是吐鲁番文明的形成起到了决定性作用。在漫长的历史发展过程中，坎儿井不仅传承中华民族优秀的历史文化和农业文明，同时见证了各民族相互依存，相互扶持，顽强拼搏，携手共建美好家园的光辉历史。

坎儿井水曾先后滋养过54个民族，这里也是多种文化的交汇之地，既有半月标志的清真寺，也有佛教圣殿，还有基督教堂。这里的人们都能歌善舞，在这里共同生活、互相尊重。这种悠然自得的异域风情和独具特色的生产生活方式与大自然融为一体，坎儿井也由此成为社会秩序产生和维系的纽带。可以说，坎儿井造就了新疆独特的文化形态和新疆人独特的文化心理特征。

1.2.4.2 坎儿井的管理制度

关于坎儿井管理制度的研究资料少之又少。通过采访当地老人得知,坎儿井的掏挖有着一整套严格的程序和管理制度。从开工前的神灵祭拜到寻找水源,从坎儿井路线的设计到施工维护,至今一些地方还保留着以前的习俗。在已经成功申报世界非物质文化遗产的“十二木卡姆”舞蹈中,描述了坎儿井掏挖、使用以及当地人与坎儿井的这种鱼水关系。

在20世纪50年代以前,坎儿井多为地主所有,他们雇用大师父寻找水源,雇用坎匠挖掘和维护坎儿井,用提供坎儿井水的方式支付他们的劳动报酬。坎儿井挖掘成功后,坎水先被引到暗渠,通过闸门分流到不同渠道,当地居民有偿使用坎儿井水,他们可以花钱买水,也可以通过挖掘或维护坎儿井换取水,用水的多少和用水时间的长短取决于他们的劳动报酬,农民灌溉采取同样的方式从涝坝分水。伊朗和其他一些有坎儿井的国家,有用日晷计量分水量和分水时间的记载,没有发现记录新疆坎儿井分水制度和管理办法的相关文献,有待于进一步考证研究。

坎儿井是一种几千年来传承下来的传统文明,它能够传承就意味着它能够很好地处理人与自然之间的关系。在2 000多年的历史长河中,坎儿井技术变化微弱,运行、管理方式基本定格,面对现代技术的冲击几乎没有抵抗能力。应当考虑发展的力度和环境可承受的程度以及民族文化情感,进而寻找一条可持续发展的道路。

1.2.4.3 坎儿井的旅游价值

坎儿井因其独特的施工工艺及深厚的历史文化背景享誉世界,成为吐鲁番地区非常有名的旅游项目之一。来吐鲁番地区的游客几乎都要游览坎儿井,每年为吐鲁番地区创造了高额的旅游收入,为地区经济发展做出了贡献。可以说坎儿井不仅丰富了吐鲁番地区的旅游项目,提高了吐鲁番作为旅游城市的地位,也对吐鲁番地区的经济发展起着重要作用。

1.3 坎儿井保护现状及主要问题

1.3.1 坎儿井保护现状

目前,全世界有40多个国家拥有坎儿井,主要分布在干旱的北非、中东、西亚和中亚地区,如阿富汗、摩洛哥、伊拉克、伊朗、阿塞拜疆、哈萨克斯坦及我国的新疆等地。各个国家坎儿井的形式有所不同,结构略有差异,但均是引取地下水并采用暗渠输水避免蒸发损失的古代水利工程。

2005年3月在联合国教科文组织(UNESCO)第32届大会上,通过了伊朗政府提出的议案,决定由伊朗政府与联合国教科文组织共同创建“坎儿井与古代水利工程国际中心”(ICQHS),该中心在研究与保护坎儿井和古代水利工程中发挥了重要的作用。2014年,伊朗坎儿井已经成功入选全球重要农业文化遗产名录。

20世纪90年代以后,新疆坎儿井保护得到国家和地方的高度重视。1991年,新疆维吾尔自治区坎儿井研究会成立。近十几年来,研究会利用新技术、新材料,对吐鲁番的11

条坎儿井实施了工程保护。在竖井井盖加固、暗渠和涝坝防渗、疏通增水等方面,为保护坎儿井积累了宝贵的经验。2006年,坎儿井地下水利工程被国务院批准列入第六批全国重点文物保护单位名单,并被列入中国世界文化遗产预备名单。同年,新疆自治区人大常委会审议通过《新疆维吾尔自治区坎儿井保护条例》,成立了坎儿井申遗工作领导小组。2009年,新疆坎儿井维修加固工程在吐鲁番启动,国家文物局为此落实专项保护资金1 300万元,31条坎儿井的保护工程正在实施。同时,当地群众以保资投劳的形式,利用农闲时段进行坎儿井的日常维修。但坎儿井的保护涉及多个部门,缺乏更高层面的统一协调和明确的牵头单位,给坎儿井保护带来许多实际困难。

日本国际协力机构(JICA)受新疆自治区政府的邀请,于2004~2006年,完成了"中国新疆吐鲁番盆地地下水资源可持续利用研究"项目,对吐鲁番盆地的水文、水文地质和地下水资源情况进行了较为细致的调查,并采用数值模拟的方法评价了盆地地下水情况,建立了多处地下水观测井和水文气象观测站,其研究成果为坎儿井保护工作的实施提供了很好的基本资料。

坎儿井保护的首要工作是地下水资源的涵养,特别是坎儿井集水段的水资源涵养(盆地较高高程区域),即从水资源保护的角度来保护坎儿井。近些年来,有专家提出将非灌溉期间的多余水或者利用洪水进行回灌补充坎儿井地下水源;有些学者在坎儿井暗渠和竖井加固方面也做了研究和实践。西北农林科技大学在黄土劣化特性、结构参数和破坏条件等方面得出了一些有益的成果,可以为坎儿井的加固提供参考。坎儿井水资源有效利用的研究也在逐步开展,包括三个方面:一是增加坎儿井的出水量;二是发展节水农业;三是控制坎儿井的出水量,减少无效的漫散蒸发。

坎儿井在非灌溉期间的弃水占有很大的比例,扣除部分生态用水外,其余全部蒸发。对于坎儿井非灌溉期间水的有效利用研究方面尚未开展。对坎儿井管理、综合展示示范方面也未进行系统的研究。目前国内有关坎儿井的专利也是空白。

1.3.2 坎儿井保护面临的主要问题

吐鲁番、哈密盆地水资源极度贫乏,气候特殊,生态环境相当脆弱,坎儿井在其漫长的发展过程中,形成了与周围环境相适应、和谐而又独特的生态平衡关系。近年来,随着吐鲁番、哈密盆地工农业生产的快速发展,地表水超引,地下水超采,区域地下水位下降,使得坎儿井补给水量逐年减少,严重影响了坎儿井的出水量,坎儿井正陷入逐步萎缩的境地。造成坎儿井日益干涸衰减的因素是多方面的,有自然因素,也有人为因素,归结起来,目前坎儿井面临的主要问题有如下几点。

1.3.2.1 地下水严重超采,地下水位下降严重

吐鲁番盆地机电井数量逐年增加,目前达到6 358眼,成为主要的用水水源。地下水抽水总量从1994年的3.16亿m^3增加到2012年的9.42亿m^3,增加了2倍以上。地下水的过度抽取不仅导致机电井间的相互干涉、自流停止和抽水量减少,而且出现地下水位异常下降和水质恶化等地下水环境问题,对周围环境影响很大。同时,使得坎儿井集水段地下水位下降,出水量减少。据观测,吐鲁番盆地由于地下水抽水量的快速增加使得地下水位大幅下降,有的地方甚至达到了20 m以上,而且下降的范围正在不断扩大。机井大规

模超采地下水造成的地下水位下降是坎儿井出水量减小的主要原因。

1.3.2.2 坎儿井出水量日渐减小,有水坎儿井数量急剧衰减

1949 年吐鲁番盆地有水坎儿井 1 084 条,出水量 4.87 亿 m^3;1957 年达到 1 237 条,出水量 5.63 亿 m^3;2003 年总计坎儿井条数为 1 091 条,而有水的只有 404 条,其余大部分已经干枯,出水量减小为 2.40 亿 m^3。之后有水的坎儿井数量仍以每年 10 余条的速度递减,2009 年有水坎儿井条数减少为 242 条,出水量只有 1.6 亿 m^3,相应灌区面积也减少到 13.2 万亩,灌溉保证率也在不断下降。典型的案例如:1870 年开挖的鄯善县连木沁镇连木沁巴扎村的多里坤琼坎儿井,最大流量曾经为 0.244 9 m^3/s,但是目前的出水量只有 0.009 4 m^3/s。

1.3.2.3 坎儿井暗渠及竖井破坏严重

坎儿井竖井和暗渠破坏严重,每年均需要进行清理和加固,严重影响到坎儿井的使用。吐鲁番地区多数坎儿井运行时间已较长,且多数为土坎,中下部及出口段大部分位于黄土地层中,竖井、暗渠出口段与大气直接接触的土层,冬季受毛细水向冷端迁移、蒸发量降低、水汽凝结作用的影响,土体含水量较夏季呈增大趋势。由于气温周期性波动,土体产生反复冻结和融化,融化后土体含水量增大,发生冻胀,强度降低,致使竖井、暗渠出口段坍塌时有发生。另外,长期以来,由于缺乏系统的管理、维修和保护,约 20% 的坎儿井暗渠、竖井破损和坍塌,坎儿井淤堵,影响正常的出水量,每年的掏淤工作量大。而明渠和涝坝破损造成坎儿井水有效利用效率降低,最后危及坎儿井下游的农业灌溉和人畜饮水安全。

1.3.2.4 坎儿井水量无法控制,浪费严重

坎儿井自身特点决定了对水量无法控制,致使非灌溉期间(特别是冬季)水量白白浪费。坎儿井出水量基本恒定,而非灌溉季节除少量生活用水外,基本均作为弃水贮藏在涝池之中,部分水渗入地下补充地下水。而由于吐鲁番地区蒸发量大,多年平均蒸发量为 3 000 mm左右,涝池中大部分水量通过蒸发而损失,且这些蒸发对改善当地局部降水特性贡献极小,属于水资源浪费。据统计,坎儿井非灌溉期间水量占总水量的 45% 左右,如何合理利用这部分水量是一个重要课题。

1.3.2.5 坎儿井灌区节水改造状况滞后

坎儿井灌区目前基本上仍然采用传统的漫灌形式,水的有效利用率低,因此利用高新技术的节水灌溉方式和先进的管理方法对传统的田间灌溉技术模式进行改造,促进当地灌溉农业向精准化、标准化和高效持续的方向发展,是坎儿井灌区亟待解决的问题。

1.3.2.6 坎儿井管理模式落后,管理体制不顺

目前,坎儿井管理以村级为单位进行,属于集体所有,村级投资能力有限和维修经费的不断提升,很难保证坎儿井的正常运行与及时维修。另外,坎儿井旅游的发展,旅游业与灌溉、生活用水,以及文物保护的关系如何处理也是一个需要解决的问题。当地居民、水利部门、地方政府、旅游部门和文物部门等与坎儿井相关的人员和部门的责权利亟待理顺,建立相适应的管理体制与机制是保证坎儿井可持续利用的当务之急。

保护坎儿井不仅是文化传承和地域文化特色保护的需要,也是提高当地居民生产和生活水平、维护和改善沙漠绿洲生态环境的迫切需要,更是沙漠绿洲中水利遗产保护的迫切需要。

1.4 研究工作的主要内容

从坎儿井水利工程的价值和作用、坎儿井水资源涵养的现状,以及该领域研究成果的梳理可以看出,为了保护坎儿井,实现水资源的可持续利用,开展坎儿井地下水资源涵养与保护的研究势在必行,主要研究内容如下。

1.4.1 坎儿井区域水环境演变调查与趋势分析

以新疆吐鲁番盆地坎儿井灌区为基地,以促进绿洲地下水资源合理开发与保护、水资源高效利用为总体目标,通过实地调研和查阅文献考究新疆坎儿井的历史沿革,统计新疆地区坎儿井分布现状,基于吐鲁番地区水资源调查、机电井调查以及坎儿井现状调查,结合该区域水文条件变化及水资源开发利用对坎儿井的影响。分析近30年来吐鲁番地区坎儿井日益干涸衰减的原因和区域水环境演变趋势。通过坎儿井变化趋势和水环境演变趋势提出坎儿井保护与利用措施。

1.4.2 吐鲁番盆地山前冲积扇蓄洪入灌地下水技术论证

基于吐鲁番盆地北部白杨河、大河沿河、塔木朗河和二塘沟等14条河流洪水资源丰富的实际状况,采用现场踏勘和数值分析等综合方法,分析可利用洪水资源特性和地下水赋存条件。研究入灌洪水的泥沙处理和入灌工程技术,研究入灌地下水对坎儿井出水量的影响规律,提出蓄洪入灌补给地下水技术方案。促使山前地下水位明显抬升,遏制坎儿井灌区面积日渐萎缩的势头,达到对坎儿井灌区"治本"的目的。

1.4.3 坎儿井的破坏机理与加固技术研究

根据非饱和土理论,采用土力学试验和数值分析方法,对坎儿井暗渠和竖井在干湿循环、冻融循环和水流渗透作用下,土体力学性质劣化规律和破坏机理进行研究,结合文物修复、保护基本原则,提出坎儿井加固技术方案,并建立坎儿井暗渠加固示范工程。该项目提出坎儿井加固成套技术,减少坎儿井年维修经费50%以上,做到3~5年内不掏淤,实现对坎儿井"治标"的目的。同时,对竖井、暗渠、明渠和涝坝的防渗加固方法进行总结,给出不同方法的优缺点,为坎儿井的加固提供参考。

1.4.4 非灌溉期坎儿井水量控制与地下水涵养技术研究

利用现代成井技术和输水控制技术,研究坎儿井非灌溉期间弃水收集、输送和控制的方法,提出弃水控制和利用弃水回灌涵养地下水的技术方案与措施。采用现场回灌观测和数值分析方法,评价技术效果。

第2章 坎儿井现状调查与区域水环境演变趋势分析

本章阐述了新疆坎儿井统计调查结果,并针对吐鲁番地区坎儿井日益干涸衰减的状况,结合该地区气候与水文水资源条件变化,以及机井开采地下水等人类活动影响,分析近30年来吐鲁番地区坎儿井日益干涸衰减因素和区域水环境演变趋势;通过坎儿井与机井布局、数量以及抽水量的数值模拟,重点分析机井对吐鲁番地区坎儿井出水量的影响;最后针对坎儿井及区域水环境演变趋势,提出了坎儿井保护与利用策略。

2.1 新疆坎儿井现状调查

新疆坎儿井主要分布在吐鲁番、哈密盆地,南疆的皮山、库车和北疆的奇台、阜康等地,其中约97%以上的坎儿井分布在吐鲁番和哈密这两个地区,大多数汇集在东天山中段和尾部。吐鲁番地区下辖吐鲁番市、鄯善县和托克逊县都有坎儿井;哈密地区东起骆驼圈,西至七角井,北至岔哈泉,南至五十里拱拜,都有坎儿井分布。

2002年10月至2004年7月,新疆坎儿井研究会对全疆的坎儿井进行了普查。统计数据显示,全疆共有坎儿井1 784条,现有坎儿井暗渠总长度5 272 km(包括有水、干涸、消失的坎儿井),竖井总数172 367眼。其中,有水坎儿井614条,总流量9.586 1 m^3/s,年出水量为3.012亿m^3,总控制灌溉面积1.15万hm^2(17.25万亩)。已干涸坎儿井1 170条,其中通过维修,可以恢复207条,可恢复水量为11.706 78 m^3/s,不可恢复的坎儿井有702条。有261条坎儿井已填平,无从查找。与1957年(吐鲁番1 237条)、1943年(哈密495条)坎儿井最多时相比,减少的总水量为14.00 m^3/s。

最新调查结果显示(见表2-1),截至2009年12月底,吐鲁番地区有水坎儿井仅存242条,平均每年减少约27条;哈密地区有水坎儿井仅余161条。

表2-1 在用古代水利工程与水利遗产调查

工程名称	新疆坎儿井保护工程	别称	无
所在流域	吐哈盆地诸小河	行政区	吐鲁番地区、哈密地区(四县两市)
工程类别	1. √灌溉工程;2. 防洪工程;3. 乡村水利;4. 园林水利;5. √水利遗产;6. 其他		
始建年代	古代一说2 000年前;现存1 200年前的物体		
保存现状	1. 好;2. 较好;3. 一般;4. √差		
工程规模	新疆坎儿井研究会2009年复查统计吐鲁番盆地现有水坎儿井242条,年出水量1.427亿m^3,控制灌溉面积为9.872万亩;哈密盆地有水坎儿井161条,年出水量0.474亿m^3,控制灌溉面积3.754万亩,呈现逐年减少趋势		

续表 2-1

工程名称	新疆坎儿井保护工程	别称	无
所在流域	吐哈盆地诸小河	行政区	吐鲁番地区、哈密地区(四县两市)
工程用途	农业灌溉、人畜饮水、维持下游生态、阻止沙漠推进(每年11月15日至次年3月15日下泄生态用水)		
所有权属	绝大部分坎儿井为集体所有,有少量为个体所有		
管理单位	部分由乡政府、村委会管理,大部分由坎儿井所在村组管理,个体坎儿井各自管理		
利用现状	1. 好;2. √较好;3. 一般;4. 差		
存在的问题	水资源配置不尽合理,地下水超采严重,机电井与坎儿井争夺水源,运行管理体制不健全;坎儿井暗渠、明渠、竖井、出水口、涝坝年久失修,维护加固,延伸防渗,长期均无资金来源		

2.1.1　吐鲁番地区坎儿井现状调查

2003年调查结果显示,吐鲁番地区所辖吐鲁番市、鄯善县、托克逊县共有坎儿井1 091条,暗渠总长度3 724.11 km,竖井总数150 153个。其中,有水坎儿井404条,总流量7.35 m^3/s,年出水量为2.32亿m^3,总控灌面积0.882万hm^2(13.23万亩)。干涸坎儿井687条,其中通过维修可以恢复185条,可恢复年出水量0.5亿m^3,灌溉面积0.19万hm^2(2.85万亩);不可恢复的有502条。与当地坎儿井数量最多时(1957年)相比,数量减少833条,减少水量10.51 m^3/s,其中有146条已夷为平地,无从查找。

根据2009年第三次全国文物普查资料,吐鲁番地区现有水坎儿井仅剩242条,其中土坎83条,砂坎159条;平均以每年27条的速度减少。有水坎儿井明渠总长139.91 km,暗渠总长685.3 km,其中集水段长191.8 km,输水段长493.50 km;竖井总数32 637个,其中已加固竖井3 568个;坎儿井汇水涝坝180座,涝坝总容量39.4万m^3;有水坎儿井年径流量1.427 0亿m^3,总浇灌人工植被面积9.872万亩。县(市)坎儿井工程情况详见表2-2和表2-3。

表2-2　吐鲁番地区2003年和2009年有坎儿井普查、复查对照

年份	坎儿井(条)	有水坎儿井(条)	总出水量(亿m^3)	灌溉期供水量(亿m^3)	非灌溉生态下泄水量(亿m^3)	总灌溉面积(亩)	生态植被面积(亩)
2003年	1 091	404	2.32	1.62	0.70	132 300	69 560
2009年	410	242	1.43	0.99	0.44	98 720	43 982
累计减少	681	162	0.89	0.63	0.26	33 580	25 578

表 2-3 吐鲁番地区 2009 年有水坎儿井工程情况统计

所在县(市)	坎儿井(条)	径流量(亿 m^3)	其中		明渠长度(km)	暗渠长度(km)		竖井(个)		涝坝容量(万 m^3)
			土坎	砂坎		集水段	输水段	总数	已加固	
吐鲁番市	131	0.484 8	56	75	60.61	120.8	280.9	19 692	806	12.6
托克逊县	35	0.246 4	4	31	12.90	7.0	90.8	3 605	900	4.2
鄯善县	76	0.695 8	23	53	66.40	64.0	121.8	9 340	1 862	22.6
小计	242	1.427 0	83	159	139.91	191.8	493.5	32 637	3 568	39.4

2.1.2 哈密地区坎儿井现状调查

2003 年调查结果显示,哈密地区所辖哈密市、巴里坤哈萨克自治县、伊吾县及辖区内生产建设兵团农十三师共有坎儿井 382 条,坎儿井暗渠总长度 1 269 km,竖井总数 18 083 眼。其中有水坎儿井 195 条,总流量 0.693 m^3/s,年出水量为 0.693 亿 m^3,总控灌面积 0.268 万 hm^2(4.02 万亩)。已干涸坎儿井 187 条,其中通过维修保护可以恢复 22 条,不可恢复的 165 条。与当地坎儿井最多时(1943 年的 495 条)相比,数量减少 300 条,其中有 113 条无资料可查。

根据 2009 年普查资料,哈密地区坎儿井仅剩 195 条,有水坎儿井 161 条,有水坎儿井年径流量 0.474 4 亿 m^3,总浇灌人工植被面积 3.754 4 万亩。有水坎儿井中,土坎 64 条,砂坎 97 条;有水坎儿井明渠总长 21.40 km,暗渠总长 136.60 km;竖井总数 4 845 个,其中已加固 244 个;坎儿井涝坝总容量 24.94 万 m^3。县(市)情况详见表 2-4 和表 2-5。

表 2-4 哈密地区 2003 年和 2009 年坎儿井普查、复查对照

年份	坎儿井(条)	有水坎儿井(条)	总出水量(亿 m^3)	灌溉期供水量(亿 m^3)	非灌溉生态下泄水量(亿 m^3)	总灌溉面积(亩)	生态植被面积(亩)
2003 年	382	195	0.691 4	0.484	0.207 4	59 975	25 700
2009 年	195	161	0.474 4	0.303	0.171 0	37 544	21 185
累计减少	187	34	0.217	0.18	0.036 4	22 431	4 515

表 2-5 哈密地区 2009 年有水坎儿井工程情况统计

所在县(市)	坎儿井(条)	径流量(亿 m^3)	其中		明渠长度(km)	暗渠长度(km)		竖井(个)		涝坝容量(万 m^3)
			土坎	砂坎		集水段	输水段	总数	已加固	
哈密市	144	0.419 7	48	96	18.95	46.4	86.9	4 611	229	24.80
伊吾县	11	0.045 7	10	1	1.24	1.23	0.57	164	15	0
巴里坤县	6	0.009 0	6	0	1.21	0.9	0.6	70	0	0.14
小计	161	0.474 4	64	97	21.40	48.53	88.07	4 845	244	24.94

2.1.3 其他地区坎儿井现状调查

除吐鲁番、哈密地区外，其他地区如乌鲁木齐县、昌吉州奇台县、木垒县和田地区皮山县、克孜勒苏柯尔克孜自治州阿图什市及阿克苏地区库车县也有坎儿井，现分述如下。

2.1.3.1 乌鲁木齐地区

乌鲁木齐现有水利厅和萨尔达坂乡大泉子2条坎儿井，保存完好，流量稳定。

(1)水利厅坎儿井。位于乌拉泊水库附近，常年流量在20 L/s左右，灌溉面积46.67 hm^2(700亩)，该坎儿井暗渠总长度310 m，有竖井17眼，总深度102 m，其中首部竖井深度为10 m。

(2)萨尔达坂乡大泉子坎儿井。位于萨尔达坂乡草原站附近。该坎儿井暗渠长约750 m，有30眼竖井，首部竖井深度10 m，流量40 L/s。

2.1.3.2 和田皮山县

皮山县原有4条坎儿井，现已全部干涸，开挖时间都在20世纪四五十年代，六七十年代干涸，目前只能找到3条坎儿井的“遗迹”。

(1)桥达坎儿井。位于皮山县乔达村7村，总长度1 100 m，1957年开挖，当时集水段长250 m，输水段长850 m，首部竖井深度约15 m，水量约200 L/s，1964年洪水灌入造成坍塌报废。

(2)阿提恰皮马坎儿井。位于皮山县固马镇1、3大队，总长度1 500 m，1957年由集体开挖，首部竖井深度15 m，水量40～60 L/s，1970年由于水量减少后当地开荒修路填平，目前已无法恢复。

(3)科克铁热克坎儿井。位于皮山县科克铁热克乡，总长度3 000 m，1945年开挖，水量约250 L/s，1960年下游水库洪水倒灌造成坍塌报废。

2.1.3.3 克孜勒苏阿图什市

阿图什市共有3条坎儿井，开挖时间都在20世纪20～30年代，于20世纪30年代全部干涸，另1条只开挖了几眼竖井，因缺乏资金而废弃。

(1)艾山巴拉坎儿井①。位于阿扎克乡库木萨克村，长1 000 m，有竖井110眼。

(2)艾山巴拉坎儿井②。位于阿扎克乡库木萨克村，长2 500 m，有竖井300眼。

(3)艾山巴拉坎儿井③。位于阿扎克乡库木萨克村，长1 000 m，有竖井120眼。

2.1.3.4 阿克苏库车县

库车县的坎儿井是由吐鲁番传入的。在1916～1918年间，开挖了两条坎儿井，两条坎儿井相距100 m左右，当时每条坎儿井有竖井17眼，井深约13 m，井距约12 m，每条坎儿井流量100～200 L/s，各可以带动一盘水磨，最后汇流到一座涝坝里用于灌溉，控灌当时相当三个村庄面积(约160亩)的果园和草场。由于建飞机场，1970年填平了东边的一条坎儿井，后来由于城市扩建，西边的坎儿井也被填平。

2.1.3.5 昌吉州

(1)昌吉州奇台县的坎儿井。奇台县坎儿井最多时有30几条，目前仅余19条，全部干涸，而且大部分坎儿井由于断水多年，年久失修已填平，辟为耕地或宅基地，只在个别地方可以见到开挖坎儿井留下的零星土堆的遗迹。

(2)昌吉州木垒县的坎儿井。木垒县最多时有41条坎儿井,目前剩余23条,其中有水坎儿井13条,无水坎儿井10条,流量较为稳定,多在10 L/s以下,许多坎儿井是牲畜转场的唯一供水水源。

2.2　吐鲁番地区水资源调查

2.2.1　自然概况

2.2.1.1　地理位置

吐鲁番地区地处欧亚大陆腹地,吐鲁番盆地内,位于新疆维吾尔自治区东部,地处北纬41°12′~43°40′,东经87°16′~91°55′,东连哈密,南、西与巴音郭楞蒙古自治州毗连,北隔天山与乌鲁木齐市、昌吉回族自治州为邻。地区辖境东西长约300 km,南北宽约240 km,总面积约6.97万km^2,约为新疆总面积的4.2%。其中:耕地面积86.29万亩,园地面积28.51万亩,林地面积26.3万亩,草地面积1 094.54万亩,未开发利用面积8 775.97万亩。

2005年年底,吐鲁番地区下辖吐鲁番市、鄯善县、托克逊县。2县1市东西排列,东部是鄯善县,中部是吐鲁番市,西部是托克逊县。

2.2.1.2　地形地貌

吐鲁番地区从地貌上大体可分为侵蚀、剥蚀山区与冲洪积倾斜平原两大地貌。吐鲁番地区四面环山,中间低洼,东有库木塔格(沙山),南有觉罗塔格和库鲁克塔格,西有喀拉乌成山,北依博格达山,中部偏北有盐山、火焰山隆起带。总的地势为北高南低,中部偏南以艾丁湖最低点为中心的环带状地形为特点,分三个环状地带。最外一环为山岭带,盆地四周高山环绕。中间一环为戈壁砾石带,戈壁砾石带坡度很大,使砾石由高到低,由大到小,逐次分选。戈壁砾石带宽度:北部为10~8 km,西部为10~20 km,南部不足5 km。最里一环为平原绿洲带。由于火焰山横卧中央,平原绿洲被分割成两部分:火焰山以北,为天山山脉古老的淤积平原,有胜金、鄯善北部绿洲;火焰山以南,由洪积物形成的冲积平原,有吐鲁番绿洲、托克逊绿洲、鄯善南部绿洲。

盆地北部的博格达山和西部的喀拉乌成山海拔均在3 500~4 000 m以上,博格达山最高峰高达5 445 m,喀拉乌成山最高峰高4 317 m。山顶终年积雪,尚有冰川覆盖,是北、西部河流的源头。东部的沙山(库木塔格)和南部的觉罗塔格山,海拔为600~1 500 m,是极其干旱的荒漠山地,降水极少,没有积雪,没有地表径流。中部偏北的盐山、火焰山,一般海拔为300~600 m,最高峰851 m,是光秃的剥蚀丘陵区,山上寸草不生,是极端干旱的荒山。有的将地区(盆地)分成南、北两部分,又称山北、山南,或称北盆地、南盆地。同时又阻挡了北、西部山区冷湿空气的南流,造成了北、南盆地气候和水文地质条件的差异。盆地偏南是艾丁湖(又称觉洛浣,维语意为月光湖),海拔-155 m,是盆地的最低点。

2.2.1.3　地层岩性

吐鲁番地区北部博格达山由古生代地层组成,出露地层以石灰系凝灰岩为主,其次是二迭系灰黑色炭质泥岩结晶灰岩、砂岩,前山带有中生代三迭系灰紫色砂砾岩和灰黑色泥岩;侏罗系以砂岩、泥岩为主的含煤地层主要分布在柯克亚河口以西山前地区。

火焰山是新生代第三系地层构造隆起而成的,其岩性为黄红色泥岩,夹有石膏夹层。南部觉罗塔格山主要地层为石灰系。北盆地为堆积倾斜砾质平原,基地起伏较大,坳陷区堆积砂砾石厚度达 100 ~ 700 m,其中鄯善车站和柯克亚车站形成两个沉积中心,堆积厚度分别为 700 m 和 600 m,地表为略显波状起伏的洪积扇,海拔 1 120 ~ 480 m。南盆地为堆积倾斜土质平原,向西南逐渐过渡为湖沼平原。以艾丁湖为中心,向四周逐渐升高,其中绝大部分地区海拔低于海平面。南盆地东北部边缘与火焰山为断裂接触,基地埋深达 300 ~ 400 m,基底较为平缓,岩性为亚黏、亚砂和中粗砂互层,且细颗粒地层厚度较大,在接近火焰山山前处有细砾石层出现,沿山麓地表有砾石层分布。

2.2.1.4 地质构造

吐鲁番地区位于博格达复背斜和吐 – 哈坳陷两大构造单元内,其山区河段主要处在博格达复背斜南翼上。

博格达复背斜是华力西晚期构造运动的产物,其南翼表现为一系列短轴状背、向斜构造及与褶皱构造相伴相生的断裂构造,其中与工程关系较密切的主要是断裂构造。

博格达南缘断裂是博格达复背斜与吐 – 哈坳陷的分解断裂,是工程区最主要的断裂构造,沿东西走向,一般断面倾北,倾角 40° ~ 70°,破碎带宽数十米,由多条不连续断裂以及分支断裂组成,东西向延伸 150 km 以上,该断裂形成于华力西晚期,在燕山、喜马拉雅期有所复活,在各河山前的构造活动不同。

2.2.1.5 气候气象

吐鲁番地区地势低洼、增温快、散热慢、冷湿空气不易进入,形成了极端干旱的典型大陆性暖温带内陆荒漠气候。水汽主要来源于西风环流带来的大西洋水汽,受水汽来源和地形的影响,降水量山区多于平原,山体迎风坡多于背风坡,主要气候特征是:夏季稍长且高温低湿,冬季短暂而干冷,春季气温回升快,秋季降温快;降水极少,蒸发特大;光照充足,热量丰富,无霜期长;昼夜温差大,春夏多大风,风沙、干热风危害严重,素有“火州”、“风库”之称。吐鲁番地区主要气象要素见表 2-6。

表 2-6 吐鲁番地区主要气象要素

项目	吐鲁番市	鄯善县		托克逊县
		山南	山北	
多年平均降水量(mm)	16.6	17.6	25.3	6.3
多年平均蒸发量(mm)	2 844.9	3 216.16	2 751	3 744
多年平均气温(℃)	13.9	14.4	11.3	13.8
7 月平均气温(℃)	32.6	33	29.2	32.3
1 月平均气温(℃)	−8.8	−9.8	−11.2	−9.3
年日照时数(h)	3 056.4	2 957.7	3 122.8	3 043.3
年辐射总量(kcal/cm²)	139.5	150.4		150
≥10 ℃积温(℃)	5 424.2	5 548.9	4 525.5	5 334.9

续表 2-6

项目	吐鲁番市	鄯善县		托克逊县
		山南	山北	
无霜期(d)	224	224	192	219
最大冻土深度(cm)	84	90		87
最大风速(m/s)	25	29		34
平均风速(m/s)	1.5	4.8		5.6
风向	西北	西北		西北

注:山南、山北是指以火焰山为界的山南盆地和山北盆地。

2.2.2　河流水系

吐鲁番地区的河流发源于天山北部和西部,统称为天山水系。天山水系各河源头在海拔 2 800 ~ 3 000 m 的亚高山区。3 000 m 以上的高山区一般为冰雪消融水和山体裂缝水,呈涓流状汇成无数小溪水,流入亚高山区形成河流。河流出山口后,河水流经深厚的砾石戈壁层,渗入地下,河水便自然消失。

吐鲁番盆地有 14 条主要河流(含独立支流),按行政区域划分为托克逊县 6 条:乌斯通沟、祖鲁木图沟、艾维尔沟(鱼尔沟)、柯尔碱沟、阿拉沟、白杨河;吐鲁番市 5 条:大河沿河、塔尔朗河、煤窑沟、黑沟、恰勒坎沟;鄯善县 3 条:二塘沟、柯柯亚河、坎尔其沟。其中,乌斯通沟(右支)、祖鲁木图沟(右支)、艾维尔沟(左支)均为阿拉沟支流。柯尔碱沟(右支)为白杨河支流(见图 2-1)。

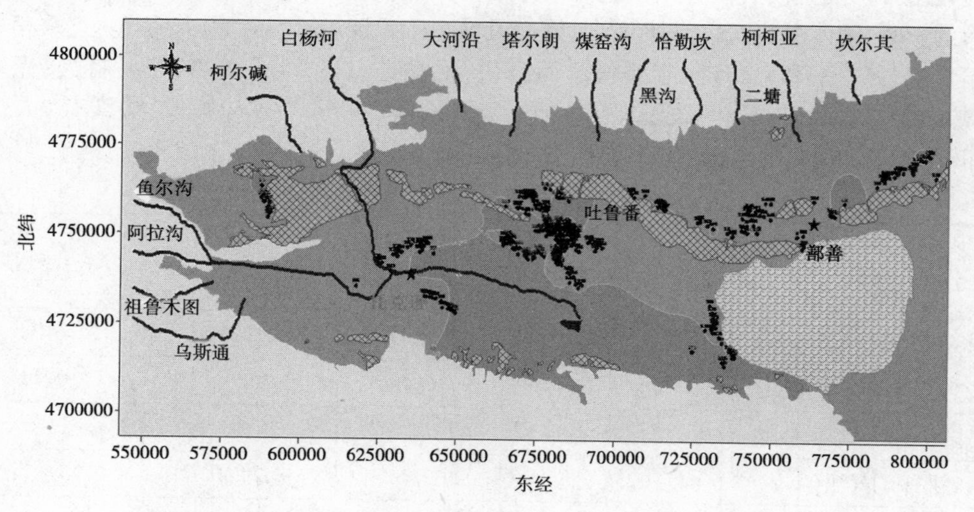

图 2-1　吐鲁番盆地河流及坎儿井分布图

2.2.3　水资源量及其利用状况调查

根据吐鲁番地区水资源综合规划成果,吐鲁番地区现状地表水资源量 9.42 亿 m^3,地下水资源量 5.60 亿 m^3,其中重复量 3.68 亿 m^3,现状水资源总量 11.34 亿 m^3。吐鲁番市地表水资源量 3.25 亿 m^3,地下水资源量 1.82 亿 m^3,其中重复量 1.12 亿 m^3,水资源总量 3.95 亿 m^3。鄯善县地表水资源量 2.43 亿 m^3,地下水资源量 1.70 亿 m^3,其中重复量 1.10 亿 m^3,水资源总量 3.03 亿 m^3。托克逊县地表水资源量 3.74 亿 m^3,地下水资源量 2.08 亿 m^3,其中重复量 1.46 亿 m^3,水资源总量 4.36 亿 m^3(见表 2-7)。

表 2-7　吐鲁番地区现状水资源总量表　(单位:亿 m^3)

项目	地表水资源量	地下水资源量	水资源总量	其中重复量
吐鲁番市	3.25	1.82	3.95	1.12
鄯善县	2.43	1.70	3.03	1.10
托克逊县	3.74	2.08	4.36	1.46
合计	9.42	5.60	11.34	3.68

吐鲁番地区地下水源工程主要有机电井、坎儿井、自流井等,地下水水源工程供给大部分生活、工业用水和部分农业用水。截至 2011 年年底,吐鲁番地区实际供水总量为 13.59 亿 m^3。其中,地表水供水量为 5.13 亿 m^3,占供水总量的 37.8%;地下水供水量为 8.45 亿 m^3,占供水总量的 62.1%;再生水供水量为 0.01 亿 m^3,占供水总量的 0.1%。

现状条件下吐鲁番地区水资源开发率为 122%,远超国际公认的合理极限值。其中,地表水开发率为 54%;地下水开采率为 151%,地下水超采较为严重,主要集中在鄯善县、吐鲁番市。

2.3　吐鲁番地区坎儿井演变趋势分析及机电井的影响

2.3.1　坎儿井演变趋势分析

1949 年以前,吐鲁番地区的工农业生产用水及人畜饮水主要靠泉水和坎儿井水。1949 年年底,吐鲁番地区可使用的坎儿井有 1 084 条,年出水量 5.081 亿 m^3,总流量 16.11 m^3/s,灌溉土地 45.59 万亩。1957 年发展到最高峰,共有坎儿井 1 237 条,年出水量增加到 5.623 亿 m^3,总流量增加到 17.86 m^3/s,可灌溉土地 32.14 万亩。

随着耕作面积的增加,仅仅依靠坎儿井水、泉水已远远不能满足需要,同时由于科学技术和生产力的不断发展,吐鲁番地区从 1957 年冬至 1967 年,水利建设主要是开发地表水,在发源于天山深处的各条河沟上修建了 12 座永久性引水渠首,同时修建干渠 340 km、支渠 850 km,年引水量达 2.6 亿 m^3。该阶段还在从 1958 年开始的旧灌区改建的基础上,掀起了以水利建设为中心的“农村五好”(好渠道、好道路、好条田、好林带、好居民点)建设高潮,至 1966 年全地区“五好”建设框架基本完成,为农田灌溉自流化、农业耕作机械化打下了坚实的基础,灌溉面积也猛增至 1967 年的 92.66 万亩。随着人口的增长,工农业生产的不断发展,泉水、坎儿井水、河水也已不能满足国民经济和社会发展的需要,特别是引用大河水后,春季用水更是短缺,因河水一般要到 5 月下旬才能下来,葡萄开墩水、棉花播前水、春麦二三水仅靠坎儿井水已远远无法满足需要，为了解决这一矛盾，从1968 年开始，直至20 世纪70 年代，逐步掀起了一个群众性打井运动，至1985 年吐鲁番地区共打井3 431 眼，年抽水量1.756 亿 m^3，机电井为吐鲁番地区抗旱保丰收，建设旱涝保收高产稳产农田，促进农业生产不断发展起到了十分重要的作用。在此期间还建成中小型水库10 座，总库容0.62 亿 m^3，灌溉面积增加到99.69 万亩。地表水、地下水资源亦出现了重组和重新配置，致使到1987 年吐鲁番地区坎儿井减少到了800 条，年出水量降为2.91 亿 m^3。特别是1990 年以后开展了农田水利基本建设"天山杯"竞赛活动，农田水利工作也以小型农田水利建设为主，重点抓了渠道防渗和坎儿井涝坝防渗建设，还引进推广了滴灌、低压管道输水等先进节水灌溉技术。到目前已修建各类渠首14 座，干、支、斗、农四级渠道6 110 km，累计防渗4 774 km，防渗率达78%，其中干、支、斗三级渠道3 531 km，累计防渗2 743 km，防渗率77.7%，高新节水灌溉总面积约4.75 万亩。总灌溉面积也相应增加至目前的118.56 万亩，地表水、地下水间的转化关系进一步调整，坎儿井数量进一步减少。

根据2003 年坎儿井普查，吐鲁番地区现剩有水坎儿井404 条，总流量为7.352 m^3/s，年出水量为2.68 亿 m^3，坎儿井灌溉面积也逐渐减少到13.23 万亩（见表2-8、图2-2 ~ 图2-4）。

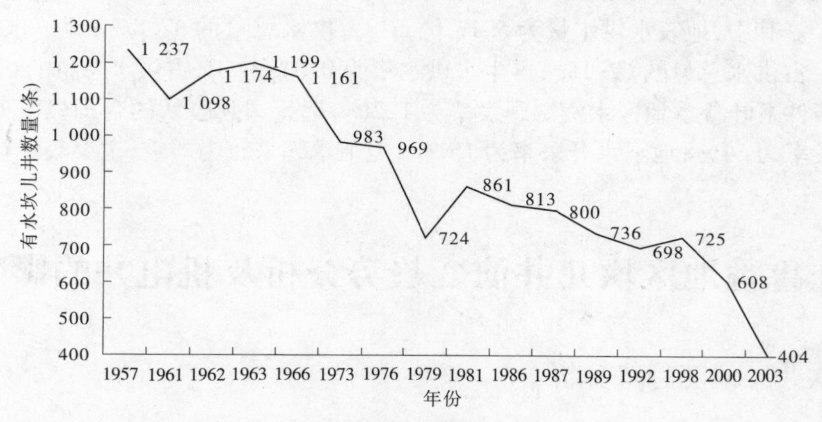

图2-2　吐鲁番地区坎儿井数量

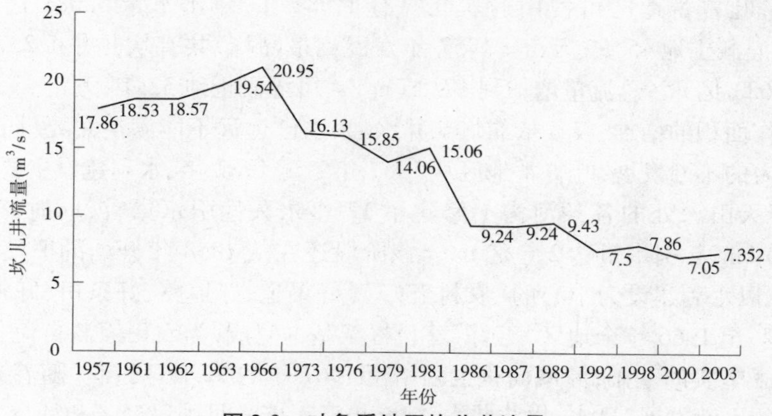

图2-3　吐鲁番地区坎儿井流量

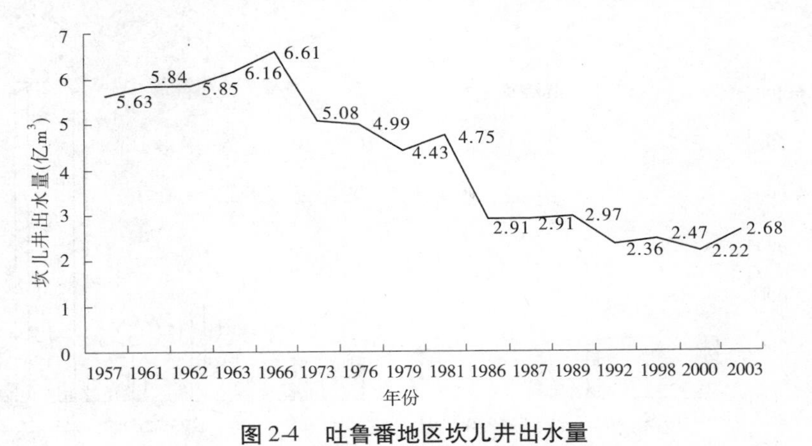

图 2-4　吐鲁番地区坎儿井出水量

表 2-8　吐鲁番地区坎儿井基本情况动态统计

年份	坎儿井数量和灌溉面积							
	变化	总数(条)	有水(条)	干涸(条)	流量(m^3/s)	出水量(亿 m^3)	日灌溉面积(万亩/d)	控灌面积(万亩)
1949		1 084			16.11	5.08	1.611	28.99
1957		1 237	1 237		17.86	5.63	1.786	32.14
1966			1 161		20.95	6.61	2.095	37.71
1987					9.24	2.91	0.924	16.632
2003		1 091	404	687	7.352	2.68	0.735 2	13.23

2.3.2　机井对坎儿井的影响

通过调查近 60 年吐鲁番地区坎儿井和机井数量，绘制了其变化趋势，如图 2-5 所示。由图 2-5 可知，机井增长迅猛，而坎儿井也在呈极速减少的趋势，而且机井的增长速度远超坎儿井的衰减数量。1994 ~2003 年，机井的出水量增加了 1 倍，对 2009 年的数据进行分析，2009 年吐鲁番地区的坎儿井的出水量是 1.46 亿 m^3，机井的出水量为 7.12 亿 m^3，减掉节水的 0.99 亿 m^3，机井和坎儿井共消耗地下水约 7.59 亿 m^3。

调查了近 60 年坎儿井出水量与机井抽水量资料，绘制了坎儿井出流量与机井出水量之间的关系趋势，如图 2-6 所示。由图 2-6 可知，机井增加的出水量远大于坎儿井减少的出水量，必然对区域的地下水位产生较大的影响。从某种程度上讲，吐鲁番地区的水资源总量是一定的，机井的增加必然会影响坎儿井的出水量，甚至直接导致部分坎儿井的消亡。

2.4　机电井对坎儿井影响的数值模拟

机电井抽水是影响坎儿井出水量的主要原因。为了详细了解机电井位置和抽水量对

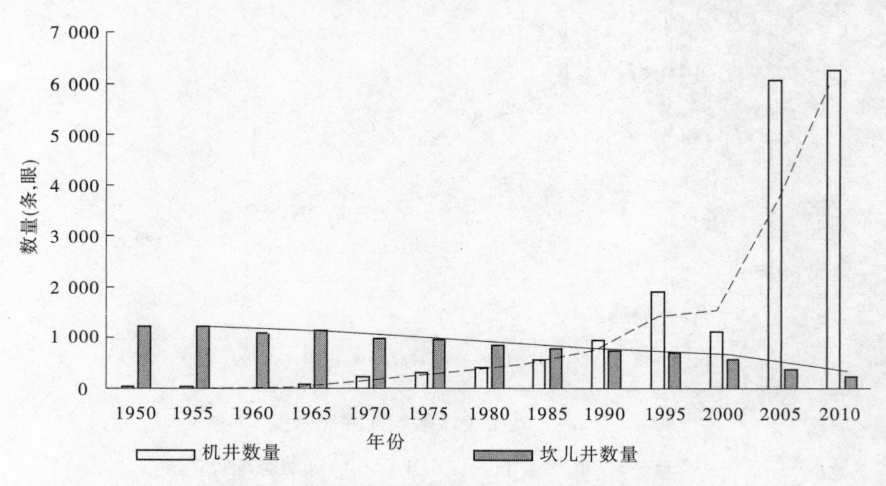

图 2-5　吐鲁番地区机井和坎儿井变化历史对比

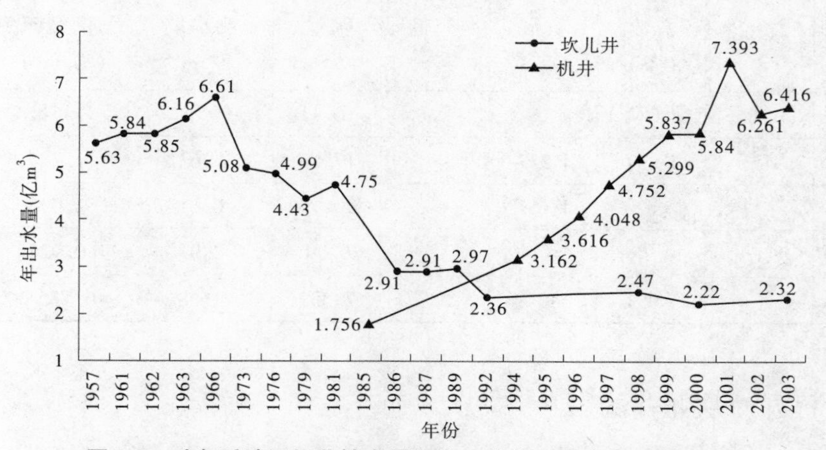

图 2-6　吐鲁番地区机井抽水量和坎儿井出水量变化历史对比

附近坎儿井出水量的影响规律，本节通过数值模拟的方法，分析了坎儿井轴线附近机电井的数量、位置排布和抽水量等各因素对坎儿井出水量的影响，并探讨了坎儿井在实际运行时对区域地下水位的影响规律。该部分成果可以为机电井的合理布局及坎儿井的保护提供参考。

数值模拟的基本思路为：采用 MODFLOW 软件建立一个区域水文地质概化模型，利用已有的观测资料反演得出区域水文地质参数；再以一个典型的坎儿井为对象，建立这个典型坎儿井及其附近机井的模型，采用反演得出的水文地质参数来计算不同机井布置和抽水量情况下坎儿井的出水量和坎儿井影响范围内的地下水位变化情况，从坎儿井出水量的大小和地下水位的变化来分析两者的影响规律。

2.4.1　计算原理与参数反演

2.4.1.1　基本方程与软件

地下渗流可视为三向非稳定渗流问题，其地下水运动符合达西定律，可用下述三向地下水非稳定渗流数学方程描述：

$$
\begin{cases}
\dfrac{\partial}{\partial x}\left(K_{xx}\dfrac{\partial H}{\partial x}\right)+\dfrac{\partial}{\partial y}\left(K_{yy}\dfrac{\partial H}{\partial y}\right)+\dfrac{\partial}{\partial z}\left(K_{zz}\dfrac{\partial H}{\partial z}\right)=S_s\dfrac{\partial H}{\partial t} & (x,y,z)\in\Omega,t>0 \\
K_{xx}\left(\dfrac{\partial H}{\partial x}\right)^2+K_{yy}\left(\dfrac{\partial H}{\partial y}\right)^2+K_{zz}\left(\dfrac{\partial H}{\partial z}\right)^2=S_s\dfrac{\partial H}{\partial t} & (x,y,z)\in\Omega,t>0 \\
H(x,y,z,0)=H_0(x,y,z) & (x,y,z)\in\Gamma_1,t>0 \\
H=H_1(x,y,z,t) & (x,y,z)\in\Gamma_2,t>0 \\
K_n\dfrac{\partial h}{\partial n}\mid_{\Gamma_3}=0 & (x,y,z)\in\Gamma_3,t>0
\end{cases}
\tag{2-1}
$$

式中：x,y,z 为坐标变量，m；H_0 为初始水头，m；H 为地下水头高，m；K_{ij} 为渗透系数，m/s；S_s 为贮水率，1/m；H_1 为第一类边界水头，m；n 为第二类边界外法线方向；Γ_1 为渗流区上边界；Γ_2 为一类边界；Γ_3 为二类边界；Ω 为计算区范围。

本次计算采用国际上广泛使用的有限差分软件 Visual MODFLOW 进行，应用其 WHS 求解器计算。

2.4.1.2　区域水文地质概化模型的模拟区域范围

区域水文地质概化模型的模拟区选取在吐鲁番南盆地的山前冲积扇上，该区域位于吐鲁番市的恰特卡勒乡，模拟区域范围东西宽 3 km，南北长 10.85 km，具体位置见图 2-7。该区域地势较为平缓，地下水流动方向与地形坡度方向基本相同，大致为南北走向，便于模型边界条件的选取。另外，该区域周围有较多的有水位观测的机电井便于反演验证。计算中边界条件依据与南北边界相近的 TW－SS 和 1～9 号观测井的水位观测资料确定，反演验证依据位于模型中部的 1～4 号观测井的水位观测资料进行，观测井的位置见图 2-7。

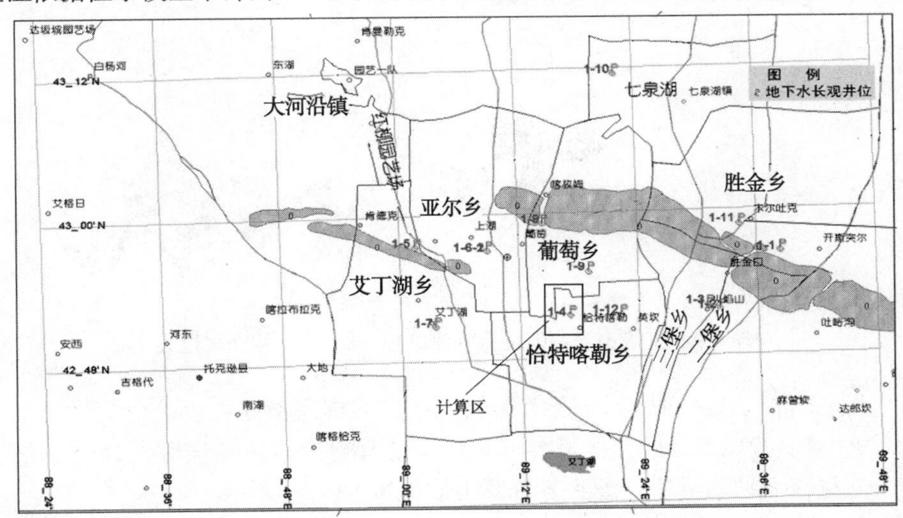

图 2-7　模拟区域位置与观测井分布

2.4.1.3　地层划分

依据 TW－SS 和 TW－SC 两观测井的钻探资料，划分计算模型地层为：南边界地层为上部 30 m 厚的亚砂土层，其下为厚 91 m 砂砾石层；北边界亚砂土的厚度为 10.9 m，砂砾石层的厚度为 91 m；下隔水边界以埋深 121 m 为界。计算模型的地层划分见图 2-8。

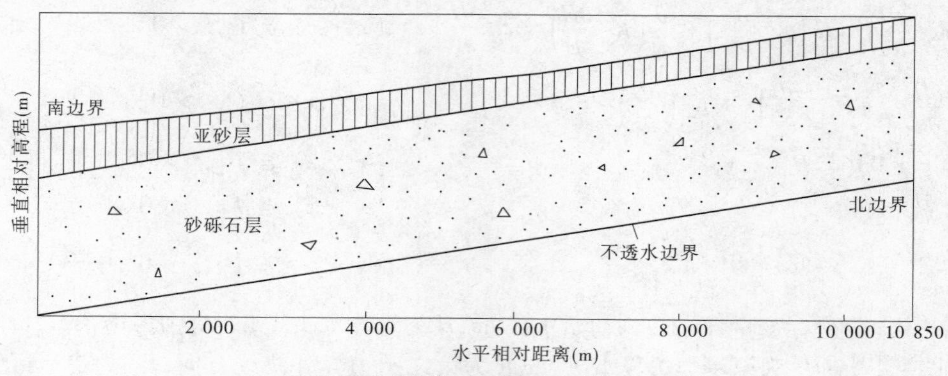

图 2-8　模型纵剖面图(南北方向)

2.4.1.4　边界条件的概化

(1)水平方向的边界。东西两个边界为不透水边界，南北两个边界确定为已知水头边界。北边界已知水头值依据 1 ~ 9 号机电井水位观测值确定，考虑水位随季节变化的波动特性；南边界已知水头值依据 TW - SS 观测井观测的水位值确定。1 ~ 9 号井历年来水位观测资料如图 2-9 所示。

(2)下部隔水边界。模型的底部 121 m 处为弱透水性的黏土，视其为隔水边界。

(3)补给条件。计算中只考虑从北边界的渗入流量，忽略降雨等其他补给。

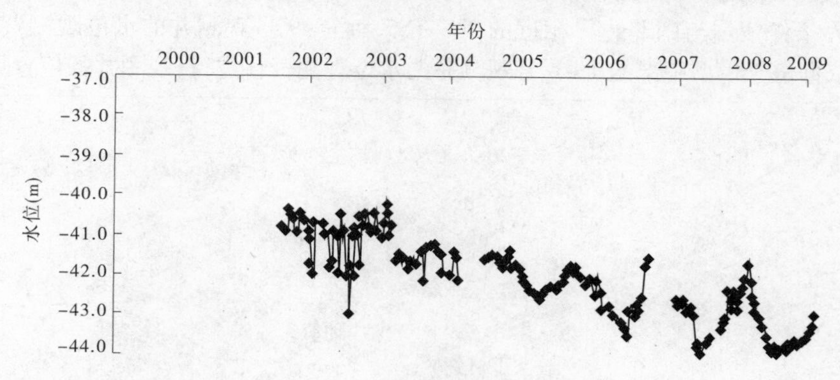

图 2-9　火焰山农业开发区观测站(1 ~ 9 号)水位变化过程

(4)排泄条件。水从南边界向下游更低处流出的排泄条件可以由南边界已知水头值模拟；另一个需要考虑的条件是区域的抽水量。估算得出该区域实际年地下水抽取量为 0.25 亿 m^3，将该年抽水量值分配到各月即为抽水量值。

2.4.1.5　水文地质参数初始值

根据吐鲁番市的抽水试验现场资料、室内渗流试验以及水文地质手册经验数据综合分析确定出模型的水文地质参数，如表 2-9 所示。其中，取值时考虑了砂砾石土的横观各向异性特性，即水平方向渗透系数相等 $K_{xx} = K_{yy}$，而垂向的渗透系数取水平渗透系数的一半。

表 2-9　渗透系数取值范围

地层名称	K_{xx}(m/d)	S_s	S_y
亚砂土层	0.5 ~ 5	0.04	0.04
砂砾石层	5 ~ 20	0.04	0.04

注:$K_{xx}=K_{yy}$,$K_{zz}=0.5K_{yy}$,S_s 为 x 方向的贮水率,S_y 为 y 方向的贮水率。

2.4.1.6　抽水过程的模拟

为模拟模型区农灌抽水过程,应用了 MODFLOW 里的井单元功能,将模型区的不同月份抽水速率代入井单元中。

2.4.1.7　区域水文地质参数反演结果

采用恰特喀勒乡水管所 1 ~4 号观测井的实际观测水位值作为模型计算的标准水位,不断调整参数进行计算,并将模型计算得到的同一位置的地下水位与前者对比,两者较为符合时得到的水文地质参数值即为反演出来的参数值。

最后得到的 1 ~4 号井位置的地下水位变化曲线如图 2-10 所示,其值为计算得到的 2005 ~2009 年地下水位变化图。

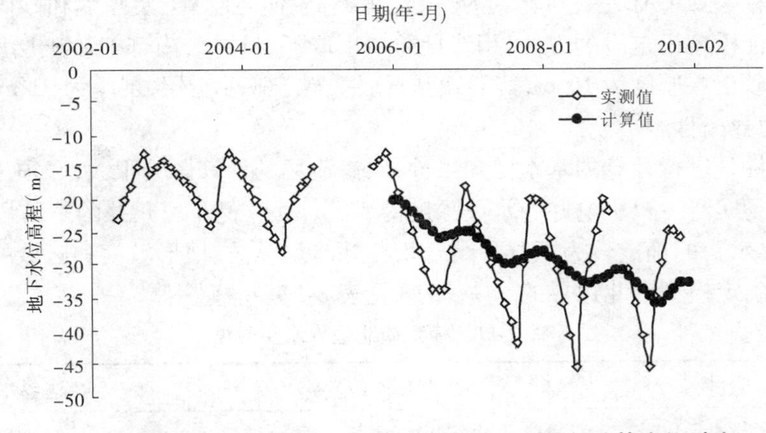

图 2-10　恰特喀勒乡水管所(1 ~4 号)实测地下水位与计算水位对比

图 2-10 也列出了 1 ~4 号井实际观测水位变化曲线。对比可知:1 ~4 号井季节水位变化大而计算值季节水位变化小,这主要是观测井本身也是机井,其抽水的影响。但从全年平均值上来看,两者的年地下水位的下降量相符,均为年降 3 m 左右。

最后反演得出该区域水文地质计算参数,见表 2-10。

表 2-10　渗透系数取值

地层名称	K_{xx}(m/s)	S_s	S_y
亚砂土层	2.47×10^{-5}	0.04	0.04
砂砾石互层	1.37×10^{-4}	0.04	0.04

注:$K_{xx}=K_{yy}$,$K_{zz}=0.5K_{yy}$,S_s 为 x 方向的贮水率,S_y 为 y 方向的贮水率。

2.4.2　机电井对坎儿井出水量影响关系模型

2.4.2.1　模拟区域范围和计算方法

该模型依据的坎儿井叫赛普里,位于吐鲁番市恰特喀勒乡公相村二队。该井全长

5 000 m,其中集水段长度 2 660 m,输水段长度 2 340 m,共有竖井 160 眼。根据该坎儿井的平面示意图确定其模型尺寸为 3 km×6 km,这样既可以充分模拟机电井位于坎儿井上、中下游时对坎儿井出水量的影响,同时避免了模型尺寸对机电井抽水的影响。

本模型的渗透系数、模型分层和边界水位的取值方法均与验证模型相同。由于坎儿井流量常年基本稳定,采用稳定渗流方法计算。

2.4.2.2　计算范围及坐标系和网格设定

本模型将坎儿井平面示意图的左下角设为模型的基准点(0,0),X 为东西方向,Y 为南北方向,坎儿井大致为南北走向,位于模型的中间,Z 轴垂直于海平面,向上为正。在此坐标系下就可确定计算范围内任一点的位置。

为了更精确地模拟水位变化,找出区域地下水位的下降对坎儿井出水的影响,将网格进行加密。确定平面网格大小为 20 m×20 m,在地层划分时也尽量使地层与平面网格一样,让每个单元的长宽比不致过于悬殊。

2.4.2.3　地层选取

地表高程参照 CAD 图,转化为 84 大地坐标高程。亚砂土层厚度和砂砾石层厚度参照之前的验证模型设定时的方法,用线性差值求取。经计算,南部亚砂土层厚度为 26 m,北部边界亚砂土层厚度为 16 m,其下砂砾石层平行于亚砂土层,层厚为 91 m。

2.4.2.4　边界条件

边界条件是进行计算的基本已知条件,对渗流场的计算影响很大,必须根据工程实际确定。在现场实测一口机电井的水位深度为 26 m,其位置在坎儿井的下游段距下边界较近,而上边界水头的确定较为困难。结合坎儿井暗渠纵坡、地形坡度和区域的地下水位分布图后最终确定模型南北边界的水头大小,见表 2-11。

表 2-11　模型南北边界水头数据　　(单位:m)

项目	海拔	边界水头
北部边界	-71	-101
南部边界	-113	-138

2.4.2.5　坎儿井的模拟

MODFLOW 的排水沟程序包用来模拟诸如农田排水沟之类工程的效应,含水层中排水的速率同含水层水头与某些固定的水头或标高之间的差值成比例。排水沟程序包假定如果含水层的水头降至排水沟的固定水头以下,排水沟就不起作用。这与坎儿井的工作方式是一样的,因此本模型用排水沟边界条件来模拟坎儿井的出水量。

计算坎儿井井首至 2 660 m 桩号段的暗渠为集水段,2 660 m 至出口为输水段。按照坎儿井工作原理,模型中的集水段地下水位应高于坎儿井的高程,而输水段应该低于坎儿井的高程。经计算:地下潜水位的坡度为 0.7%,坎儿井暗渠坡度为 0.56%,地面坡度为 0.75%。模型剖面如图 2-11 所示,平面图如图 2-12 所示,相应的计算模型观测井的位置如图 2-13所示。

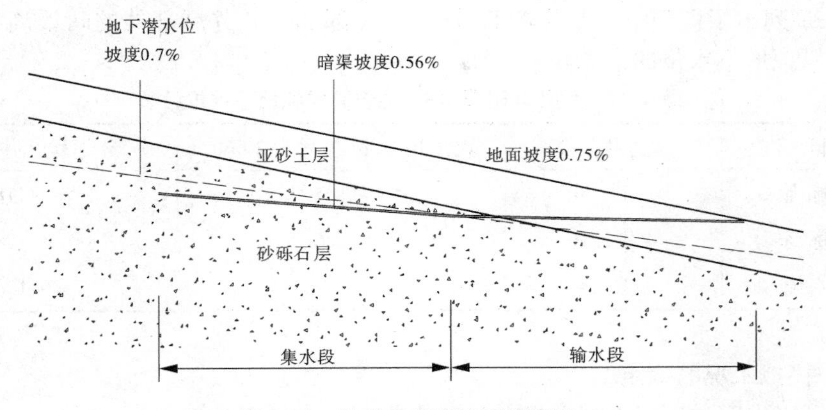

图2-11　坎儿井模型坡面示意图

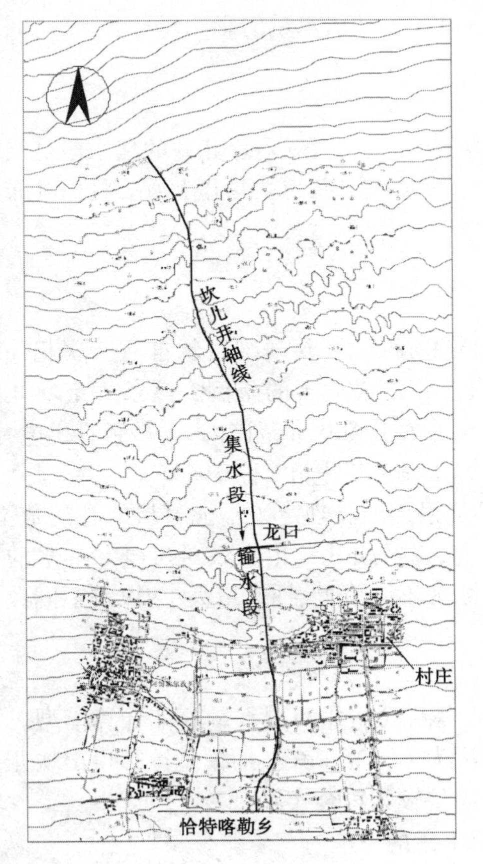

图2-12　坎儿井平面图

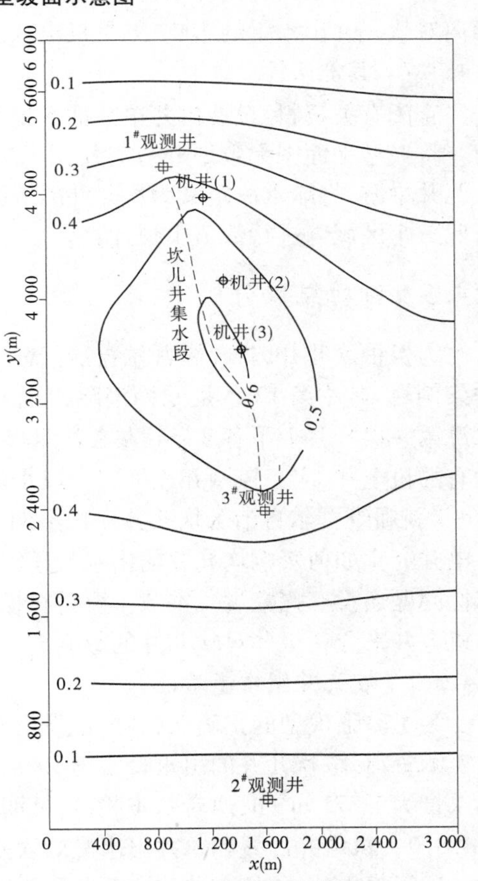

图2-13　坎儿井水降图

表2-12列出了模型中坎儿井首部、坎儿井中部和坎儿井尾部处的暗渠高程、地表高程和模型模拟地下水位的汇总。

表2-12 坎儿井暗渠标高、地表高程和地下水位汇总 (单位:m)

项目	坎儿井首部	坎儿井中部(桩号为2 660 m)	坎儿井尾部
地面标高	-79.60	-101.90	-118.5
井底标高	-111.10	-126.70	-128.6
地下水位	-108.9	-125.3	-136.9

2.4.2.6 模拟工况的确定

计算了以下两种工况来把握机电井和坎儿井相互作用的关系:一是机井布置位置和距离对坎儿井出水量的影响;二是机电井抽水量对坎儿井出水量的影响。

2.4.2.7 其他条件

查阅有关资料,设置机井单井抽水量为1 000 m^3/d。

将模型平面图大致划分为上游、中游和下游三个区域。其中:坎儿井的集水段定义为坎儿井中游,将输水段定义为坎儿井的下游,集水段以上定义为坎儿井上游。将机井布置于此三个区域内进行数值模拟计算。

2.4.3 计算结果分析

为保护坎儿井,新疆维吾尔自治区曾于2006年颁布了《新疆维吾尔自治区坎儿井保护条例》。其中第17条是专为消除机电井对坎儿井造成危害的条例。该条规定坎儿井水源第一口竖井上下各2 km、左右各700 m,暗渠左右各500 m范围内,不得新打机电井;已有的机电井,应当控制并逐渐减少取水量;已经干涸的机电井,不得恢复。

《新疆维吾尔自治区坎儿井保护条例》中只是根据经验规定了不能打机电井的范围,机电井究竟如何影响坎儿井的出水量还需要探究,以及坎儿井出水量对机电井抽水的敏感性问题还没有探究过。本节主要是在模型中添加不同位置、抽水量大小,以及不同数量的机电井来分析机井对坎儿井的影响。

2.4.3.1 坎儿井出水量验证

为了验证模型的正确性,利用不设机井时的实测坎儿井的出水量验证计算模型。根据实测资料,该坎儿井的出水量为16 L/s,换算后为1 382 m^3/d。而模型计算得出坎儿井出水量为1 371 m^3/d,两者基本相符,证明计算模型较为符合实际。

2.4.3.2 机电井位置和单井出水量对坎儿井出水量的影响

计算得出,不同机电井与坎儿井的距离以及布置位置对应的坎儿井出水量见表2-13,相应的结果图见图2-14～图2-17。

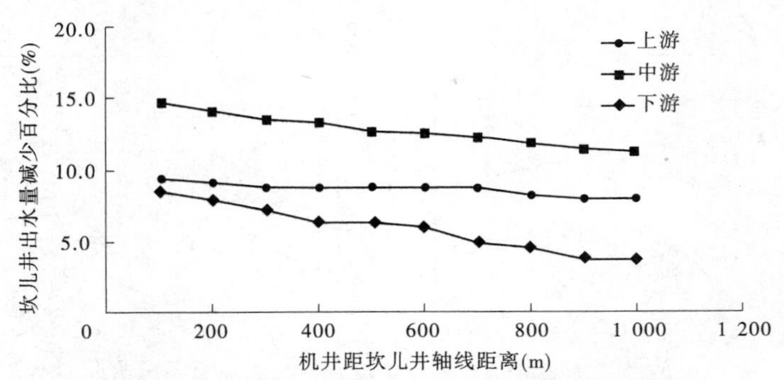

图 2-14　单个机井位置对坎儿井出水量影响对比

表 2-13　机井位于距坎儿井不同距离时坎儿井出水量

距离(m)	100	200	300	400	500	600	700	800	900	1 000
下游(m^3)	1 241	1 246	1 250	1 251	1 251	1 251	1 252	1 259	1 262	1 261
中游(m^3)	1 170	1 178	1 187	1 190	1 197	1 199	1 203	1 209	1 214	1 217
上游(m^3)	1 254	1 264	1 273	1 285	1 285	1 289	1 304	1 310	1 319	1 319

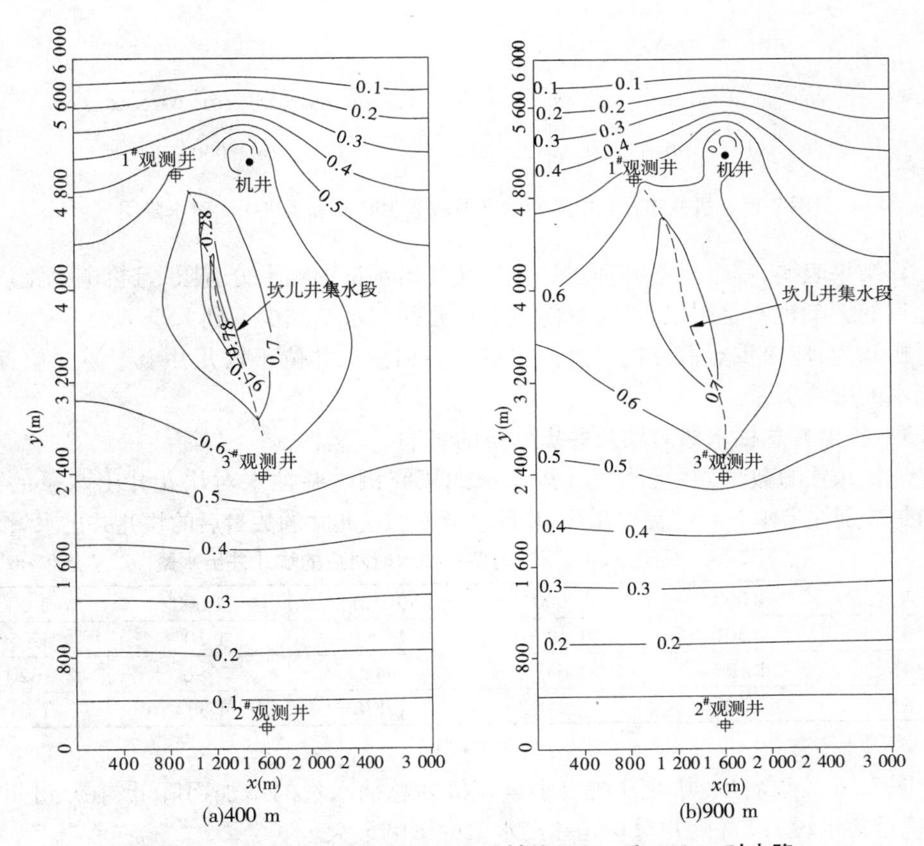

图 2-15　机井布置在上游距坎儿井轴线 400 m 和 900 m 时水降

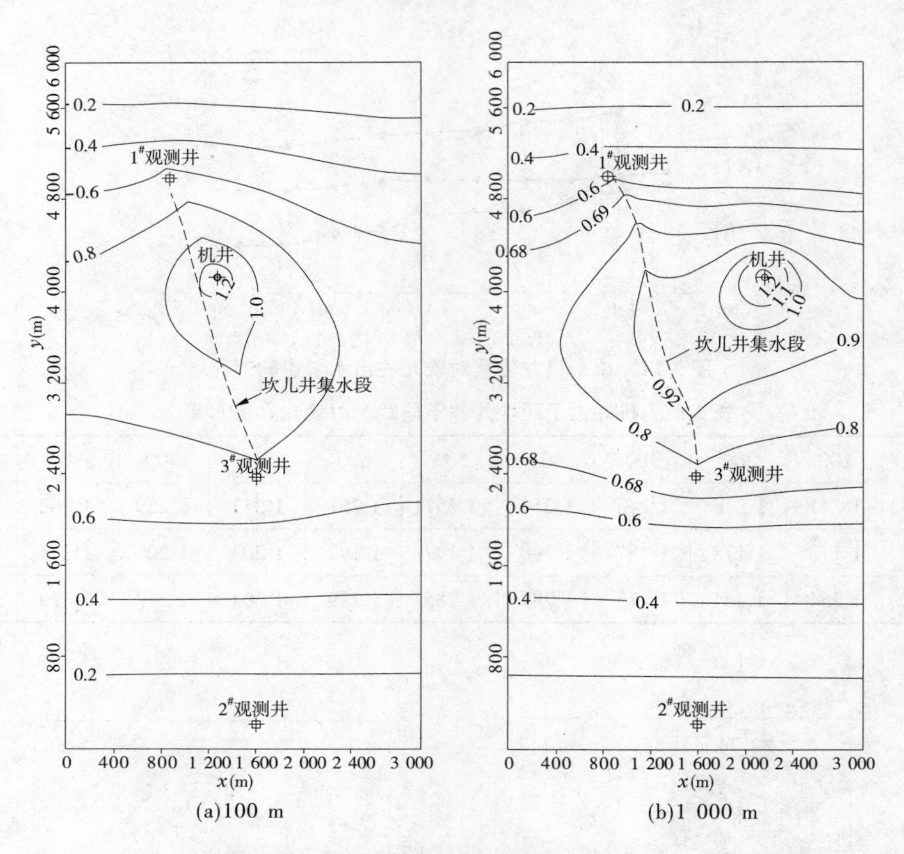

图 2-16　机井布置在中游距坎儿井轴线 100 m 和 1 000 m 时水降图

计算结果表明,单个机电井抽水量对坎儿井出水量影响十分有限,且机电井距坎儿井距离远近的影响也不是很大,最大只能造成坎儿井出水量减少不到 15%。

分析认为,应该重点探究机井总抽水量大小和抽水井位于坎儿井上下游的位置对坎儿井出水的影响关系。

2.4.3.3　机电井总抽水量对坎儿井出水量的影响

增加坎儿井的数量,并且改变其排布形式探究机电井抽水对坎儿井出水量的影响。表 2-14是分别在上中下游设置坎儿井,并且逐渐增加坎儿井的数量后的坎儿井出水量表。

表 2-14　位于上、中、下游的多井抽水时对应的坎儿井出水量　（单位:m^3/d）

机井总抽水量	1 000	2 000	3 000	4 000	5 000
上游	1 301	1 197	1 161	1 103	1 059
中游	1 199	1 043	944	796	620
下游	1 306	1 215	1 176	1 111	1 044

由图 2-18 可以看出,坎儿井的出水量随机井总抽水量的增加而降低,在坎儿井中游段(也就是集水段)设置机井对坎儿井出水量的影响最大。

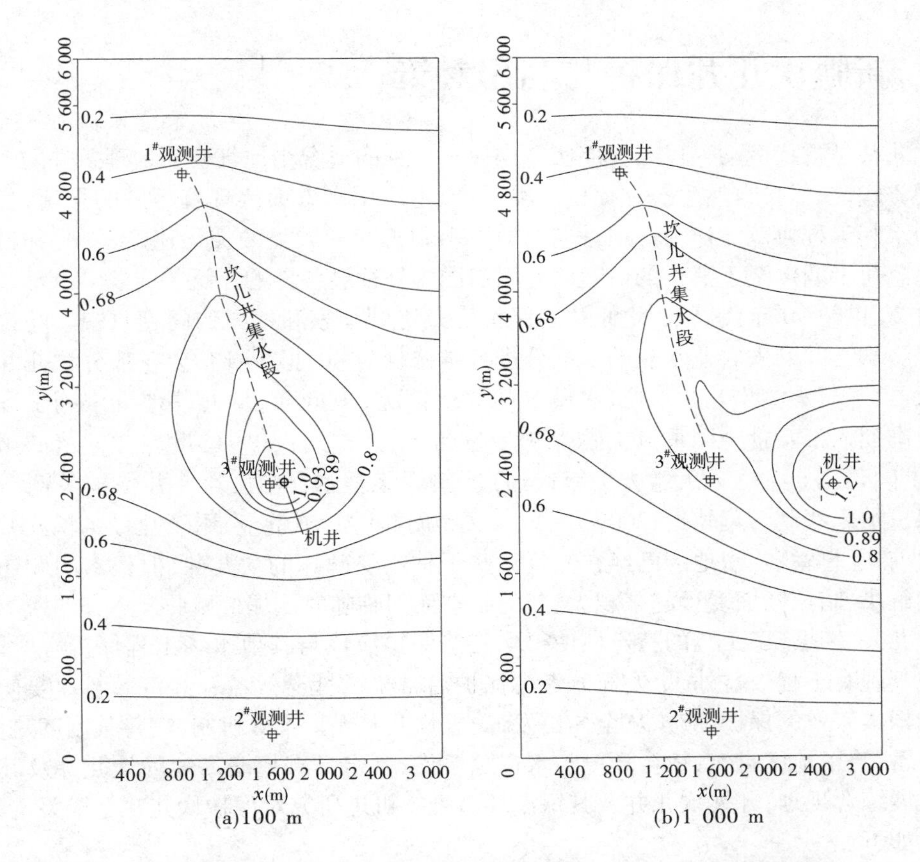

图 2-17 机井布置在下游距坎儿井轴线 100 m 和 1 000 m 时水降图

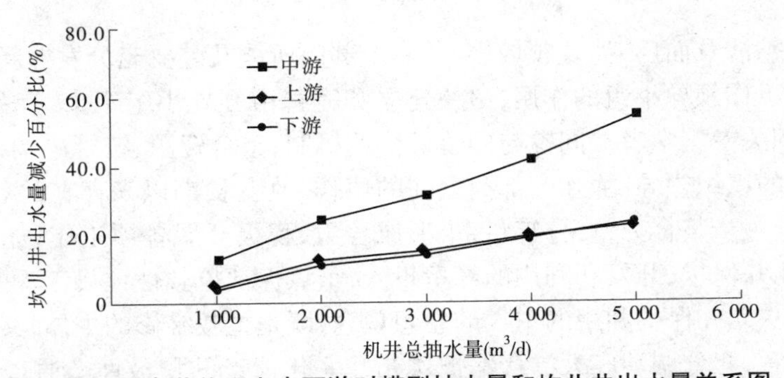

图 2-18 机电井位于上中下游时模型抽水量和坎儿井出水量关系图

2.4.4 机电井控制的几点建议

(1)应严格控制在坎儿井集水段附近打井,并且应该限制机电井的抽水总量。

(2)在坎儿井的上游和下游,可以适当打井,但对抽水量应该严格控制。

2.5 新疆坎儿井保护与利用对策

坎儿井是古代劳动人民在长期实践中摸索出来的适合当地气候和地理条件的一种水的利用方式,在保护自然生态和提供人类生产、生活用水方面实现着巧妙的平衡,是人水和谐的水利工程典范。作为一项古老的地下水利工程和人类的文化遗产,坎儿井目前所面临的急速干涸以至于消亡的命运已经引起国内外社会各界的广泛关注。

自20世纪90年代以来,坎儿井的保护已经得到国家和地方的高度重视。吐鲁番地区已经将坎儿井列入农业水利的一部分进行维修保养;坎儿井研究会在部分坎儿井安装监测仪器,随时观测坎儿井水位、水质等的变化情况;2006年,坎儿井地下水利工程被国务院批准列入第六批全国重点文物保护单位名单,并被列入《中国世界文化遗产预备名单》;同年,新疆自治区人大常委会审议通过《新疆维吾尔自治区坎儿井保护条例》,将坎儿井保护纳入法制管理轨道;2009年,国家文物局提供专项资金,用于吐鲁番坎儿井的保护。目前,吐鲁番、哈密地区已经在恢复一些干枯或受破坏的坎儿井,但根本问题还是未能得到解决,暗渠断面变得越来越大,新的临空面面临随时倒塌的威胁。

坎儿井及其施工工艺的特殊性使得坎儿井保护应该与其他水利工程保护有所区别,除考虑其现有工程效益外,更要充分考虑保护后带来的社会效益和经济效益。要使坎儿井得到根本有效的保护,应该从全局出发,确立坎儿井保护长效机制,完善其制度建设;结合吐鲁番、哈密地区自然、社会环境与水资源条件,制定具有战略高度的坎儿井及其绿洲水利发展综合规划;开展坎儿井及其绿洲环境维持机理研究对保护坎儿井是至关重要的,现分述如下。

2.5.1 坎儿井长效利用保护机制的建立和完善

坎儿井保护涉及面广、涉及领域多,非一个部门所能及。要充分发挥新疆维吾尔自治区坎儿井保护工作领导小组的作用,尽快建立和完善由领导小组牵头,有关职能部门、各级地方政府,相关专家学者共同参与的管理协调机制,整合资源,统筹协调,切实加强对坎儿井保护工作的组织领导;加强各部门之间的协作,改变长期以来存在的条块分割、各行其是的局面,进一步整合力量,分工负责,形成合力,积极开展各项工作;加大资金投入力度,增加对坎儿井保护、开发和利用的经费投入,重点保证抢救性项目工程的资金使用;倡导人民群众是坎儿井保护利用的主人的思想观念,既是抢救维修的主体,又是文化遗产保护成果的享有者,充分调动广大群众保护坎儿井文化遗产的积极性。通过广大群众的积极参与,形成最广泛的群众基础,自觉开展抢救和保护活动,同时使传统技艺得以普及、提升,更加完善。

目前,坎儿井由坎儿井研究协会组织管理,缺乏坎儿井水资源配置、综合规划等。可以把坎儿井灌区纳入区域灌区管理范围,编制坎儿井灌区管理规划,健全管理机制。伊朗、土耳其、希腊和一些中亚国家在保护和恢复坎儿井时的制度建设和管理措施值得借鉴。

2.5.2　坎儿井抢救与保护工程的实施

在建立健全坎儿井保护机制的基础上,对现有坎儿井进行认真普查,摸清工程状况,编制流域性坎儿井改造利用规划,有计划地逐年对坎儿井实施改造。在实施抢救和保护工程中,分轻重缓急,合理安排,重点突出,按照"先有水、后无水、先易后难"的顺序。根据当地水文地质条件,从水源保护、竖井加固、暗渠防塌、防漏以及蓄水工程处理等几方面入手,对那些地下水源有保证、流量相对稳定且有适当规模的坎儿井实施抢救性保护。保护中要充分发挥坎儿井传统维修技艺的作用,并与现代新技术相结合,改进掏捞和加固修复工艺,使坎儿井的修建和保护工程从原始工序走向正规化、标准化。在坎儿井维修加固工程中取得的新经验,要及时总结和推广,推动坎儿井保护工程顺利开展。

结合2009年最新普查结果,根据当前坎儿井现状出水量和运行状况,以及区域地下水位动态变化情况,对目前新疆现存坎儿井宜采取分区保护原则:即根据坎儿井的开凿年代、灌溉功能、出水量、水源补给保障、工程地质特征、人文景观和生态贡献等因素,将坎儿井灌区地下水位变化相对稳定的区域作为重点保护区。重点保护区内的坎儿井保护必须以可持续运用为原则,对有水坎儿井采取防护加固措施;对近期干涸的无水坎儿井实施掏捞延伸,予以恢复;对那些已经永久干涸、废弃的坎儿井,在出水口设置标示牌。将坎儿井灌区地下水位下降幅度较大的区域作为一般保护区,一般保护区内的有水坎儿井采取一般性常规维护措施;无水坎儿井采取设置标示牌的方式予以保护。

《坎儿井保护利用规划》和《坎儿井保护利用实施方案》分别于2006年和2011年编制完成。建议水利部门协调国家文物局等相关部门尽快实施,并将坎儿井保护与利用纳入法制化轨道,尽快划定坎儿井保护范围和建设控制地带并予以公布,同时将坎儿井保护总体规划纳入本级政府发展总体规划之中,在更高层次、更大范围内开展坎儿井保护工作。

2.5.3　坎儿井及其绿洲水资源保护

新疆地区地处亚洲腹地,远离海洋,周围是高山屏障,干旱少雨多风,大部分处于内陆河流域,主要靠高山冰雪融化供水和补充、调节地表和地下水,不同于国内其他地区,因此水资源利用及其与生态环境的关系与其他地区有所不同。

2.5.3.1　水资源合理开发利用

新疆区域水文地质条件有其特定的规律性,水资源开发利用是一个与诸多因素相互联系的复杂问题。对坎儿井及其绿洲水循环规律有必要进一步深入研究,对坎儿井区域水资源利用方式作相应的调整。坎儿井上游绿洲地区应尽量多引用地表水,只在春季缺水期提取少量地下水,并修建地下水回灌区,利用秋季洪水回灌补充地下水;中游绿洲混合引用地表水和地下水,注意渠道防渗,以减少下游绿洲盐渍化的威胁;下游绿洲主要以竖井排灌为主,降低地下水位,减轻盐渍化危害。

2.5.3.2　开展地下水动态监测

新疆地下水动态监测网的建设远远滞后于水源工程,仅个别流域和地区开展了此项工作,即使现有监测井,监测项目也不全,资料系列性差,不能完全反映地下水动态规律。在规范和强化取水许可管理工作的同时,建立和完善地下水监测站网,加强实时监控管理。

2.5.3.3　重点坎儿井取水量计量

新疆相继出台了《新疆维吾尔自治区取水许可制度实施细则》、《新疆维吾尔自治区地下水资源管理条例》和《新疆维吾尔自治区凿井管理办法》等涉及地下水资源管理的规范性法规文件。同时,也建立了以县(市)、州(地、市)、自治区水行政主管部门为主的分级管理体制。但普遍存在“只发证、不监督”的问题,建设地下水监测站网,分别对单井取水量实时计量监控,已是许多缺水地区和地下水超采区普遍的做法,实践证明也是行之有效的。

2012 年 1 月,国家出台了关于实行最严格水资源管理制度的意见,明确了水资源开发利用控制、用水效率控制、水功能区限制纳污“三条红线”控制指标。将重点坎儿井的保护目标纳入水资源开发利用红线划定的考虑因素中,对坎儿井分布区水资源进行统筹规划,实行水资源总量控制,优化配置水资源,做到保护利用坎儿井与现代水利建设相结合。

2.5.4　坎儿井灌区水文化建设

坎儿井既是文化遗产,又是水利工程,既要大力保护,又要合理利用,需要妥善处理好保护和利用的关系,尤其是要处理好坎儿井文化遗产本体保护与当地社会经济发展、群众生产生活的关系,形成有效保护的长效机制,真正做到保护与利用相互融合,共同促进,持续发展。

2.5.4.1　坎儿井保护生态示范区建设

坎儿井曾经在吐鲁番、哈密地区经济发展中发挥了重要作用,有的至今仍在发挥作用。那些坎儿井仍在发挥作用的地方,往往也是自然生态系统保持最好的地方。由于保护意识淡薄,坎儿井过去一直处于自生自灭的状态,如果某一区域的坎儿井不能再为当地生产和生活所利用,人们就会为了生存而集体搬迁。要保证在经济社会发展与生态环境保护平衡条件下实现坎儿井的可持续运用,就必须提高人们的保护意识,实施科学的规范化管理。鉴于此,建议对典型坎儿井及其绿洲进行保护和修复,建立坎儿井保护生态示范区,以维护坎儿井工程体系的延续性,及其相关联的田园景观、乡村文化的整体性,推动对这一文化遗产的科学保护与可持续利用。使具有历史底蕴的、可持续利用的坎儿井灌区成为人与自然和谐相处的典范。

于 2007 年建成开放的坎儿井博物馆和坎儿井民俗园,是新疆非常有名的旅游景点。坎儿井博物馆通过大量的图片、实物、模型展现了坎儿井的结构、分布区域、功能和研究成果。坎儿井民俗园是以米衣木 · 阿吉坎儿井为基础建成的,坎儿井博物馆和民俗园的旅游收入成为当地旅游收入的重要组成部分。

坎儿井博物馆可以作为生态示范区的水文化教育基地,在基地里可开展面向广大群众的科普教育、坎儿井保护工程示范等系统性工作。从政府、民众、媒体等多层面大力弘扬坎儿井文化,在全社会营造关心、重视和支持坎儿井保护的浓厚舆论氛围,推动对传统水利文化遗产的关注与保护,并通过节水科普教育,使西部旱区的生产生活节水行动,成为企业、人民群众的共识。

2.5.4.2　坎儿井申请世界文化遗产

从 2002 年起,联合国粮农组织(FAO)、联合国开发计划署(UNDP)和全球环境基金

(GEF)启动设立全球重要农业文化遗产项目,也称为“世界农业文化遗产”。全球重要农业文化遗产属于世界文化遗产的一部分,在概念上等同于世界文化遗产。目前,农业文化遗产正受到各种威胁,包括传统系统的废弃、土地利用类型的变化和转移以及传统物种的转移或消失等。这些威胁使得具有全球重要意义的农业生物多样性及其相关的知识和管理系统濒临消失,这也正是有关国际组织设立世界农业文化遗产项目的原因。几年来,陆续有包括伊朗“坎儿井”等全球30多个项目申请世界农业文化遗产。

坎儿井已于2006年被国务院批准列入中国世界文化遗产预备名单,但作为活态文化遗产,坎儿井具有点线面结合度高的综合特征,保护与申遗的难度很大。应该按照《保护世界文化和自然遗产公约》的要求,扎扎实实地做好申遗前的各项准备工作。首先组织专家学者加强对坎儿井保护与申遗的研究,深化遗产价值评估,在整体保护和申遗的对象、内容以及遗产关系等一些重要问题上取得共识;并采用最先进的技术手段,对有代表性的废弃坎儿井,进行全方位的考古发掘,重点对坎儿井的历史、起源、发展过程做出科学的回答;要遵循“不改变文物原貌”的原则,实施不同性质坎儿井的修复工程。作为水利工程性质的坎儿井注重保障水量的稳定和增水,可使用钢筋、水泥等现代工艺进行加固和保护,作为文化遗产性质的坎儿井采取最原始的本体保护方法,采用原工艺、原材料进行加固维修,尽量恢复其原样,保持其真实性、完整性。

2.6　小　结

主要分布在新疆的吐鲁番和哈密地区的坎儿井是沙漠绿洲水利特有的工程类型,是我国古代伟大的水利工程,更是目前尚在使用的“活态”文物。2 000多年来在当地人们生活用水、农业灌溉和生态保护方面发挥了不可替代的作用,是干旱地区群众赖以生存的生命之源。当前地面水的开发利用和机井的迅猛发展,致使坎儿井出水量和有水坎儿井数量大幅减少,正在陷入逐步萎缩甚至消亡的境地,拯救坎儿井刻不容缓。本章开展了新疆坎儿井的历年统计资料的调查分析,用MODFLOW软件模拟分析了机井与坎儿井之间的相互影响,并从水资源保护的角度给出了坎儿井利用与保护的四点对策,得出的主要结论如下:

(1)吐鲁番地区历史上坎儿井数量最多达1 237条(1957年),到2003年坎儿井数量减少为1 091条,而有水的坎儿井数量只有404条;到2009年其总数量进一步减少为410条,有水坎儿井数量减少为242条。哈密地区坎儿井数量最多时有495条(1943年),2003年减少为382条,有水坎儿井数量减少为195条;到2009年坎儿井总数量减少为195条,有水坎儿井减少为161条。其他地区的坎儿井除乌鲁木齐尚有2条有水外,其他40余条坎儿井均已经干涸,大部分已经填平废弃。

(2)坎儿井数量的锐减也伴随着其出水量和灌溉面积的大幅减少。吐鲁番地区2003年坎儿井总出水量为2.32亿m^3,灌溉面积为13.23万亩,到了2009年总出水量减少到1.43亿m^3,灌溉面积减少为9.87万亩。哈密地区2003年坎儿井总出水量为0.69亿m^3,灌溉面积为6.00万亩,到了2009年总出水量减少为0.47亿m^3,灌溉面积减少为3.75万亩。

(3)调查分析和数值模拟表明,地面水的开发利用和机井的迅猛发展是导致坎儿井衰减的主要原因。其中,机井大量过度抽取地下水导致地下水位下降是造成坎儿井出水量减少,甚至干涸的主要原因。机井数量与有水坎儿井的数量呈高度负相关关系。

(4)以恰特喀勒乡赛普里的坎儿井为对象,采用 MODFLOW 软件建立的坎儿井出水和机井抽水数值模型计算结果表明,在坎儿井集水段范围内布设的机井对坎儿井出水量影响较大,对其他部位的机井影响相对较小;机井抽水量的大小对坎儿井出水量的影响程度较机井距坎儿井暗渠的距离影响要大;避免在坎儿井集水段附近打井并严格控制附近机井抽水量是保证坎儿井出水量的关键。

(5)从水资源保护的角度看,应该建立坎儿井长效利用保护机制,尽快实施坎儿井的抢救和保护工程,将坎儿井保护纳入绿洲水资源保护系统中,并大力推进坎儿井灌区水文化建设。

附 表

附表2-1 2005年有水坎儿井普查统计

地名	坎儿井数量	暗渠长度(km)	竖井数量(个)	头井深度(m)	坎儿井流量(L/s)
吐鲁番市	254	957.778	36 835	8 706.3	3 700.94
亚尔乡	66	192.314	6 865	2 264.6	863.74
葡萄乡	31	123.07	4 628	1 313	529.3
艾丁湖乡	59	164.779	6 689	1 109	503.5
恰特喀勒乡	77	437.826	17 229	3 599	1 670.5
胜金乡	18	19.5	756	148	106.4
原种场	3	20.289	670	273	27.5
托克逊县	49	159.167	5 267		1 467.8
郭勒布依乡	22	86.037	3 237		1 060.42
夏乡	15	48.6	1 209		323.38
依拉湖乡	11	19.53	669		71
博斯坦乡	1	5	152		13
鄯善县	87	321.845	11 886	2 802.5	886.7
连木沁镇	16	38.73	963	454.5	260.3
七克台镇	25	132.39	3 376	1 430	300.6
迪坎尔乡	29	82.175	4 739	409	139.6
鲁克沁镇	2	10.5	350	105	55.6
辟展乡	5	7.9	91	75	33.2
城镇	1	5.6	24	16	6
东巴扎乡	1	2.3	120	7	6.8
葡萄开发公司	2	4.99	146	45	22.6
吐峪沟乡	6	37.26	2 077	264	62
地区合计	390	1 438.79	53 988		6 055.4

附表 2-2　2005 年吐鲁番地区坎儿井名录表(吐鲁番市 254 条)

序号	坎儿井名称	所在地(乡镇村)	坎儿井长度(km)	竖井		流量(L/s)	灌溉面积(亩)
				数量(个)	头井深度		
吐鲁番市 254 条							
1	阿洪坎儿井	亚尔乡亚尔果勒村	1.5	125	4	0.5	10.3
2	依米提托乎提	亚尔乡亚尔果勒村	1.15	110	7	1.7	35.0
3	叶孜乌力	亚尔乡亚尔果勒村	1.7	160	10	1.1	22.6
4	克依扎	亚尔乡亚尔果勒村	1.25	100	40	1.4	28.8
5	英坎儿井	亚尔乡亚尔果勒村	0.8	70	2.5	0.8	16.5
6	热依木乡约	亚尔乡亚尔果勒村	0.42	28	2.8	0.8	16.5
7	帕尔曼	亚尔乡亚尔果勒村	0.91	77	8	1.2	24.7
8	西沟	亚尔乡亚尔果勒村	0.57	28	15	0.6	12.3
9	五道林	亚尔乡亚尔果勒村	0.7	38	4	3	61.7
10	克其克	亚尔乡上湖大队	2.178	104	55	14	288.0
11	克其克昌西	亚尔乡上湖大队	2.5	75	65	2.3	47.3
12	琼坎儿井	亚尔乡第二管理区	3	75	50	43	884.6
13	养已坎儿井	亚尔乡克孜勒吐尔大队	3.5	107	45	32	658.3
14	米依木阿吉	亚尔乡上湖村	3.75	116	100	3.5	72.0
15	王西帕	亚尔乡上湖村	5.8	126	47	16.3	335.3
16	买提努尔	亚尔乡上湖村	3.8	88	60	9.26	190.5
17	阿力马斯	亚尔乡克孜勒吐尔村	4.95	115	60	5	102.5
18	英坎儿井	亚尔乡克孜勒吐尔村	4.1	115	63	18.6	382.6
19	西门坎儿井	亚尔乡亚尔村	11.5	440	75	79.4	1 633.4
20	克其克坎儿井	亚尔乡亚尔村	3.4	110	63	48	987.4
21	克其克昌西	亚尔乡亚尔村	3.5	110	70	20.6	423.8
22	琼坎儿井	亚尔乡亚尔村	5.1	135	68	47.9	985.6
23	琼波斯塔克	亚尔乡新城西门村	4	116	60	15	308.6
24	托开坎儿井	亚尔乡新城西门村	5	180	75	47.5	977.1
25	东门坎儿井	亚尔乡塔析吐维村	1.105	90	10	4	82.3
26	努迪坎儿井	亚尔乡塔格吐维村	1.42	129	10	3.5	72.0
27	也木器厂海写克	亚尔乡吕宗村	0.344	18	5	1.1	22.6
28	托开坎儿井	亚尔乡吕宗村	0.22	18	3	1.1	22.6

续附表 2-2

序号	坎儿井名称	所在地(乡镇村)	坎儿井长度(km)	竖井		流量(L/s)	灌溉面积(亩)
				数量(个)	头井深度		
29	美嘎勒坎儿井	尔乡色依提迪汗村	0.339	9	25	4	82.3
30	库吐提卡巴西	亚尔乡东门村	5.9	170	60	28.4	584.2
31	喀赞其坎儿井	亚尔乡戈壁村	4.623	95	46	20	411.4
32	克其克坎儿井	亚尔乡戈壁村	1.4	29	90	5	102.9
33	火焰山坎儿井	亚尔乡戈壁村	0.11	7	25	2	41.1
34	琼坎儿	亚尔乡老城东门村	5.35	102	120	29	596.6
35	塔力克坎儿井	亚尔乡老城东门村	5.6	150	65	45	925.7
36	阿扎提坎儿井	亚尔乡康喀村	7.5	300	80	32	658.3
37	梭博坎儿井	亚尔乡南门村	5.5	115	55	27.1	557.5
38	奥力马依提	亚尔乡皮亚孜其村	7.5	160	35	20	411.4
39	英坎儿井	亚尔乡加依村	2.15	85	12	10	205.7
40	那斯尔卡日	亚尔乡加依村	2.85	88	20	9	185.1
41	克依西坎儿井	亚尔乡奥依曼买里村	2.3	80	15	13	267.4
42	库依马克	亚尔乡奥依曼买里村	2.4	115	18	5	102.9
43	铁热克	亚尔乡奥依曼买里村	2.52	125	15	4	82.3
44	山加尔	亚尔乡奥依曼买里村	2.08	90	20	6.5	133.7
45	马号坎儿井	亚尔乡奥依曼买里村	2.06	90	20	14.7	302.4
46	色体阿吉	亚尔乡奥依曼买里村	1.95	80	35	14.7	302.4
47	库西坎儿井	亚尔乡奥依曼买里村	1.95	88	30	0.58	11.9
48	阿扎提坎儿井	亚尔乡奥依曼买里村	2.15	105	15	12.6	259.2
49	布龙坎儿井	亚尔乡贝西村	2.05	85	20	8.4	172.8
50	阿西木合提甫	亚尔乡贝西村	1.875	90	25	4	82.3
51	提卡坎儿井	亚尔乡贝西村	1.55	68	20	2	41.1
52	克依西坎儿井	亚尔乡贝西村	1.875	68	23	6	123.4
53	买提尼亚孜	亚尔乡贝西村	2.85	133	21	4	82.3
54	乌夏克塔里	亚尔乡贝西村	2.2	75	23	4	82.3
55	墩坎儿井	亚尔乡贝西村	1.8	85	24	1	20.6
56	阿斯木阿吉	亚尔乡琼克瑞克村	3.7	83	27	8	164.6
57	克其坎儿井	亚尔乡琼克瑞克村	3.8	170	31	13.8	283.9

续附表 2-2

序号	坎儿井名称	所在地(乡镇村)	坎儿井长度(km)	竖井		流量(L/s)	灌溉面积(亩)
				数量(个)	头井深度		
58	琼坎儿井	亚尔乡琼克瑞克村	3.65	166	27	15.6	320.9
59	乌唐其坎儿井	亚尔乡琼克瑞克村	3.6	100	21	6	123.4
60	阿扎提坎儿井	亚尔乡琼克瑞克村	1.745	60	15	6	123.4
61	吐鲁番市建筑公司	亚尔乡琼克瑞克村	2.76	98	15	5	102.9
62	马泰坎儿井	亚尔乡琼克瑞克村	2.89	135	14	12.2	251.0
63	多盖坎儿井	亚尔乡琼克瑞克村	2.17	88	15	8	164.6
64	琼沙依坎儿井	亚尔乡琼克瑞克村	3.73	111	30	18	370.3
65	太同坎儿井	亚尔乡琼克瑞克村	2.67	90	20	10	205.7
66	林业站苗圃	亚尔乡琼克瑞克村	2.46	74	50	6	123.4
67	木兄龟坎儿井	葡萄乡布拉克村	4.05	130	52	31	637.7
68	帕夏里克坎儿蟓	葡萄乡布拉克村	5	170	50	18.7	384.7
69	巴宗坎儿井	葡萄乡布拉克村	3.9	150	50	43.6	896.9
70	阿洪坎儿井	葡萄乡布拉克村	4.7	180	50	28.4	584.2
71	博萨克坎儿井	葡萄乡琼克瑞克村	4.65	188	50	3	61.7
72	哈热麻子坎儿井	葡萄乡琼克瑞克村	3.6	150	50	14.5	298.3
73	阿扎提坎儿井	葡萄乡霍依拉坎儿孜村	6.7	170	65	51	1 049.1
74	琼坎儿井	葡萄乡霍依拉坎儿孜村	7.2	140	45	25.3	520.5
75	克其克坎儿井	葡萄乡霍依拉坎儿孜村	3.35	76	37	4	82.3
76	马依曾坎儿井	葡萄乡霍依拉坎儿孜村	3.87	106	45	16.6	341.5
77	霍依拉坎儿井	葡萄乡霍依拉坎儿孜村	3.3	120	48	5	102.9
78	皮日昏坎儿井	葡萄乡英萨村	5.1	162	40	27.4	563.7
79	沙拉克坎儿井	葡萄乡英萨村	5.8	180	40	14	288.0
80	阿吾提坎儿井	葡萄乡英萨村	4.25	180	40	27.4	425.8
81	泰力洼坎儿井	葡萄乡英萨村	4.69	151	45	31.8	654.2
82	马忠泉坎儿井	葡萄乡铁提尔村	4.3	168	27	20	411.4
83	阿皮孜坎儿井	葡萄乡铁提尔村	6.1	170	35	18	370.3
84	欧力克拉能坎儿井	葡萄乡铁提尔村	4.08	160	32	26	534.9
85	托格拉克坎儿井	葡萄乡贝勒克其坎儿井村	4.27	261	65	8.5	174.9
86	琼坎儿井	葡萄乡贝勒克其坎儿井村	5.15	200	50	14.5	298.3

续附表 2-2

序号	坎儿井名称	所在地(乡镇村)	坎儿井长度(km)	竖井		流量(L/s)	灌溉面积(亩)
				数量(个)	头井深度		
87	扩袋坎儿井	葡萄乡贝勒克其坎儿井村	5.2	280	28	5	102.9
88	勺子坎儿井	葡萄乡贝勒克其坎儿井村	4.7	210	26	6	123.4
89	贝勒克其坎儿井	葡萄乡贝勒克其坎儿井村	5.35	267	60	4	82.3
90	英坎儿井	葡萄乡贝勒克其坎儿井村	3.15	108	50	0.7	14.4
91	阿巴坎儿井	葡萄乡达甫散盖村	1.36	29	40	18.6	382.6
92	沙依坎儿井	葡萄乡达甫散盖村	1.08	30	25	16	329.1
93	西力克儿井	葡萄乡达甫散盖村	2.2	54	60	15	308.6
94	达甫散盖坎儿井	葡萄乡达甫散盖村	1.3	19	30	12	246.9
95	阿热买里坎儿井	葡萄乡达甫散盖村	0.37	8	8	12	246.9
96	买提塔克坎儿井	葡萄乡达甫散盖村	2.6	24	30	4	82.3
97	沙依米拉甫坎儿井	葡萄乡拜西买里村	1.7	27	30	14	288.0
98	挖河帕坎儿井	艾丁湖乡琼库勒村	1.4	85	12	6	123.4
99	琼库勒坎儿井	艾丁湖乡琼库勒村	1.74	122	13	5	102.9
100	阿尔卡买里坎儿井	艾丁湖乡琼库勒村	1.01	75	12	4	82.3
101	多里坤坎儿井	艾丁湖乡琼库勒村	0.91	55	11	3	61.7
102	英坎儿井	艾丁湖乡琼库勒村	1.278	78	11	5	102.9
103	机木棍坎儿井	艾丁湖乡琼库勒村	1.15	82	9	5	102.9
104	奥依曼坎儿井	艾丁湖乡琼库勒村	1.4	65	11	8	164.6
105	克其克坎儿井	艾丁湖乡琼库勒村	2.6	140	15	4	82.3
106	昝日斯坎儿井	艾丁湖乡阿其克村	1.143	68	6	1	20.6
107	吾买尔艾木孜坎儿井	艾丁湖乡阿其克村	0.785	48	6	3	61.7
108	巴卡坎儿井	艾丁湖乡阿其克村	0.91	42	5	1.5	30.9
109	火热古力坎儿井	艾丁湖乡阿其克村	1.13	102	9	7	144.0
110	马木器厂提村长坎儿井	艾丁湖乡阿其克村	1.01	45	5	8	164.6
111	加马坎儿井	艾丁湖乡阿其克村	1.97	12	4	4	82.3
112	托乎提阿吉坎儿井	艾丁湖乡阿其克村	0.45	30	7	2.5	51.4
113	乃木吐里乡友坎儿井	艾丁湖乡阿其克村	1.15	80	7	8	164.6
114	克其克坎儿井	艾丁湖乡阿其克村	0.42	19	5	2	41.1
115	巴格坎儿井	艾丁湖乡阿其克村	0.35	10	4	2	41.1

续附表 2-2

序号	坎儿井名称	所在地(乡镇村)	坎儿井长度(km)	竖井		流量(L/s)	灌溉面积(亩)
				数量(个)	头井深度		
116	波拉坎儿井	艾丁湖乡阿其克村	1.2	70	6	3	61.7
117	艾木都拉坎儿井	艾丁湖乡阿其克村	1.02	72	7	4	82.3
118	梭尔坎儿井	艾丁湖乡阿其克村	0.8	40	5	0.5	10.3
119	干袋坎儿井	艾丁湖乡干店村	5.8	164	30	20	411.4
120	热友尼坎儿井	艾丁湖乡干店村	3.896	145	30	13	267.4
121	西合坎儿井	艾丁湖乡干店村	4.2	140	40	20.8	427.9
122	吐木尔卡日坎儿井	艾丁湖乡干店村	1.55	85	15	9	185.1
123	巴格尔坎儿井	艾丁湖乡叶木西村	4.02	134	35	13.5	277.7
124	帕尔坎儿井	艾丁湖乡叶木西村	1.3	42	10	5	102.9
125	间格坎儿井	艾丁湖乡叶木西村	5.05	166	30	11.8	242.7
126	加木坎儿井	艾丁湖乡叶木西村	0.7	30	7	4	82.3
127	恰拉坎儿井	艾丁湖乡叶木西村	1.7	52	17	4.6	94.6
128	甫拉提巴依坎儿井	艾丁湖乡叶木西村	3.3	212	20	15.4	316.8
129	艾提阿洪坎儿井	艾丁湖乡叶木西村	2	103	20	1.5	30.9
130	塞甫拉坎儿井	艾丁湖乡叶木西村	0.96	24	6	7	144.0
131	阿洪阿吉坎儿井	艾丁湖乡叶木西村	5	187	50	23.2	477.3
132	买力坎儿井	艾丁湖乡叶木西村	0.7	44	10	4	82.3
133	梭尔堂坎儿井	艾丁湖乡安疆村	1	61	6	10	205.7
134	老白坎儿井	艾丁湖乡安疆村	1.18	75	6	3.5	72.7
135	奥吐拉坎儿井	艾丁湖乡安疆村	1.7	75	7	8	164.6
136	邓邓扎坎儿井	艾丁湖乡安疆村	5.4	262	47	18	370.3
137	托合提尼亚孜坎儿井	艾丁湖乡安疆村	0.75	70	8	2	41.1
138	阿不里木坎儿井	艾丁湖乡安疆村	0.5	35	5	2.5	51.4
139	乎吉买提阿吉坎儿井	艾丁湖乡阔什墩村	6.07	216	30	14.5	298.3
140	卡西卡力克能坎儿井	艾丁湖乡阔什墩村	6.42	224	45	8	164.6
141	拜什巴拉坎儿井	艾丁湖乡阔什墩村	7.105	180	40	28.7	590.4
142	加米亚提坎儿井	艾丁湖乡阔什墩村	7.42	214	30	26	534.9
143	卡萨甫坎儿井	艾丁湖乡阔什墩村	5.61	240	30	5	102.9
144	琼坎儿井	艾丁湖乡庄子村	5.05	222	38	13	267.4

续附表 2-2

序号	坎儿井名称	所在地(乡镇村)	坎儿井长度(km)	竖井		流量(L/s)	灌溉面积(亩)
				数量(个)	头井深度		
145	庄子坎儿井	艾丁湖乡庄子村	10.5	275	42	15	308.6
146	奥里吐如西坎儿井	艾丁湖乡庄子村	6.3	240	38	11.1	228.3
147	买买揭晓阿日甫坎儿井	艾丁湖乡庄子村	0.9	38	9	2.5	51.4
148	加马坎儿井	艾丁湖乡庄子村	1.1	33	10	3.5	72.0
149	同期坎儿井	艾丁湖乡庄子村	10.05	369	52	23.8	489.6
150	阿洪坎儿井	艾丁湖乡庄子村	7.6	247	35	26	534.9
151	库木坎儿井	艾丁湖乡庄子村	3.354	115	30	12	246.9
152	英坎儿井	艾丁帕克布拉克村	2.27	112	10	5.8	119.3
153	托乎提阿吉坎儿井	艾丁湖乡帕克布拉克村	4.2	193	38	11	226.3
154	艾提巴克坎儿井	艾丁湖乡帕克布拉克村	4.11	177	38	7.8	160.5
155	加马坎儿井	艾丁湖乡帕克布拉克村	0.737	44	10	4.5	92.6
156	克依西坎儿井	艾丁湖乡帕克布拉克村	1.45	104	15	2	41.1
157	韩金坎儿井	恰特喀勒乡拜什巴拉坎儿孜村	6.65	186	42	14	288.0
158	拜什巴拉坎儿井	恰特喀勒乡拜什巴拉坎儿孜村	4.8	120	45	14.5	298.3
159	铁热克坎儿井	恰特喀勒乡拜什巴拉坎儿孜村	5.7	150	70	67.6	1 390.6
160	哈里帕提坎儿井	恰特喀勒乡拜什巴拉坎儿孜村	4.4	220	48	2.5	51.4
161	库克拉能坎儿井	恰特喀勒乡拜什巴拉坎儿孜村	5.2	220	50	32.4	666.5
162	阔尼其坎尔井	恰特喀勒乡拜什巴拉坎儿孜村	5	295	46	25.2	518.4
163	阿斯木坎儿井	恰特喀勒乡拜什巴拉坎儿孜村	5.1	270	48	15	308.6
164	热友尼坎儿井	恰特喀勒乡拜什巴拉坎儿孜村	5.65	265	55	43.5	894.9
165	库木坎儿井	恰特喀勒乡拜什巴拉坎儿孜村	5.6	270	95	5	102.9
166	托盖坎儿井	恰特喀勒乡拜什巴拉坎儿孜村	5.38	250	90	22.5	462.9
167	米吉提阿吉坎儿井	恰特喀勒乡拜什巴拉坎儿孜村	7.19	240	76	28	576.0
168	帕克其坎儿井	恰特喀勒乡拜什巴拉坎儿孜村	5.65	203	70	11	226.3
169	琼阔什坎儿井	恰特喀勒乡拜什巴拉坎儿孜村	5.776	211	76	25.4	522.5
170	克其克阔什坎儿井	恰特喀勒乡阔什坎儿孜村	5.648	192	55	34.2	703.5
171	沙依坎儿井	恰特喀勒乡阔什坎儿孜村	6.3	340	80	33.9	697.4
172	阿洪坎儿井	恰特喀勒乡阔什坎儿孜村	5.125	191	68	7.5	154.3
173	琼坎儿井	恰特喀勒乡阔什坎儿孜村	3.75	220	62	15.2	312.7

续附表 2-2

序号	坎儿井名称	所在地(乡镇村)	坎儿井长度(km)	竖井		流量(L/s)	灌溉面积(亩)
				数量(个)	头井深度		
174	墩坎儿井	恰特喀勒乡阔什坎儿孜村	6.4	140	50	10	205.7
175	恰特喀勒吐尔坎儿井	恰特喀勒乡恰特喀勒村	5.882	228	45	70.3	1 446.2
176	其西尔阿吉坎儿井	恰特喀勒乡恰特喀勒村	4.598	225	42	46	946.3
177	木提拉阿吉坎儿井	恰特喀勒乡恰特喀勒村	4	130	45	7	144.0
178	卡里拉有坎儿井	恰特喀勒乡恰特喀勒村	5.2	140	45	31.6	650.1
179	卡迪尔阿吉坎儿井	恰特喀勒乡恰特喀勒村	5.8	126	50	43.6	896.7
180	阿布拉阿吉坎儿井	恰特喀勒乡恰特喀勒村	5.2	210	40	17	349.7
181	司马依阿吉坎儿井	恰特喀勒乡恰特喀勒村	4.45	223	43	23	473.1
182	沙迪克坎儿井	恰特喀勒乡恰特喀勒村	5.475	167	30	2.5	51.4
183	帕夏里克坎儿井	恰特喀勒乡恰特喀勒村	4.95	192	35	12.5	257.1
184	琼帕夏进里克坎儿井	恰特喀勒乡恰特喀勒村	4.4	167	38	2.5	51.4
185	克依西坎儿井	恰特喀勒乡克尔村	6	163	55	63	1 296.0
186	杜干阿吉坎儿井	恰特喀勒乡克尔村	3.3	106	25	5.5	113.1
187	艾力阿洪坎儿井	恰特喀勒乡克尔村	4	195	50	5.5	113.1
188	阿里特乌依拉坎儿井	恰特喀勒乡托特乌依拉坎儿孜村	4.6	199	40	25.5	524.6
189	库云坎儿井	恰特喀勒乡托特乌依拉坎儿孜村	5.1	210	50	20	411.4
190	海里克坎儿井	恰特喀勒乡托特乌依拉坎儿孜村	5.38	158	42	4.6	94.6
191	托特乌依拉坎儿井	恰特喀勒乡托特乌依拉坎儿孜村	5.15	135	50	23.6	485.5
192	亚力古孜库里坎儿井	恰特喀勒乡托特乌依拉坎儿孜村	5.55	217	53	7	144.0
193	库克拉能坎儿井	恰特喀勒乡托特乌依拉坎儿孜村	5.9	192	50	50.6	1 040.9
194	在大房子坎儿井	恰特喀勒乡托特乌依拉坎儿孜村	5.124	188	45	4	82.3
195	布特坎儿井	恰特喀勒乡托特乌依拉坎儿孜村	5.125	202	50	5.8	119.3
196	大木拉坎儿井	恰特喀勒乡公相村	3.75	160	20	28	576.0
197	托合提乡友坎儿井	恰特喀勒乡公相村	3.85	131	30	19.4	399.1
198	艾木都拉牙康坎儿井	恰特喀勒乡公相村	7.15	229	40	16.5	399.4
199	艾孜南坎儿井	恰特喀勒乡公相村	7.7	265	24	23.8	489.6
200	阿洪坎儿井	恰特喀勒乡公相村	3.95	181	30	52.7	1 084.1
201	赛普力坎儿井	恰特喀勒乡公相村	4.41	162	30	16	329.1
202	托乎提阿吉坎儿井	恰特喀勒乡公相村	4.2	202	40	16	329.1

续附表 2-2

序号	坎儿井名称	所在地(乡镇村)	坎儿井长度(km)	竖井		流量(L/s)	灌溉面积(亩)
				数量(个)	头井深度		
203	杜孙坎儿井	特喀勒乡杜孙坎儿孜村	5.15	202	55	28.3	582.2
204	西门尔坎儿井	恰特喀勒乡杜孙坎儿孜村	5.4	250	40	11.2	230.4
205	托乎塔西坎儿井	恰特喀勒乡杜孙坎儿孜村	5.4	230	48	36.1	742.6
206	加马力卡日坎儿井	恰特喀勒乡杜孙坎儿孜村	5.8	300	50	20.5	421.7
207	托乎提买提坎儿井	恰特喀勒乡杜孙坎儿孜村	3.85	200	20	30	617.1
208	素皮尼牙孜坎儿井	恰特喀勒乡杜孙坎儿孜村	10.2	346	40	28.3	582.2
209	斯依提坎儿井	恰特喀勒乡杜孙坎儿孜村	7.6	170	40	35	720.0
210	奥依曼坎儿井	恰特喀勒乡奥依曼村	8.3	216	40	33.5	689.1
211	亚尔力克坎儿井	恰特喀勒乡奥依曼村	4.9	155	45	26.9	553.4
212	帕夏里克坎儿井	恰特喀勒乡奥依曼村	3.82	108	31	5	102.9
213	库依马克坎儿井	恰特喀勒乡奥依曼村	4.11	139	44	5	102.9
214	琼坎儿井	恰特喀勒乡奥依曼村	5.9	197	63	76.6	1 575.8
215	乡友坎儿井	恰特喀勒乡其盖布拉克村	5.55	235	45	21.3	438.2
216	玉素云阿吉坎儿井	恰特喀勒乡其盖布拉克村	6.8	320	40	14	288.0
217	阿洪坎儿井	恰特喀勒乡其盖布拉克村	4.48	241	35	14	288.0
218	阿力吐尼其能坎儿井	恰特喀勒乡其盖布拉克村	7.3	236	47	8	164.6
219	帕让坎儿井	恰特喀勒乡其盖布拉克村	10.38	456	45	34.6	711.8
220	再墩坎儿井	恰特喀勒乡庄子村	7.6	460	40	14.4	296.2
221	间格坎儿井	恰特喀勒乡庄子村	6.9	250	30	2	41.1
222	奥依曼坎儿井	恰特喀勒乡庄子村	7.6	260	28	10	205.7
223	依马木坎儿井	恰特喀勒乡庄子村	7.3	280	50	7	144.0
224	琼坎儿井	恰特喀勒乡琼坎儿孜村	7.98	415	40	16	329.1
225	托依洪坎儿井	恰特喀勒乡托依洪坎儿孜村	5.3	270	40	15	308.6
226	克依扎克坎儿井	恰特喀勒乡托依洪坎儿孜村	5.9	286	50	18	370.3
227	太力木坎儿井	恰特喀勒乡托依洪坎儿孜村	6.1	203	45	23	473.1
228	马老四坎儿井	恰特喀勒乡托依洪坎儿孜村	7.3	280	43	19.6	403.2
229	卡迪尔阿洪坎儿井	恰特喀勒乡托依洪坎儿孜村	6.625	360	48	28.8	592.5
230	乃西其能坎儿井	恰特喀勒乡托依洪坎儿孜村	5.98	400	45	7	144.0
231	奥皮卡坎儿井	恰特喀勒乡托依洪坎儿孜村	5.6	245	35	11	226.3

续附表 2-2

序号	坎儿井名称	所在地(乡镇村)	坎儿井长度(km)	竖井		流量(L/s)	灌溉面积(亩)
				数量(个)	头井深度		
232	阿吉能坎儿井	恰特喀勒乡喀尔吾加坎儿孜	5.2	245	33	3.5	72.0
233	红星坎儿井	恰特喀勒乡红星煤矿	7.9	296	65	16	329.1
234	坛布胡坎儿井	胜金乡坛布胡村	0.6	55	4	2	41.1
235	阿不都热依木坎儿井	胜金乡坛布胡村	2.1	62	6	7	144.0
236	大队坎儿井	胜金乡阿克塔木大队	1.6	104	45	35	720.0
237	胡加木布拉克坎儿井	胜金乡木头沟村	0.4	12	7	2	41.1
238	肉孜巴克坎儿井	胜金乡木头沟村	1.4	17	6	1	20.6
239	买木塔地坎儿井	胜金乡木头沟村	1.3	8	10	1	20.6
240	巴乌郭力坎儿井	胜金乡木头沟村	0.4	47	11	0.2	4.1
241	拜勒叶尔坎儿井	胜金乡排孜阿瓦提村	1.05	55	6	2	41.1
242	样布拉克坎儿井	胜金乡排孜阿瓦提村	0.45	28	5	3	61.7
243	英买里依基地坎儿井	胜金乡排孜阿瓦提村	0.75	76	5	18	370.3
244	亚西拉有力地克坎儿井	胜金乡排孜阿瓦提村	0.75	38	6	4	82.3
245	卡拉塔勒坎儿井	胜金乡排孜阿瓦提村	1.6	80	6	10	205.7
246	布沙克坎儿井	胜金乡排孜阿瓦提村	1.35	33	6	8.2	168.7
247	阿其克库勒坎儿井	胜金乡排孜阿瓦提村	0.6	12	4	5	102.9
248	苏力坦吐尔坎儿井	胜金乡排孜阿瓦提村	0.85	37	4	2	41.1
249	大棚库勒坎儿井	胜金乡排孜阿瓦提村	0.4	17	4	3	61.7
250	吐头尔坎儿井	胜金乡排孜阿瓦提村	2.4	40	7	1	20.6
251	胜金乡色格孜库勒村	胜金乡排孜库勒村 3 小阴	1.5	35	6	2	41.1
252	海里皮能坎儿井	原种场院	6.75	215	94	8.5	182.9
253	琼坎儿井	原种场	7.015	247	103	12.7	274.3
254	英坎儿井	原种场二队	6.524	208	76	6.3	137.1
合计			958	36 397		3 701	76 162
鄯善县 87 条							
1	巴卡坎儿井	连木沁汉墩村	1.7	4	21.5	32.5	325
2	央塔克坎儿井	连木沁尤库日买里村	3.6	70	34	37.5	45.0
3	马场坎儿井	连木沁马场村	3.8	19	50	45.1	900
4	夏勒迪浪坎儿井	连木沁胡加木阿里迪村	0.19	5	13	4.2	55

续附表 2-2

序号	坎儿井名称	所在地(乡镇村)	坎儿井长度(km)	竖井		流量(L/s)	灌溉面积(亩)
				数量(个)	头井深度		
5	塞甫太古尔坎儿井	连木沁汉墩村	9	187	95	7	140
6	琼坎儿井	连木沁阿格墩村	3.8	150	54	9.4	200
7	阿斯提坎儿井	连木沁艾里斯汉村	0.25	17	7	1	15
8	库如提喀坎儿井	连木沁汉墩村	1.45	37	15	1	15
9	肖尔不拉克坎儿井	连木沁汉墩村	0.8	15	10	1	20
10	英坎儿井	连木沁知青农场	3.4	82	25	12	100
11	沙吾克坎儿井	连木沁艾里斯汉墩村	2.02	135	23	15.2	200
12	努坎儿井	连木沁阿斯塔乃汉墩村	0.32	9	15	1	15
13	巴卡克其克坎儿井	连木沁汉墩村	1.6	60	14	19	385
14	库如提喀坎儿井	连木沁巴所村	1.8	50	15	19	380
15	哈皮孜坎儿井	连木沁胡加木阿里迪村	1.3	27	18	27.5	412
16	克其克坎儿井	连木沁曲王坎儿孜村	2.7	60	45	28.1	700
17	其相坎儿井	七克台库木坎村	6	121	87	32.8	492
18	麦依冬坎儿井	七克台亚坎农场	8.1	160	70	35	500
19	依明依玛木坎儿井	七克台巴坎村	5.35	210	31	45.8	800
20	马亏祥坎儿井	七克台台孜村	3.3	97	84	3.2	64
21	托海坎儿井	七克台亚坎农场	4.7	143	35	4	80
22	马依斯坎儿井	七克台亚坎农场	7	120	70	5	100
23	泡柏克坎儿井	七克台黄家坎村	5.35	118	75	5	100
24	哈宝坎儿井	七克台库木坎村	8.39	154	89	5	100
25	东店坎儿井	七克台南湖村	1.7	150	45	6	120
26	也扎坎儿井	七克台镇七克台村	6.8	180	55	1	15
27	巴拉提依马木坎儿井	七克台南湖村	3.1	5	28	2	60
28	琼坎儿井	七克台台孜村	4.3	126	60	3	60
29	管带坎儿井	七克台台孜村	5.06	119	70	3	60
30	桑喀尔克其克无坎儿井	七克台镇七克台村	4.6	165	37	3	60
31	萨拉木坎儿井	七克台四十里墩	1.05	33	18	3	60
32	依不拉英所柏坎儿井	七克台四十里墩	1.15	35	7	3	60
33	马什坎儿井	七克台亚坎农场	5.15	150	30	10.3	200

续附表 2-2

序号	坎儿井名称	所在地(乡镇村)	坎儿井长度(km)	竖井		流量(L/s)	灌溉面积(亩)
				数量(个)	头井深度		
34	雷巴格子坎儿井	七克台知青农场	5	120	35	14	280
35	韩吉坎儿井	七克台镇七克台村	4.6	186	50	14.4	290
36	哈由坎儿井	七克库木坎村	8.27	275	115	14.4	290
37	曼尼克玉素音坎儿井	七克台色克三墩烽火台	7.3	275	7	14.4	340
38	马合木提阿洪坎儿井	七克台台孜村	6.65	93	75	17	340
39	热阿运坎儿井	七砍台台孜村	8.37	105	90	17	390
40	克其克坎儿井	七克台台孜村	5.9	99	82	19.3	390
41	克其克坎儿井	七克台台孜村	5.9	92	85	20	400
42	克其克坎儿井	迪坎乡叶孜坎村	2.5	200	12	3	60
43	帕喀尔坎儿井	迪坎乡叶孜坎村	2.9	230	13	3	60
44	尖坦坎儿井	迪坎乡迪坎村	3.5	98	19	3	60
45	吐勒开坎儿井	迪坎乡叶孜坎村	2.2	290	17	4	80
46	沙依坎儿井	迪坎乡迪坎村	3.8	98	19	4	80
47	木匠坎儿井	迪坎乡迪坎村	3.3	96	19	5	100
48	吾宗库勒坎儿井	迪坎乡迪坎村	3.2	58	8	8	200
49	阿吉坎儿井	迪坎乡迪坎村	2.3	62	8	8	160
50	马或坎儿井	迪坎村四道坎村	3.2	220	16	8.5	150
51	琼长毛孜坎儿井	迪坎村玉尔蒙村	2.205	145	10	0.5	10
52	吾宗尔其坎儿井	迪坎村叶孜坎村	3.3	300	17	1	20
53	怕沙坎儿井	迪坎村叶孜坎村	3.1	280	17	1	15
54	供拜孜坎儿井	迪坎村叶孜坎村	2.3	120	12	1	15
55	尼亚孜大任坎儿井	迪坎村叶孜坎村	2.05	210	15	1	15
56	库拉克坎儿井	迪坎乡迪坎村	3.9	140	18	1	15
57	尼扎巴喀坎儿井	迪坎乡四道坎村	2.3	180	14	1	15
58	达浪坎儿井	迪坎村叶孜坎村	3.1	190	14	2	30
59	尼亚孜坎儿井	迪坎村叶孜坎村	1.9	160	10	2	30
60	吉格代坎儿井	迪坎村叶孜坎村	3.5	230	13	2.8	42
61	脚户坎儿井	迪坎乡塔什塔判村	1.02	110	6	2	30
62	莫吐素甫坎儿井	迪坎乡塔什塔判村	1.1	110	6	2	30

续附表 2-2

序号	坎儿井名称	所在地(乡镇村)	坎儿井长度(km)	竖井		流量(L/s)	灌溉面积(亩)
				数量(个)	头井深度		
63	亚喀坎儿井	迪坎乡迪坎村	5.5	180	23	2	30
64	托喀坎儿井	迪坎乡迪坎村	1.5	46	9	2	30
65	喀瓦坎儿井	迪坎乡迪坎村	1.8	135	11	2	30
66	尕合甫坎儿井	迪坎乡迪坎村	3.4	96	18	10	200
67	米力克阿吉坎儿井	迪坎乡迪坎村	1.75	50	10	10	200
68	那瓦依坎儿井	迪坎乡迪坎村	3.65	235	18	12.8	150
69	叶孜坎儿井	迪坎乡迪坎村	4.05	230	20	10	150
70	裁缝坎儿井	迪坎乡迪坎村	3.85	240	17	27	200
71	琼坎儿井	鲁克沁镇	6.5	217	53	33.2	664
72	克其克坎儿井	鲁克沁镇	4	133	52	22.4	500
73	托库孜吾古力坎儿井	辟展乡东湖村	4.5	5	20	3	45
74	克其克铁提尔坎儿井	鄯善县城镇巴扎村	5.6	24	16	6	90
75	扩什土曼坎儿井	辟展乡柏沟村	0.2	4	20	9	180
76	确勒阿其克坎儿井	辟展乡克其克村	0.7	46	10	2	30
77	夏尔布拉克坎儿井	辟展乡克其克村	1.2	4	10	1.2	18
78	阿洪坎儿井	辟展乡克其克村	1.3	32	15	18	300
79	西尔坎儿井	吐峪沟乡潘碱坎村	6.7	345	50	4	80
80	努尔买提主任坎儿井	吐峪沟乡苏巴什村	6.9	351	55	5	100
81	阿洪拜格坎儿井	吐峪沟乡潘碱坎村	7.1	422	42	7	
82	卡吾孜坎儿井	吐峪沟泽乡苏巴什村	7.16	360	36	8	
83	沙依坎儿井	吐峪沟乡苏巴什村	7.7	312	35	18	
84	海力克琼坎儿井	吐峪沟乡苏巴什村	1.7	287	43	20	
85	新坎儿井	鄯善县葡萄开发公司	1.79	38	20	6.4	
86	搏斯坎儿井	鄯善县葡萄开发公司	3.2	108	25	16.2	
87	卡格吐尔坎儿井	东巴扎乡	2.3	120	7	6.8	
托克逊县 49 条							
一	郭勒布依乡						
1	买塔阿吉坎儿井	1 大队 1 队	6.01	207		68	512
2	沙吾提巴依坎儿井	1 大队 2 队	5.8	174		33.18	232

续附表 2-2

序号	坎儿井名称	所在地(乡镇村)	坎儿井长度(km)	竖井		流量(L/s)	灌溉面积(亩)
				数量(个)	头井深度		
3	自帕尔阿吉坎儿井	1 大队 3 队	4.03	168		12.07	108
4	西热甫坎儿井	1 大队 4 队	2.7	183		18.67	82
5	加马坎儿井	1 大队 5 队	3.417	183		9.1	82
6	艾合买提加马坎儿井	1 大队 5 队	1.75	106		18.3	136
7	吐万布拉克坎儿井	1 大队 6 队	5.5	450		53.19	383
8	尤克日布拉克坎儿井	1 大队 7 队	3	287		79	165
9	穷坎儿井	2 大队 1 队	3.88	100		17.81	108
10	局吉克坎儿井	2 大队 2 队	4.5	90		71.12	430
11	布汗坎儿井	2 大队 4 队	2	50		8.51	59
12	热依木坎儿井	3 大队 2 队	4	68		19.13	165
13	陈洪坎儿井	3 大队 4 队	4.35	74		43.17	430
14	米渔产自木坎儿井	3 大队 5 队	5.1	100		76	646
15	其克曼坎儿井	5 大队 1 队	6	250		41.13	268
16	吐刚站坎儿井	5 大队 2 队	3.5	60		59.05	460
17	奥依曼坎儿井	8 大队 1 队	3	60		73	550
19	塔什买提坎儿井	7 大队 5 队	3.5	168		71	559
20	大提坎儿井	古木巴扎大队	2	33		35	305
21	拜西瓦衣坎儿井	5 大队 2 队	7	250		36	417
22	优卡克沙依坎儿井	3 大队 1 队	1.5	53		15	50
	小计		86.037	3 237		1 060.42	7 647
二	夏乡						
23	粮种场坎儿井	粮种场	3.2	65		21.2	260
24	苏帕阿吉坎儿井	南湖大队 1、2 队	4	61		30.1	437
25	塞丁巴衣坎儿井	南湖大队 5、6 队	4.5	75		30	295
26	赛丁坎儿井	南湖大队 7 队	4	65		23	315
27	托乎提阿吉坎儿井	南湖大队 3、4 队	3.8	59		23.18	290
28	木库依提坎儿井	南湖大队 5 队	3.8	79		5.7	60
29	马合木提坎儿井	南湖大队 7 队	2	50		3.2	35
30	巴拉提马衣提坎儿井	南湖大队 7 队	1.5	60		3	30

续附表 2-2

序号	坎儿井名称	所在地(乡镇村)	坎儿井长度(km)	竖井		流量(L/s)	灌溉面积(亩)
				数量(个)	头井深度		
31	达加小坎儿井	卡克恰克村5队	4	150		45	450
32	永娃西坎儿井	卡克恰克村3队	3.3	95		14	450
33	玉苏甫坎儿井	卡克恰克村6队	2	70		13	266
34	达加大坎儿井	卡克恰克村4队	4.5	90		35	345
35	肉孜坎儿井	卡克恰克村8队	1.5	100		5	50
36	阿热甫坎儿井	卡克恰克村6队	3	90		21	210
37	开兰得尔坎儿井	卡克恰克村1、2队	3.5	100		51	225
	小计		48.6	1 209		323.38	341.8
三	依拉湖乡						
38	阿尔瓦坎儿井	布尔碱1队	3.2	80		23	240
39	人民坎儿井	布尔碱2队	2.85	70		8.1	130
40	卡拉墩坎儿井	布尔碱2队	5.9	179		9.3	130
41	巴拉提坎儿井	布尔碱3队	1.2	45		7.1	100
42	托合提坎儿井	布尔碱3队	2.15	65		5	80
43	肉孜坎儿井	布尔碱3队	0.9	28		6	60
44	艾海提坎儿井	布尔碱3队	1	30		3.5	50
45	买买提坎儿井	布尔碱3队	1.6	40		3	50
46	赛买提坎儿井	布尔碱1队	0.4	15		2	30
47	马合木提坎儿井	布尔碱3队	0.2	6		2	40
48	热克甫阿期克坎儿井	布尔碱1队	0.13	10		2	30
	小计		19.53	669		71	910
四	博斯坦乡						
49	依提帕克坎儿井	5大队1队	5	152		13	100
	总计		159.167	5 164		1 467.8	12 105

第 3 章　吐鲁番盆地山前冲积扇蓄洪入灌地下水技术论证

坎儿井主要是通过集水段截取地下潜流，进而通过暗渠输送到下游盆地的沙漠绿洲中。上游集水段的潜水位高度、集水区域的水量决定坎儿井是否出水及其出水量。然而灌溉面积的迅猛增大，对地下水的需求量的大幅增加，河水的开发利用对地下水的补给量的减少，机电井的迅速发展以及坎儿井自身缺陷等因素引起地下水位的下降和补给源的减少，从而造成坎儿井流量的减少、断流甚至干涸。

吐鲁番盆地在夏季暴雨量大，易形成洪水，对山前冲积扇地区的电力、水利、铁路、村镇，甚至坎儿井的竖井等构成威胁，目前很多工程都配套修筑了防洪堰堤。该部分洪水最终在盆地中下游消散蒸发殆尽，对坎儿井补给区潜水的补给量很少。

基于上述分析，如果能采用一定的拦洪蓄洪入灌措施，把盆地中上游山前的暴雨回灌入渗山前地下水，为坎儿井提供更多的补给水量，将是坎儿井保护的治本措施。同时，对于削减洪水危害具有一定的作用。如何在山前戈壁带降低洪水流速，扩大洪水面，利用好山前暴雨以及如何在高处补给地下水将是一个值得研究的问题。

3.1　蓄洪入灌地下水的条件分析

蓄洪入灌地下水对水资源匮乏的吐鲁番地区具有一定意义，特别对坎儿井的保护意义重大。蓄洪入灌技术能否实施需要一定的条件，现将吐鲁番地区实施蓄洪入灌的可行性分析如下。

3.1.1　相对丰富的洪水资源

从雨量站观测结果可知，吐鲁番盆地绿洲平原区降水量为 7.7 ~ 27 mm，而山前冲积扇则在 100 mm 以上，中高山区可达到 500 mm 以上。因此，山前洪水资源相对比较丰富，特别对于降水量极少的绿洲盆地更为珍贵。

吐鲁番盆地有大小十几条河流，产流区均为中高山区，山前洪积扇的降水和高山融雪是坎儿井的主要补给源。坎儿井一般分布在山前冲积扇下游，在山前蓄洪入灌补给地下水不会破坏坎儿井的集水段，只会增加潜水位和潜流流量。

3.1.2　入渗的地质条件

天山山系的强烈抬升使天山南麓基底形成巨大的向斜构造，吐鲁番盆地成了坳陷带，周边山体风化剥蚀物在洪水的搬运作用下形成了山前厚度较大的第四纪松散戈壁层。含水层有单一结构潜水含水层和下部承压含水层。戈壁层由大量深厚的砂砾石组成，具有渗透系数大、储水空间大等特点，为蓄洪入灌赋存水资源提供了得天独厚的条件。

3.1.3 宽阔的入灌场地

山前洪积扇地区不但第四纪松散戈壁层厚度大，且分布面积非常大，天山南麓洪积扇几乎全被戈壁砂砾石层覆盖，且该地区人烟稀少，仅有少量的电力、公路交通等设施，便于布设大规模蓄洪入灌工程，同时兼作防洪设施。图3-1为吐鲁番地区托克逊县某处拦洪堰堤。

图3-1 托克逊县某处拦洪堰堤

3.2 天山山前暴雨洪水特性

吐鲁番盆地地处天山东部封闭性的山间盆地内，地形地貌酷似菱形，四面环山，中间低洼，火焰山横贯盆地中央，把盆地分为南、北两部分，山北为倾斜冲积扇，山南为冲积平原。整体地势西北高、东南低，盆地四周除高低参差不齐的山地外，内部大部分为古洪积扇砾石戈壁。绿洲分布在盆地之中，既是农作物集中区，也是畜牧业的生产地。特殊的地形地貌形成了吐鲁番盆地独特的气候特征和河流洪水特性。吐鲁番盆地通过山区降水和融雪形成径流有14条河流，包括大河沿、煤窑沟、柯柯亚、阿拉沟等，山区暴雨是河流洪水的主要成因，洪水特性符合暴雨型洪水特征。其他冲洪积扇山前暴雨洪水在地表形成小的沟壑径流后迅速向下游宣泄，沿程蒸发消散殆尽，难以形成大的径流。

本章主要研究山前冲积扇暴雨洪水入渗补给坎儿井问题，因此本节以喀尔于孜萨依沟为典型区域分析吐鲁番盆地山前暴雨洪水特性及回灌地下水技术。

3.2.1 选定区域特点

所选定的喀尔于孜萨依沟位于博格达山南坡哈拉古达坂以下区域，流域呈叶状，南北长38 km，东西宽14 km，流域最高处喀尔达坂海拔3 000 m，最低处海拔270 m，平均坡度为122‰，流域总面积（以坎儿井集水段前沿断面为界）为351 km^2。喀尔于孜萨依沟流域西临塔尔朗河流域，东连煤窑沟流域，为介于塔尔朗和煤窑沟流域之间的山前冲积扇平原冲积沟壑,下游泄洪通道为吐鲁番著名的葡萄沟景区。流域冲积扇为深厚砂砾石覆盖层,表层无植被,区域内无明显河沟,但有数条经暴雨洪水漫滩冲刷后形成的网状小洪沟,经汇流形成喀尔于孜萨依沟,最后进入葡萄沟。

喀尔于孜萨依沟中低山区分布有 3 条间歇性洪沟,从西向东命名为 1 号洪沟、2 号洪沟和 3 号洪沟。3 条洪沟的集水面积分别为 55.5 km^2、21 km^2、67.5 km^2,集水总面积为 144 km^2,洪水消散区 207 km^2,流域总面积 351 km^2。该沟遇到持续性降水或较大雨强的局地暴雨时,会形成暴雨洪水,经过大片山前平原或者大戈壁后形成地表径流。

喀尔于孜萨依沟流域水系分布见图 3-2。

3.2.2　洪水成因与特性

3.2.2.1　洪水成因

喀尔于孜萨依沟洪水属突发性暴雨洪水,主要由大尺度天气系统过境造成,前期连续高温后,受南支气流低槽影响,随冷空气沿西北山区挟带大量水汽入境,由于锋面活跃,低温系统较厚,气流移动速度缓慢,因此可造成吐鲁番盆地北部中、低山区大范围降水,随之形成洪水。

3.2.2.2　洪水特性

喀尔于孜萨依沟为一间歇性洪水沟,中下游洪积扇区极度干燥,在流域内的中低山区或下游洪积扇平原出现持续性降水和较大雨强的局地暴雨时,引发暴雨洪水,此类洪水多发生在 6 ~ 8 月,它具有陡涨陡落、过程单一、峰型尖瘦、历时短、峰高量小、突发性强、来势迅猛、破坏性强等特性。

3.2.3　洪水计算

喀尔于孜萨依沟流域介于煤窑沟和塔尔朗河流域之间,属于煤窑沟和塔尔朗流域控制以外区域。喀尔于孜萨依沟流域以 1 400 m 等高线为界限,在其以上的低山区分布有 3 条洪沟,从西向东暂时命名为 1 号、2 号和 3 号洪沟,是洪水主要形成区,等高线 1 400 m 以下区域为平原区(戈壁区),属于不产流区,是洪水散失区。由于喀尔于孜萨依沟位于塔尔朗沟与煤窑沟河之间的冲积平原上,无任何暴雨和洪水观测资料,因此本次采用无资料区域洪水计算方法来进行分析计算喀尔于孜萨依沟洪水。分别采用洪峰模数法、推理公式法和地区洪峰流量模比系数综合频率线法三种方法进行计算。

3.2.3.1　洪峰模数法

洪峰模数法计算公式为

$$M_p = Q_{pc}/F_c \tag{3-1}$$

$$Q_{ps} = M_p F_s \tag{3-2}$$

式中:M_p 为参证站设计洪峰流量模数,$m^3/(s \cdot km^2)$;Q_{pc} 为参证站设计洪峰流量,m^3/s;F_c 为参证站以上集水面积,km^2;Q_{ps} 为设计断面设计洪峰流量,m^3/s;F_s 为设计断面以上集水面积,km^2。

洪沟 1、2、3 位于煤窑沟和塔尔朗流域区间的非控制区内,因此直接移用煤窑沟和塔尔朗洪峰模数计算洪沟设计洪峰流量,其计算成果见表 3-1。

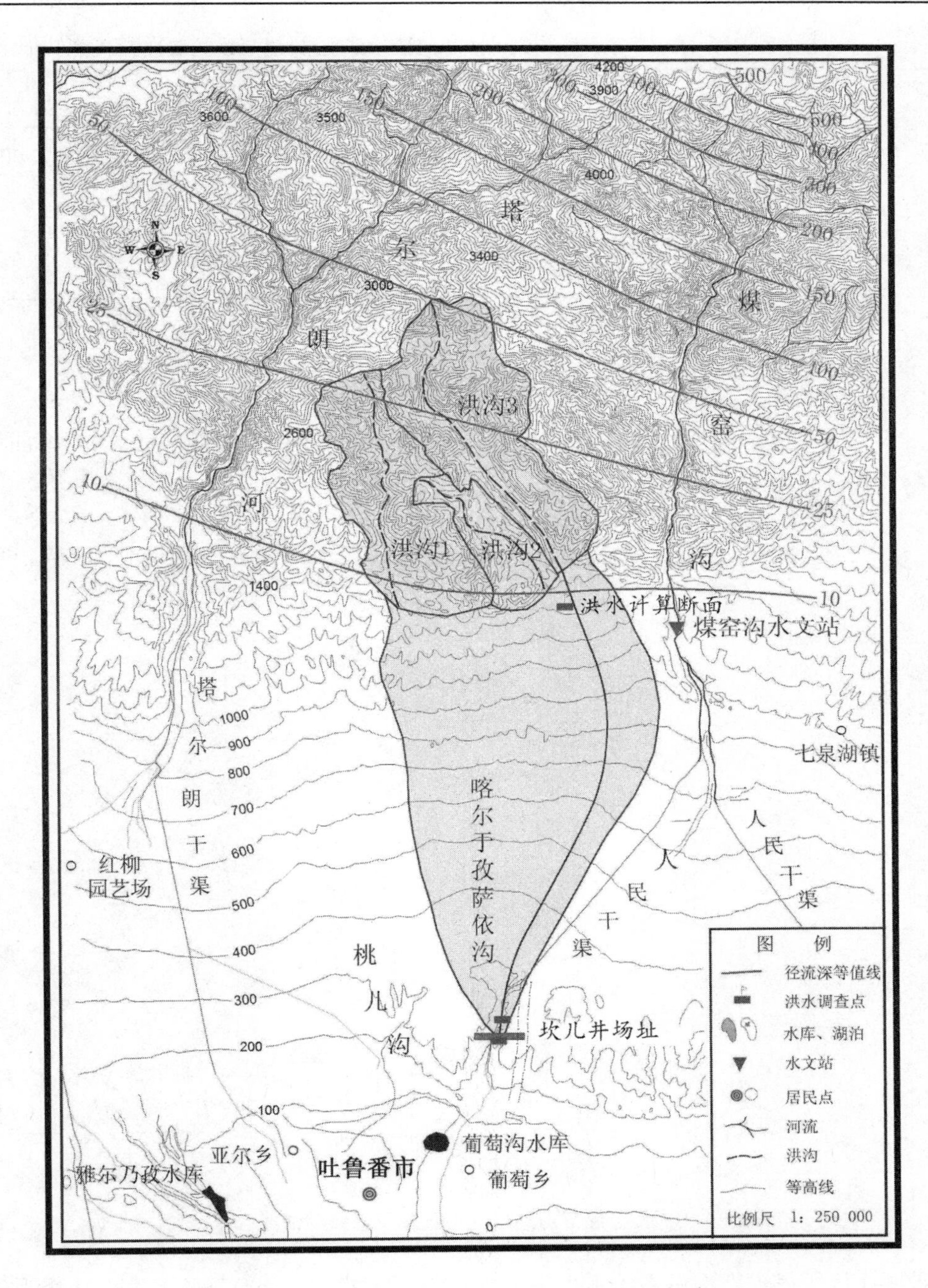

图3-2　喀尔于孜萨依沟及上游洪沟、洪水调查断面分布

表 3-1　喀尔于孜萨依沟设计洪峰流量计算成果(洪峰模数法)　(单位:m^3/s)

站名	喀尔于孜萨依沟	不同频率设计洪峰流量					
		1%	2%	3.30%	5%	10%	20%
煤窑沟	山区洪沟(144 km^2)	174	140	114	95.0	64.8	38.9
塔尔朗	山区洪沟(144 km^2)	122	107	95.0	85.0	69.1	51.8

3.2.3.2　推理公式法

1. 设计雨量计算

用煤窑沟水文站 1978~2011 年实测最大 1 日降雨量系列进行频率计算,频率曲线见图 3-3。

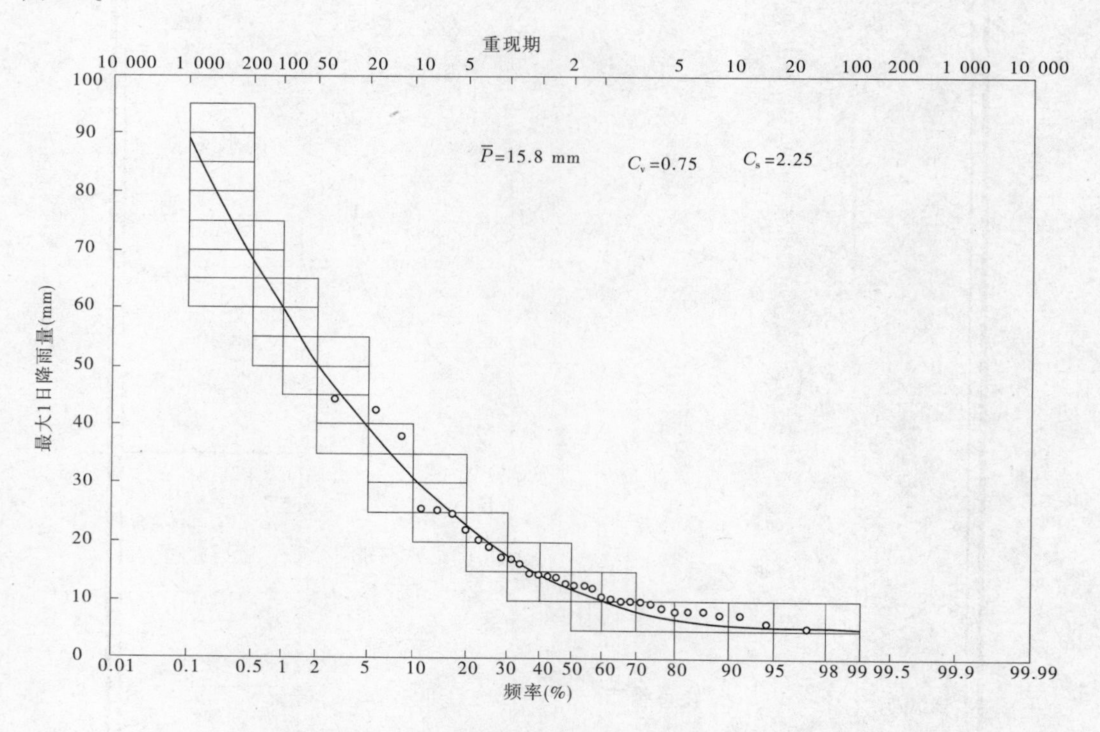

图 3-3　煤窑沟站最大 1 日降雨量频率曲线

通过计算所得煤窑沟站多年平均最大 1 日降雨量 C_v、C_s 及各频率最大 1 日降雨量设计值。由新疆多年时段雨量折算系数统计可知,日雨量与 24 h 雨量的折算系数为 1.13。参考相关资料吐哈地区段点雨量与面雨量的折算系数为 1.263。

由此将煤窑沟站 1 日点雨量折算为 24 h 点雨量和面雨量。设计及折算后成果见表 3-2。

表 3-2　煤窑沟最大 1 日降雨量频率计算成果

项目	均值(mm)	C_v	C_s/C_v	设计频率(%)雨量(mm)					
				1	2	3.3	5	10	20
最大 1 日雨量	15.8	0.75	3.0	60.0	51.2	44.7	39.6	31	22.5
最大 24 h 点雨量	17.9			67.8	57.9	50.5	44.7	35.0	25.4
最大 24 h 面雨量	22.6			63.0	54.0	47.0	42.0	33.0	24.0

2. 设计洪水

推理公式法是利用暴雨数据推求小流域设计洪水的常用方法之一。根据国家行业标准《水利水电工程设计洪水计算规范》(SL 44—1993)及《水利水电设计洪水计算手册》等参考技术数据,并结合该流域的下垫面条件情况,分别选用不同的参数,采用推理公式法,推算喀尔于孜萨依沟断面设计洪峰流量。具体方法如下。

1)量算参数

从 1∶250 000 地形图上量算工程场址汇水区几何参数。

集水面积、主河沟长度及平均坡降见表 3-3。

表 3-3　各洪沟几何参数统计

计算断面	河长(km)	集水面积(km^2)	平均坡降(‰)	流域平均宽度(km)	流域形状系数
洪沟 1	1	55.5	3 000	1 400	0.130
洪沟 2	2	21.0	2 304	1 400	0.100
洪沟 3	3	67.5	3 300	1 400	0.102

2)计算设计洪峰流量

设计洪峰流量为

$$Q_{MP} = 0.278\alpha \frac{S_P}{\tau^n}F \tag{3-3}$$

式中:Q_{MP}为设计洪峰流量,m^3/s;S_P 为设计雨力,mm/h;τ 为流域汇流历时,h;α 为洪峰径流系数;F 为流域面积,km^2;0.278 为单位换算系数,n 为暴雨衰减指数。

3)参数的选定

(1)下垫面类型为 3 类。

(2)暴雨衰减指数 n:取 0.64(参考《设计洪水计算常用方法》教材中“暴雨衰减指数参考表”中天山北坡东段 n_2 的数据)。

(3)土壤损失系数 R 和土壤损失指数 r 分别为 0.9 和 0.62(参考《设计洪水计算常用方法》教材中大河沿、和静人工降雨实验数据)。

各洪沟设计洪峰流量计算成果见表 3-4。

表3-4　各洪沟设计洪峰流量成果(推理公式法)

站名	参数	1%	2%	3.33%	5%	10%	20%
洪沟1	S_P(mm/h)	20.1	17.2	15.0	13.4	10.5	7.6
	τ(h)	3.1	3.3	3.5	3.7	4.1	4.6
	洪峰流量(m^3/s)	72.0	55.9	44.6	37.2	25.2	15.1
洪沟2	S_P(mm/h)	20.1	17.2	15.0	13.4	10.5	7.6
	τ(h)	2.3	2.5	2.6	2.7	3.0	3.4
	洪峰流量(m^3/s)	36.6	28.5	22.7	19.0	12.8	7.7
洪沟3	S_P(mm/h)	20.1	17.2	15.0	13.4	10.5	7.6
	τ(h)	5.9	6.3	6.7	7.0	7.7	8.8
	洪峰流量(m^3/s)	46.0	35.8	28.6	23.9	16.2	9.6
合计设计洪峰流量(m^3/s)		154.6	120.2	95.9	80.1	54.2	32.4

3.2.3.3　地区洪峰流量模比系数综合频率线法

选取位于同一气候区内具有较长实测洪水系列的阿拉沟、煤窑沟、白杨河峡口、二塘沟、柯柯亚、英雄桥水文站作为参证站，根据参证站实测年最大洪峰流量及历史调查洪水资料，采用成都科技大学等三院校合编的《工程水文及水利计算》一书提出的“地区洪峰流量综合频率曲线法”，推求调查断面设计洪峰流量，公式如下：

$$Q_P = \frac{K_P}{K_D} Q_d \tag{3-4}$$

式中：Q_P 为设计洪峰流量，m^3/s；K_P 为设计洪峰流量模比系数；Q_d 为调查历史洪水洪峰流量，273 m^3/s；K_D 为调查洪峰流量模比系数，重现期60年相应的模比系数为4.731。

本书采用阿拉沟、煤窑沟、二塘沟、柯柯亚等水文站的历史调查洪水和实测洪峰流量样本编制地区洪峰流量模比系数综合频率曲线(见图3-4)，C_v=1.10、C_s=3.3，据此求得 K_P 值及洪沟(三条洪沟)不同设计频率下的设计洪峰流量，见表3-5。

表3-5　洪沟设计洪峰流量成果(模比系数综合频率曲线法)　　(单位：m^3/s)

项目	不同频率设计洪峰流量					
	1%	2%	3.3%	5%	10%	20%
K_P	5.575	4.520	3.633	3.185	2.244	1.397
洪峰流量(m^3/s)	251	203	164	143	101	62.9

3.2.3.4　成果推荐与评述

经过对三种方法计算、相互对照分析后认为：三种方法都有理论或者经验基础，但是

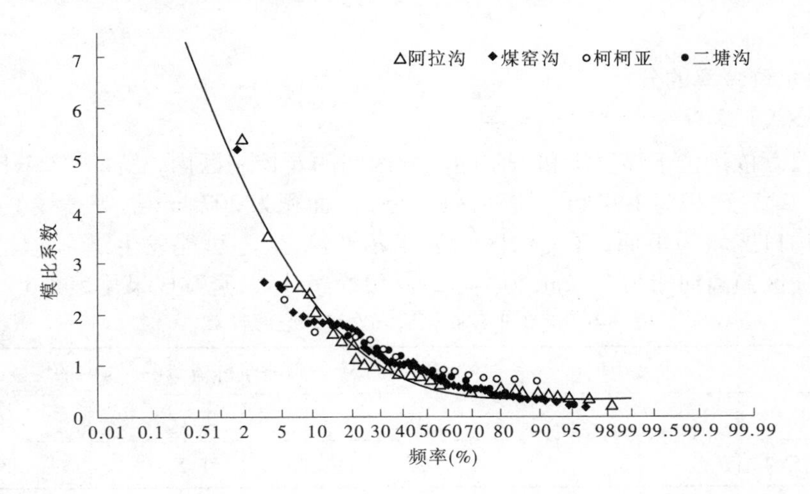

图 3-4　洪峰流量模比系数综合频率曲线

由于其他条件限制，其结果各不相同。现就三种方法计算中表现出的优点与不足，最后采用成果的意见分述如下。

1. 洪峰模数法

该洪沟与各参证站河地处于同一气候分区的相似流域，其下垫面和洪水的形成具有相似性，但煤窑沟河洪水主要为高山融雪和局地暴雨洪水混合所致，而喀尔于孜萨依沟主要为中低山带局地(对本流域来说为全流域暴雨)特大暴雨所致。因此，直接移用临近的煤窑沟站洪峰相同频率的洪峰模数估算的设计洪水成果偏小。

2. 推理公式法

该法是在天山南坡地区中小流域较长系列的实测洪峰流量基础上经过分析、综合而成的。本次选用同一气候分区的相似流域参证站——煤窑沟站的最大 1 日暴雨资料进行设计流域的设计洪水计算，资料系列可靠，具有较好的代表性，在暴雨衰减、土壤损失等参数的选用上，主要参考《设计洪水计算常用方法》教材中提供的试验数据。

3. 地区洪峰流量模比系数综合频率曲线法

用同一水文分区内水文站点实测洪峰流量样本，编制地区洪峰流量模比系数综合频率曲线以推求设计洪峰流量，选用气候条件、地形条件基本相似的有实测资料的水文测站资料作地区综合分析，可综合出方法中参数的地区规律性，以解决无资料流域的设计洪水。

综合以上分析，最终推荐采用地区洪峰流量模比系数综合频率曲线法的计算成果。

3.2.4　坎儿井场址断面洪峰流量及洪量

上节洪水计算断面为浅山区出山口，距绿洲边缘(坎儿井场址)断面为 25 km，山前冲积扇平原为深厚砂砾石覆盖层，洪水沿程入渗蒸发损失。这部分入渗量可以补给浅层地下水，对坎儿井涵养有一定作用，蒸发损失属于无效损失。通过绿洲边缘向下游宣泄则对坎儿井浅层水源补给效果甚微。因此，分析坎儿井场址处洪峰流量及洪量是研究蓄洪入渗的主要因素。

3.2.4.1 洪水衰减率的分析

1. 采用公式计算法分析洪水衰减率

喀尔于孜萨依沟位于煤窑沟和塔尔朗流域区间的非控制区内，总面积351 km^2，其中山区（洪沟1、2、3）面积为144 km^2，平原区（戈壁区）面积为207 km^2。等高线1 400 m以下至葡萄沟沟口区域为平原区（戈壁区），属于不产流区，不可能发生洪水，为洪水散失区。洪水散失区距离河床为25 km，为洪水衰减段。经计算，衰减成果见表3-6。

表3-6 喀尔于孜萨依沟场次洪水衰减计算

站名	洪水发生时间	距离（km）	调查洪峰流量（m^3/s）	平均衰减率（%）
上游洪沟	2011年6月19日	0	213	
喀尔于孜萨依沟		25	51.5	3.0

2. 周边河流洪水衰减率成果

1）煤窑沟河洪水衰减计算

2005年8月5日煤窑沟水文站实测最大洪峰流量为246 m^3/s，经6 km河道运行至调查断面洪峰流量为219 m^3/s，洪水相对衰减率为11%，平均每千米衰减1.8%，见表3-7。

表3-7 煤窑沟河洪水衰减率计算

调查断面名称	洪水发生时间	煤窑沟水文站洪峰流量（m^3/s）	糙率	上下断面痕迹高程（m）	上下断面间距（m）	上断面面积（m^2）	比降（$\times10^{-4}$）	坝址二洪峰流量（m^3/s）	6 km衰减率（%）
煤窑沟水库下坝址	2005年8月5日	246	0.049	12.295	100	73.0	227	219	11

2）柯柯亚河洪水衰减率计算

采用柯柯亚河2007年7月11日做的洪水衰减率调查成果进行不同量级洪水衰减率分析计算，结果见表3-8。

表3-8 柯柯亚河洪水衰减率计算

下泄时间	下泄流量（m^3/s）(1)	实测时间	实测流量（m^3/s）(2)	衰减量（m^3/s）(3)	相对衰减率（%）(4)	平均每千米衰减率（%）(5)
11:12	248	12:00	235	13.0	5.2	0.6
11:34	248	12:16	214	34.0	13.7	1.5
12:13	261	12:55	229	32.0	12.3	1.4

续表 3-8

下泄时间	下泄流量 (m^3/s) (1)	实测时间	实测流量 (m^3/s) (2)	衰减量 (m^3/s) (3)	相对衰减率 (%) (4)	平均每千米衰减率 (%) (5)
12:48	261	13:30	225	36.0	13.8	1.5
13:18	254	14:00	179	75.0	29.5	3.3
14:08	240	14:50	158	82.0	34.2	3.8
16:03	184	16:45	102	82.0	44.6	5.0
17:13	104	17:55	84.6	19.4	18.7	2.1
18:40	74.2	19:40	54.7	19.5	26.3	2.9
平均	208		165	43.7	21.0	2.3
备注	表内:(3)=(1)-(2);(4)=(3)/(1);(5)=(4)/9 km。 2007年7月11日水库平均下泄流量208 m^3/s,调查平均断面流量165 m^3/s,衰减率为21%,平均每km衰减2.3%					

3.2.4.2 喀尔于孜萨依沟洪水衰减率与洪量的确定

经衰减率计算成果、周边煤窑沟河及柯柯亚河洪水衰减率三者平均,其平均值即为喀尔于孜萨依沟洪水衰减率,即平均每千米衰减率为2.4%。由此计算出坎儿井场址断面处洪峰流量及洪量,结果见表3-9。

表 3-9 坎儿井场址处断面洪峰流量及洪量

站点	不同频率					
	1%	2%	3.30%	5%	10%	20%
洪峰流量(m^3/s)	100.4	81.2	65.6	57.2	40.4	25.2
1日洪量(万 m^3)	182.9	148.2	119.7	104.3	73.8	42.7

3.2.5 洪水泥沙估算

喀尔于孜萨依沟区域内缺乏实测泥沙资料,由于其洪水主要以暴雨洪水为主,因此通过参考周边大河沿河的实测泥沙资料进行喀尔于孜萨依沟泥沙情况的分析。

3.2.5.1 泥沙的主要来源及特性

喀尔于孜萨依流域属干旱地区,植被差,地表裸露,土壤松散,产流区纵坡较大,当山区发生大降水引发洪水时,松散的地表土壤被地面径流侵蚀带入水流,从而增加了水流中的含沙量,随着下游地面坡度趋于平缓,水流流速降低,泥沙逐渐沉积。

3.2.5.2 泥沙量的估算

泥沙估算借鉴大河沿河实测泥沙资料(1997~2004年)系列计算成果,直推移植到3条山洪沟。大河沿河与喀尔于孜萨依沟流域坡度、水文气象、土壤、植被等下垫面因素较为相似,水土流失、侵蚀程度基本一致,因此在无泥沙观测资料的情况下,选用大河沿河为参证站分析萨尔于孜萨依沟洪水含沙量。

大河沿站8年平均含沙量为1.36 kg/m^3,最大年含沙量为48.5 kg/m^3,多年平均输沙量为14.1万t,最大年输沙量31.9万t,输沙模数124 t/km^2。借鉴大河沿站输沙模数124 t/km^2 计算得3条洪沟(产流区)悬移质输沙量为1.79万t,平原戈壁区(洪水消散区)悬移质输沙量为2.57万t;推移质输沙量估算采用比例系数法,山区河流的比例系数为0.15~0.30,3条洪沟比例系数按中间值0.25计算,由此估算出推移质输沙量为1.09万t,由此可知喀尔于孜萨依沟洪水总泥沙含量为5.45万t。此成果借用大河沿河流的泥沙资料推算而得,精度稍差。

3.3 山前冲积扇入渗条件

3.3.1 选定区域地质特性

蓄洪入灌工程所选区域为介于塔尔朗和煤窑沟流域之间的喀尔于孜萨依沟中下游的广阔冲洪积扇平原,位于吐鲁番市葡萄沟上游。地层岩性为第四系上更新统冲洪积(Q_3^{al+pl})砂卵砾石层,结构密实,局部泥钙质弱胶结,具水平层理,其上部可见有白色盐碱析出。地下水类型主要为第四系孔隙潜水,其含水层岩性主要为砂卵砾石层,含水层厚度巨大,地下水埋深大。

喀尔于孜萨依沟中下游的冲洪积扇平原地形北高南低,地形坡降约为2.5%,地面高程350~950 m,地层为第四系上更新统冲洪积(Q_3^{al+pl})砂卵砾石层,厚度大。表层0~0.9 m岩性为洪积含土碎石层,0.9 m以下为冲积含漂石的砂卵砾石层,砂卵砾石结构为中密—密实,局部泥钙质弱胶结。据类似地质条件探坑试验结果,天然密度为2.18~2.21 g/cm^3,干密度为2.15~2.19 g/cm^3;饱和状态下抗剪强度凝聚力 C=30.0 kPa,内摩擦角 φ=38°~40°,砂卵砾石层基础承载力为350~400 kPa。砂砾石层在0~1.0 m深度范围内易溶盐含量较高,遇水后会产生溶蚀,地表层易溶盐含量为41.47~134.1 g/kg,0.3~0.5 m易溶盐含量为1.66~46.6 g/kg,0.5~1.0 m易溶盐含量为1.51~3.16 g/kg,深度1.0 m以上易溶盐含量均小于3 g/kg。

3.3.2 选定区域入渗条件

喀尔于孜萨依沟中下游的冲洪积扇平原为第四系上更新统冲洪积(Q_3^{al+pl})深厚砂卵砾石层,表层0~0.5 m含盐量较大且有局部泥钙质弱胶结现象,渗透系数小于 1.0×10^{-3} cm/s,0.5 m以下砂卵砾石层渗透系数均大于 1.0×10^{-3} cm/s,为中—强透水层,针对蓄洪入灌补给地下水而言,入渗条件较好。类似工程砂砾石渗透试验见表3-10。

表 3-10　渗透试验报告(常水头法)

委托编号	样品编号	控制密度 ρ_d (g/cm^3)	渗径 L (cm)	渗流面积 A (cm^2)	时间 t(s)	水头差 h(cm)	出水量 q(mL)	渗透系数 (cm/s)	平均渗透系数 (cm/s)
TS－1 料	120914001	2.20	26.0	907.92	120	5.0	265	1.26×10^{-2}	1.25×10^{-2}
			26.0	907.92	120	10.0	522	1.25×10^{-2}	
			26.0	907.92	120	15.0	770	1.23×10^{-2}	
TS－2 料	120914002	2.22	26.0	907.92	120	5.0	765	3.65×10^{-2}	3.56×10^{-2}
			26.0	907.92	60	10.0	740	3.53×10^{-2}	
			26.0	907.92	30	15.0	550	3.50×10^{-2}	
TS－3 料	120914003	2.20	26.0	907.92	120	5.0	470	2.24×10^{-2}	2.24×10^{-2}
			26.0	907.92	60	10.0	460	2.20×10^{-2}	
			26.0	907.92	60	15.0	720	2.29×10^{-2}	
TS－4 料	120914004	2.20	26.0	907.92	120	5.0	470	2.24×10^{-2}	2.20×10^{-2}
			26.0	907.92	60	10.0	460	2.20×10^{-2}	
			26.0	907.92	60	15.0	680	2.16×10^{-2}	
TS－5 料	120914005	2.18	26.0	907.92	120	5.0	289	1.38×10^{-2}	1.24×10^{-2}
			26.0	907.92	120	10.0	520	1.24×10^{-2}	
			26.0	907.92	120	15.0	690	1.10×10^{-2}	
TS－6 料	120914006	2.16	26.0	907.92	120	5.0	165	7.88×10^{-3}	7.82×10^{-3}
			26.0	907.92	120	10.0	330	7.88×10^{-3}	
			26.0	907.92	120	15.0	485	7.72×10^{-3}	

3.4　蓄洪入灌技术可行性

3.4.1　蓄洪入灌方案

蓄洪入灌以浅层入渗方法为主,是在浅山区冲积扇上设置挡水低坝或者鱼鳞坑等建筑物来拦蓄洪水的工程措施。其目的在于减小洪水流速,加长洪水入渗时间,增加洪水渗入地下的总量,提高冲积扇地区地下水位,从而增加冲积扇和冲积扇下部坎儿井的出水量。初步选择两种入灌技术方案,一是采用低坝拦洪方案,二是鱼鳞坑蓄洪方案。

3.4.1.1　低坝拦洪入渗

低坝拦洪是在冲积扇上从上游到下游一定间隔设置可以过水的低坝,坝高 2 m,坝顶宽度为 3 m,上下两个坝坡坡比为 1∶6,坝底部宽度为 27 m,两个坝之间的间隔距离为 54

m。低坝沿冲积扇由低到高连续布置,对上游洪水起到持续拦截的作用。一方面,低坝可以将冲积扇形成多道沟槽,大大延长洪水的持续时间,从而增加洪水入渗地下水的量值;另一方面,可以有效存储部分洪水于两个坝之间,这部分水量在洪水退去后仍然可以停留在坝体之间,除部分蒸发外,均可以在一定时间内渗入地下,补充地下水,从而达到提高地下水位的目的。低坝布置如图 3-5 所示。

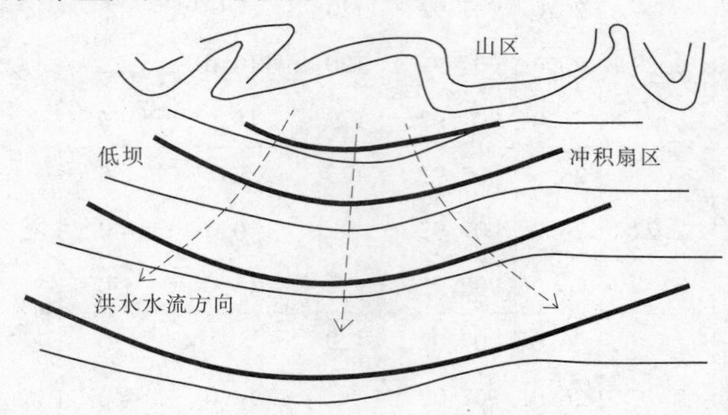

图 3-5　低坝布置示意图

3.4.1.2　鱼鳞坑蓄洪入渗

鱼鳞坑是在被冲沟切割破碎的坡面上植树造林的整地工程。由于不便于修筑水平的截水沟,于是采取挖坑的方式分散拦截坡面径流,控制水土流失。挖坑取出的土,在坑的下方培成半圆的埂,以增加蓄水量。在坡面上坑的布置上下相间,排列成鱼鳞状,故名鱼鳞坑。本项目所指鱼鳞坑主要用来蓄洪入渗补给地下水。

鱼鳞坑由平面上半圆形的围埂和坑内斜面贮水坑组成,围埂顶部平台直径 25 m,顶宽为 1.5 m,最大高度为 1.0 m,埂顶中间略高于两头,上下两个边坡的坡比为 1∶1.5;储水坑底部坡比为 1∶4.9。错开布设的鱼鳞坑可以有效拦截一定量的洪水,并渗入地下,同时可以减缓洪水流速,增加洪水持续时间,从而增大洪水入渗地下水的量值。

鱼鳞坑在拦蓄过程中分两种不同的状态:

(1)当降雨强度小、历时短时,由于单位面积来水量小,鱼鳞坑不可能漫溢,因此起到了分段、分片切断并拦蓄径流的作用,进而促进水量的入渗。

(2)当降雨强度大、历时长时,由于单位面积来水量大,鱼鳞坑就会发生漫溢。但因为鱼鳞坑的埂中间高两边低,这样一来就保证了径流在坡面上往下流动时不是直线和沿着一个方向进行,因而避免了径流集中,坡面径流受到了行行列列鱼鳞坑的节节调节,就使径流的冲刷能力减弱,流速降低,增加了入渗量。鱼鳞坑平面布置如图 3-6 所示。

3.4.2　蓄洪入灌技术可行性分析

蓄洪入灌方案旨在降低洪水流速、拦蓄洪水、增加洪水入渗量。低坝拦洪和鱼鳞坑蓄洪两种方案都能够起到增加水面面积、增大蓄洪入渗补给量的作用,同时也都存在淤积量逐年增大而影响入渗效果的问题,但其拦蓄的水量随着渗透系数的不同只是入渗时间有所变化,除蒸发损失外并不影响入渗的量值。

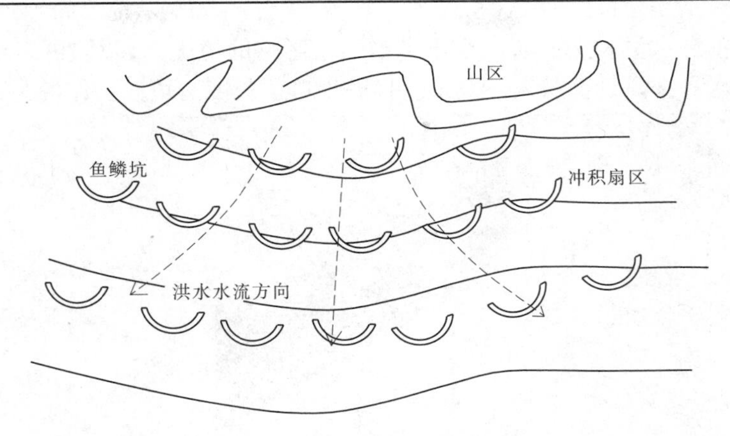

图 3-6　鱼鳞坑平面布置示意图

3.4.2.1　低坝拦洪效果

低坝拦洪方案在冲积扇上修筑了连续分布的低坝，洪水下泄时必须翻越低坝才能泄流到下游，因此不论地形坡度如何，其滞洪和蓄洪能力较强，但是大部分洪水要从坝顶翻越，对坝体的冲刷较为强烈，容易引起坝体局部冲毁，坝坡坡度和坝体填筑质量是保证坝体不被破坏的关键。本次设计坝体坡比为 1:6，应该可以保证安全，但是应该重视坝体填筑质量，并注意适当对下游坝坡进行防护。另外，也不能将之布置在地形坡度较陡的地段。

从滞洪时间看，设置拦洪低坝一定会使得洪水持续时间加长较大，从而在行洪期间增加入渗地下的水量。但是这个过程不易分析，另外吐鲁番盆地洪水历时很短，一次洪水一般不超过 10 h，由拦洪坝增加的滞洪时间而增加入渗地下的水量有限，而拦洪坝拦截留住在坝前的水量除蒸发损失外，在一定时间内均会渗入地下。因此，在对比设置拦洪坝和不设拦洪坝两种情况下的入渗效果时，不考虑滞洪时间的影响，认为设置拦洪坝后增加的地下水补给量就是坝前拦蓄的洪水量，以该量值的大小评价蓄洪入灌的效果。

拦洪低坝设计顶宽为 3 m，为正梯形断面，上下游坡比均为 1:6，坝高为 2 m，低坝底宽为 27 m，地形坡度为 3%，两个低坝之间的间距为 54 m，这样第一道拦洪坝下游坡脚高程与第二道拦洪坝坝顶高程相同。设计断面如图 3-7 所示。

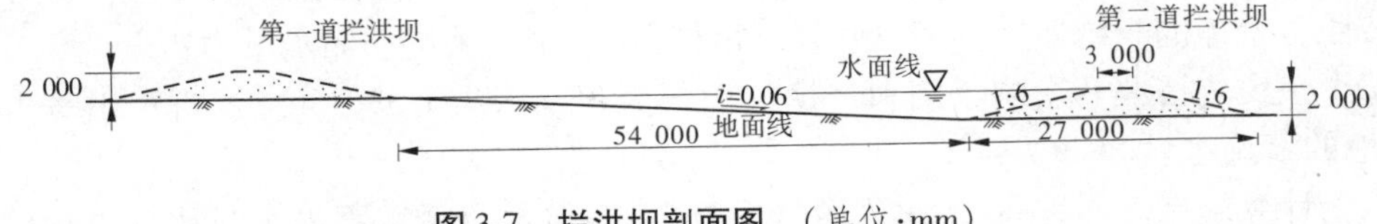

图 3-7　拦洪坝剖面图　（单位:mm）

拦洪低坝的单宽设计实体如图 3-8 所示。从图中可以看出，若从最有利考虑，认为拦洪坝顶部以下均蓄满水，这样每一道拦洪坝单位宽度拦蓄的洪水量为：$Q = \frac{1}{2} \times (54 + 12) \times 2 \times 1 = 66(m^3)$。

按照拦洪坝之间的间距，计算每一道拦洪坝的单宽占地为 81 m^2，计算出每 1 000 m^2

的占地上可以蓄洪水量 814.8 m^3。在不考虑蒸发影响的情况下，我们可以用该 1 000 m^2 场地上的蓄洪水量来评价蓄洪入渗效果。拦洪坝单位长度的填方工作量为 30 m^3。

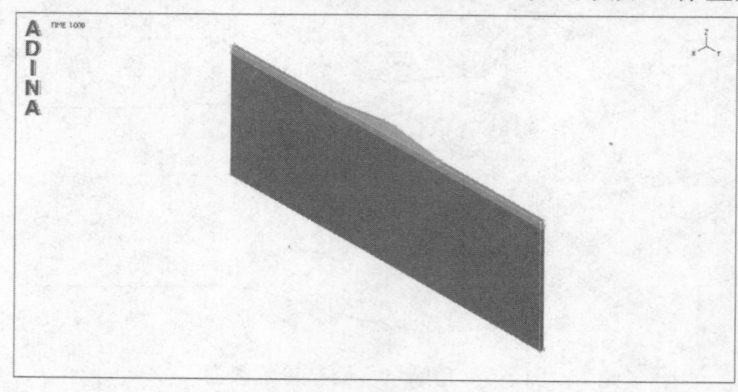

图 3-8　拦洪低坝设计实体图

3.4.2.2　鱼鳞坑蓄洪效果

鱼鳞坑沿冲积扇平原自高向低交错布置，由平面上半圆形的围埂和坑内斜面贮水坑组成，围埂顶部平台直径 25 m，顶宽为 1.5 m，最大高度为 1.0 m，埂顶中间略高于两头，上下两个边坡的坡比为 1∶1.5；贮水坑底部坡比为 1∶4.9。鱼鳞坑平面上交错布置，相邻鱼鳞坑间距为 10 m，与前一排鱼鳞坑间距为 10 m。鱼鳞坑剖面图、平面图，分别见图 3-9、图 3-10，实体模型见图 3-11、图 3-12。

鱼鳞坑方案评价方法与拦洪坝方案一致。

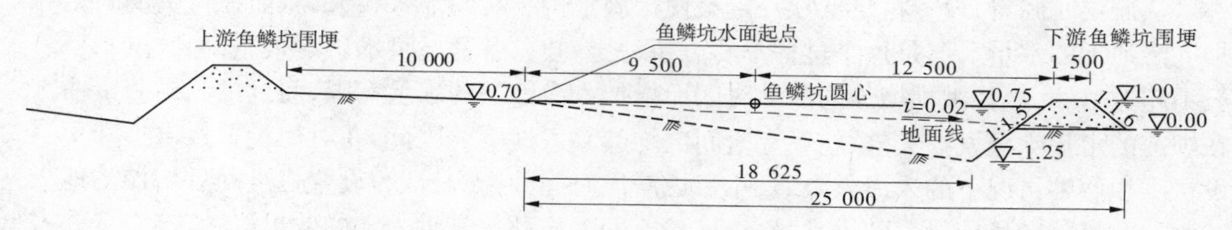

图 3-9　鱼鳞坑纵剖面图　（高程单位：m；长度单位：mm）

从图中可以看出，鱼鳞坑的蓄水容积取决于上游挖方斜面起始点的高程，按照原设计该高程低于围埂顶面高程 0.25 m，因此水面高程也就是低于围埂顶面高程 0.25 m 的平面。按照各个体的三维实体模型，通过软件计算出单个鱼鳞坑的储水量为：

每个鱼鳞坑按照其影响范围和占地的面积为 $38 \times 35 = 1\ 330(m^2)$。折算出每 1 000 m^2 场地的蓄洪水量为 294.9 m^3。

以上计算结果表明，两种蓄洪入灌技术方案均可行，鱼鳞坑蓄洪水量比拦洪坝的小。但是本次计算是在地形坡度为 3% 情况下得到的，当地形坡度较大时，拦洪坝极易被洪水冲毁，而这时鱼鳞坑的蓄水能力也得到增强，蓄洪效果会更好。

从工程投资来说，拦洪坝方案是过流堤堰，需对堰堤坡面进行护坡，因此投资较大；从运行安全角度考虑，项目区暴雨型洪水峰高量不大的特点使其破坏性较大，拦洪坝方案过流堰面容易遭到冲蚀破坏，而且一旦某处水流冲出豁口，则整条堤堰将失去作用，而鱼鳞坑相互独立，不会出现连带反应。

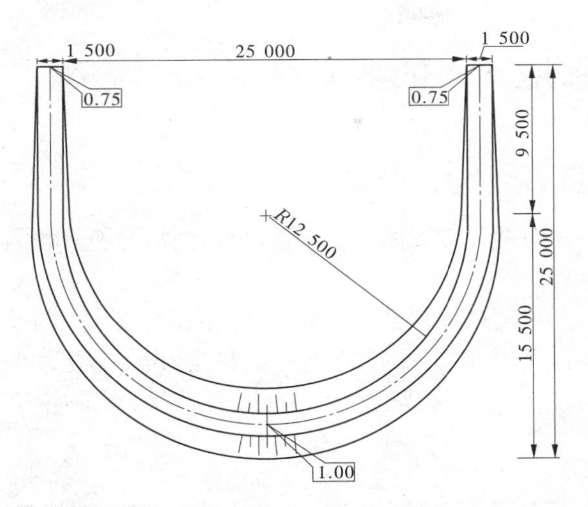

图3-10　鱼鳞坑平面图　（高程单位:m;长度单位:mm）

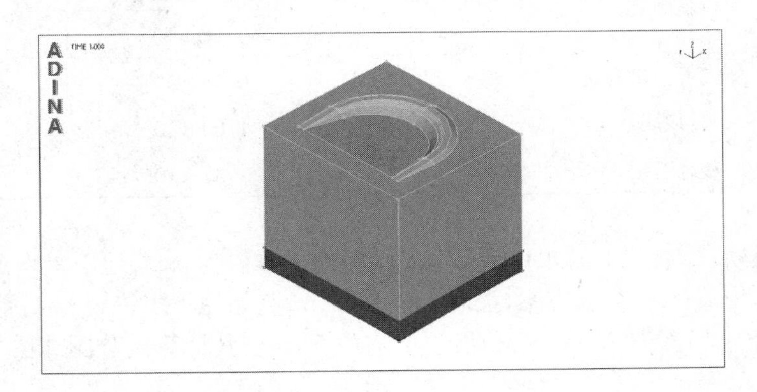

图3-11　鱼鳞坑实体图

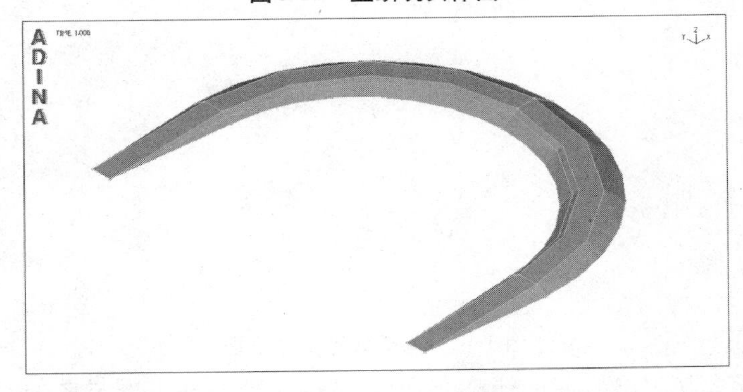

图3-12　鱼鳞坑围埂实体图

用每1 000 m^2 场地上的拦蓄洪水量可以比较两种方案的蓄洪效果。本次设计拦洪坝方案每1 000 m^2 场地上蓄水量为814. 8 m^3，鱼鳞坑方案的值为294. 9 m^3，后者是前者的36%。当地形条件较为平缓时拦洪坝方案拦蓄水量较大，而当地形坡度较陡时鱼鳞坑蓄水效果较好。

3.5 蓄洪入灌地下水的效果分析

3.5.1 入渗效果的数值计算

采用数值分析方法对两种方案的洪水入渗进行计算，分析评价入渗效果。

3.5.1.1 计算模型与参数

选取单个鱼鳞坑和单宽拦洪坝进行计算，计算范围按照每一个鱼鳞坑或者拦洪坝的实际影响范围选取。计算中地层按照北盆地地层确定，设定地层均为砂砾石层，并考虑洪水泥沙造成的淤积层。根据地勘资料与室内试验结果，得到各层计算参数如表 3-11 所示。

表 3-11 计算参数

序号	材料名称	重度 (kN/m^3)	渗透系数	
			(cm/s)	(m/d)
1	围埂或者拦洪坝体	21	0.69×10^{-2}	5.962
2	淤积层	18	1.00×10^{-4}	0.086 4
3	砂砾石层	22	1.37×10^{-2}	11.837

计算中鱼鳞坑方案，上游水位为 35 m，初始地下水位为 5 m，地下水埋深为 30 m，蓄水层最大水深为 2 m；拦洪坝方案，上游水位为 37 m，初始地下水位为 5 m，蓄水层最大水深为 2 m，地下水埋深为 30 m。淤积层厚度均取 5 cm。其计算剖分图如图 3-13、图 3-14 所示。

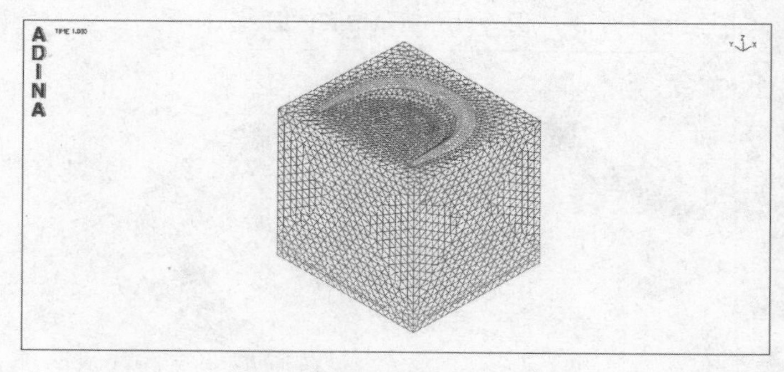

图 3-13 鱼鳞坑网络剖分图

计算中按照非稳定渗流理论计算，考虑了坑内水位和地下渗流场随时间变化特性。计算采用三维和二维联合的形式进行。

3.5.1.2 鱼鳞坑方案计算结果

鱼鳞坑方案计算得到的水头等值线见图 3-15。从中可以看出，水头值从地表逐渐向初始地下水位过渡，反映出渗流的方向为由上向下。

蓄水后各个时刻鱼鳞坑最大剖面地下水位线位置以及孔隙水压力水头等值线见

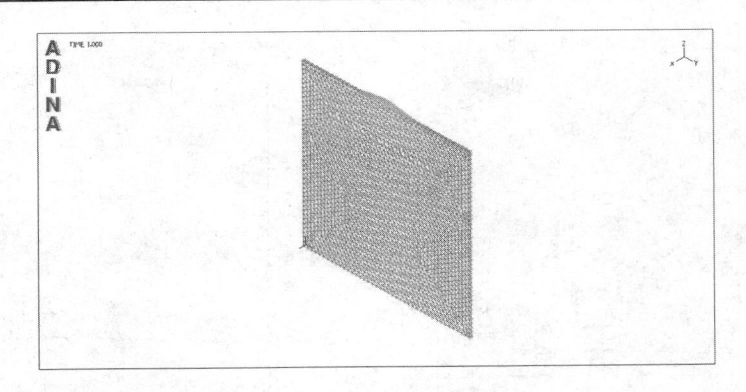

图3-14　拦洪坝网络剖分图

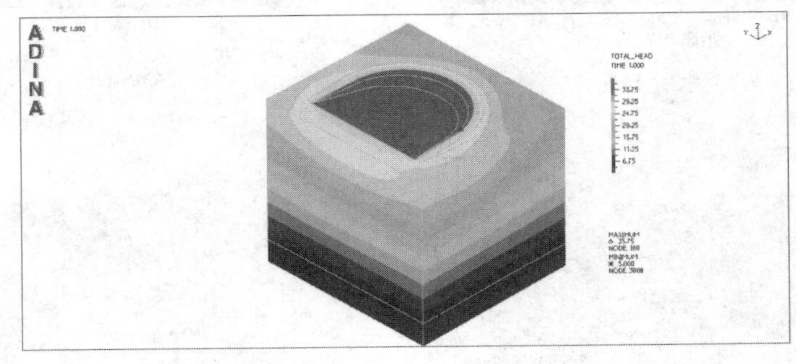

图3-15　鱼鳞坑水头等值线图

图3-16(a)~(f)。图中,地下水位线表征地下水位由原来5 m高程上升的情况,水下压力水头等值线表征渗透压力水头值(也就是渗透水头高,单位m)。

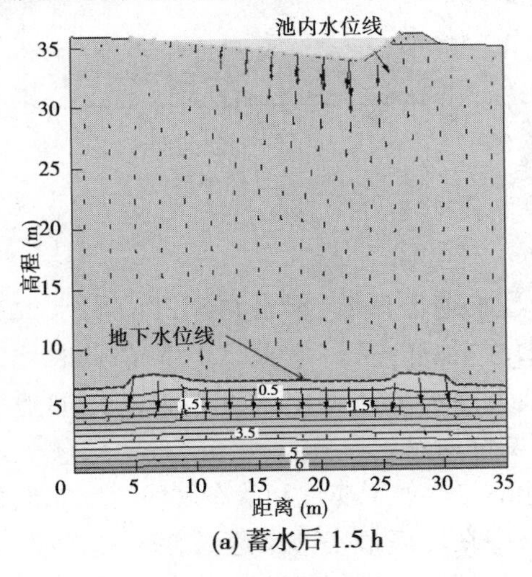

(a) 蓄水后1.5 h

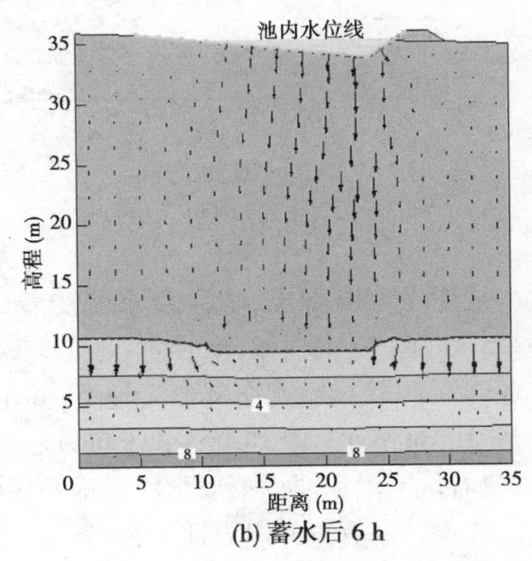

(b) 蓄水后6 h

图3-16　地下水位线与压力水头等值线图

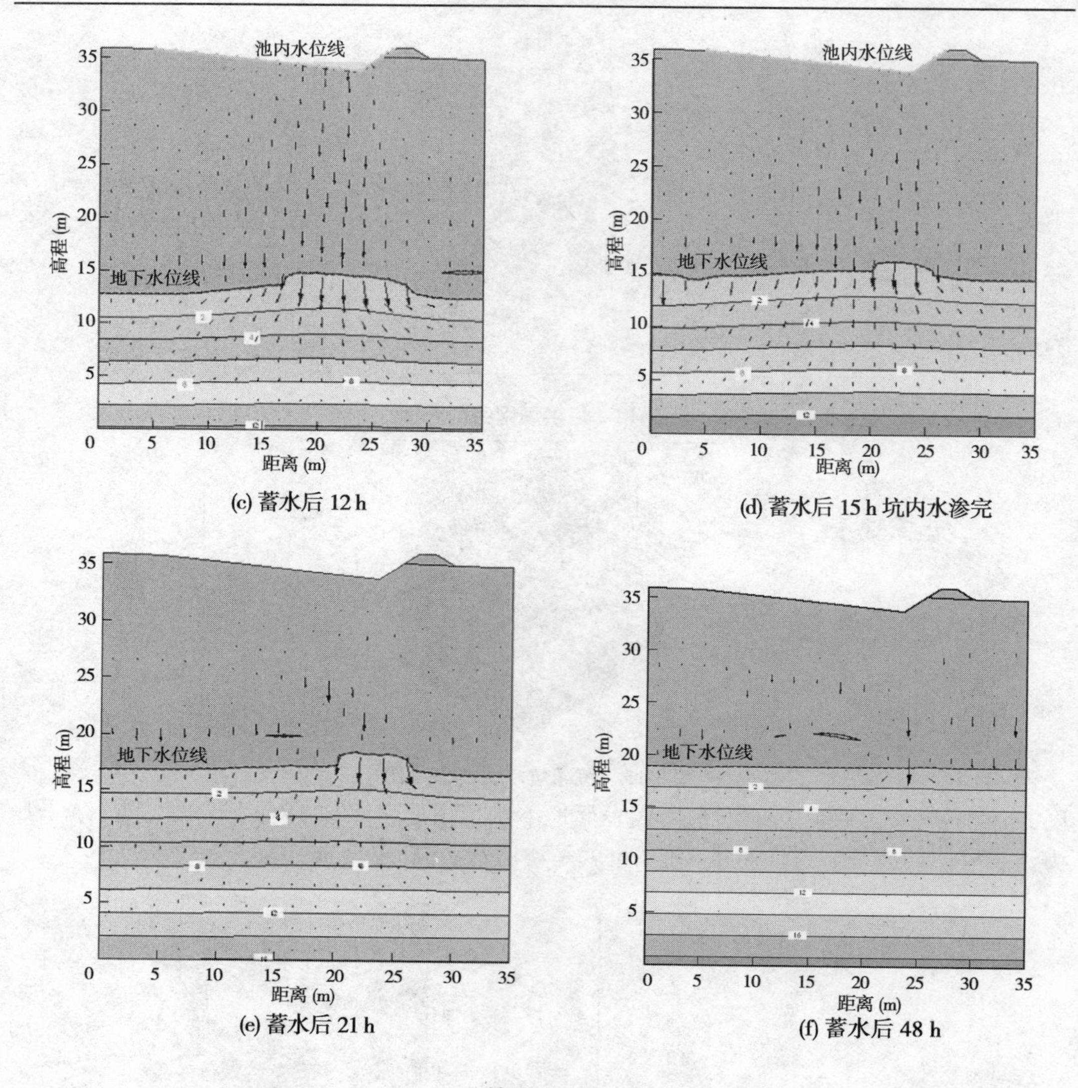

续图 3-16

从图中可以看出，坑内蓄水位随着时间的增加逐步降低，蓄水初期的池内水位为35.75 m，池内水深为2 m，在蓄水后15 h池内水位与池底高程一致即33.75 m，此时坑内水深为0 m，坑内蓄水全部渗入地下，并不再向地下渗水，之后渗入地下的水持续向地下入渗补充地下水。从渗流形式上可以看出，鱼鳞坑坑内水均以非饱和渗流的形式渗入地下，只有坑底淤积层内形成了浸湿饱和区域，其他部位均处于非饱和状态。渗流以非饱和形式基本以垂直方向渗入地下，并补充地下水，其中在坑底最底部渗透强度较大，而两侧渗透强度较小；从地下水位线变化看，随着入渗时间的延长地下水位持续抬升，在鱼鳞坑内水全部渗入地下后，地下水位由于局部水位不平衡，仍然在均匀化流动，最后基本趋于稳定。

图3-17～图3-20示出了几个典型节点的渗透水头（z 坐标＋渗透水柱高之和）和体积含水率随入渗时间变化曲线。图3-17表示了鱼鳞坑坑内最低点处节点水头时程变化

曲线,从图中可以看出,程序计算中充分反映了坑内水量不断向下入渗,坑内水位持续下降,最后与坑底高程持平的实际情况,证明计算结果能够反映实际情况。图3-18示出了地下水位以下典型节点渗透水头时程变化曲线,从图中可以看出,地下水位随入渗时间增加而逐步抬升,在入渗时间达到30 h时开始趋于稳定,达到稳定地下水位值,稳定后的地下水位为18.89 m,较原来地下水位5 m抬升了13.89 m,地下水位抬升幅度较大。图3-19示出了地层底部和中部两个典型节点水头时程变化曲线,反映出地层上部渗水向下渗流的规律。图3-20示出了坑底节点和水下节点体积含水率时程变化曲线,体积含水率表明体层饱和程度,对于砂砾石地层而言,其值大于0.179时表明土层已经饱和,从图中可以看出对坑底节点计算结果能够反映出其开始饱和、15 h后持续疏干和最后达到稳定的实际,也表明计算结果较为符合实际。同时也证明蓄水15 h后坑内水全部渗入地下,到30 h后地下水位基本趋于稳定。

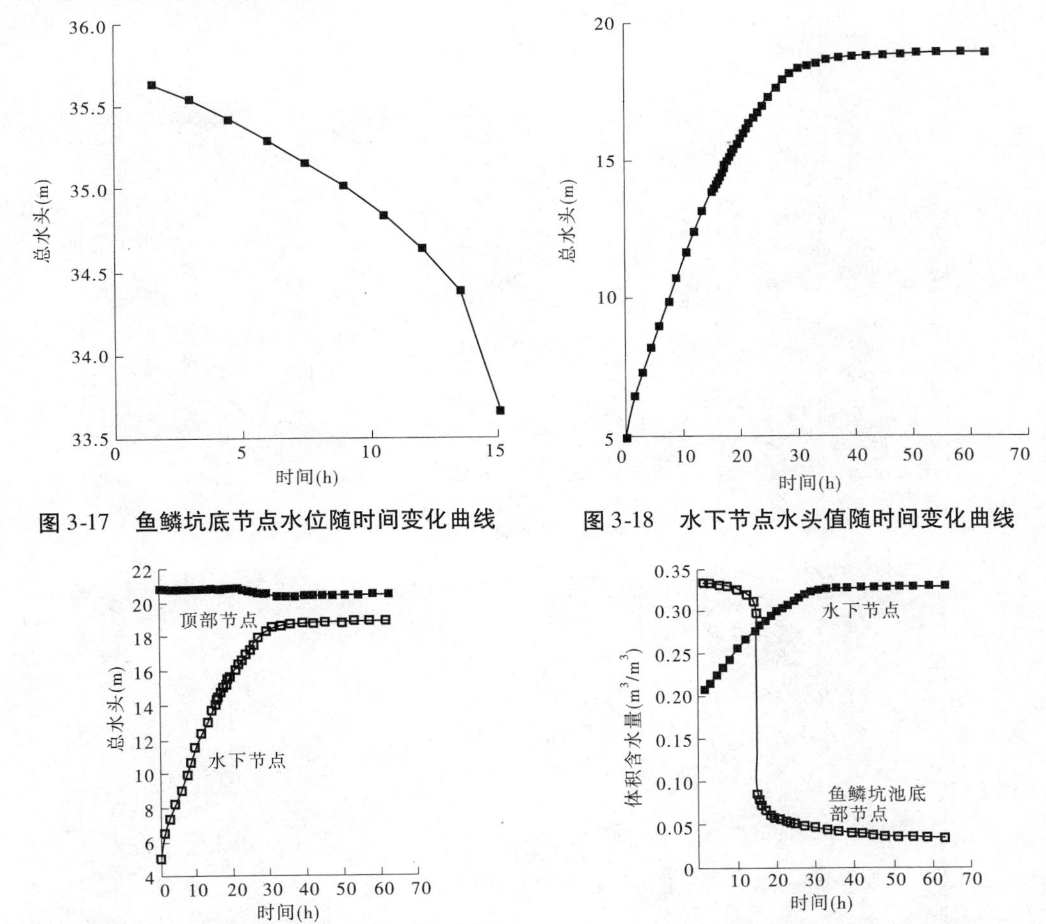

图3-17　鱼鳞坑底节点水位随时间变化曲线

图3-18　水下节点水头值随时间变化曲线

图3-19　砂砾石层上部和水下节点水头变化对比

图3-20　体积含水率变化曲线

3.5.1.3　拦洪坝方案计算结果

通过计算,得到拦洪坝方案的地下水位线位置和渗透压力等值线,同时也示出了坝内水深的变化和渗透水流的矢量分布,如图3-21所示。

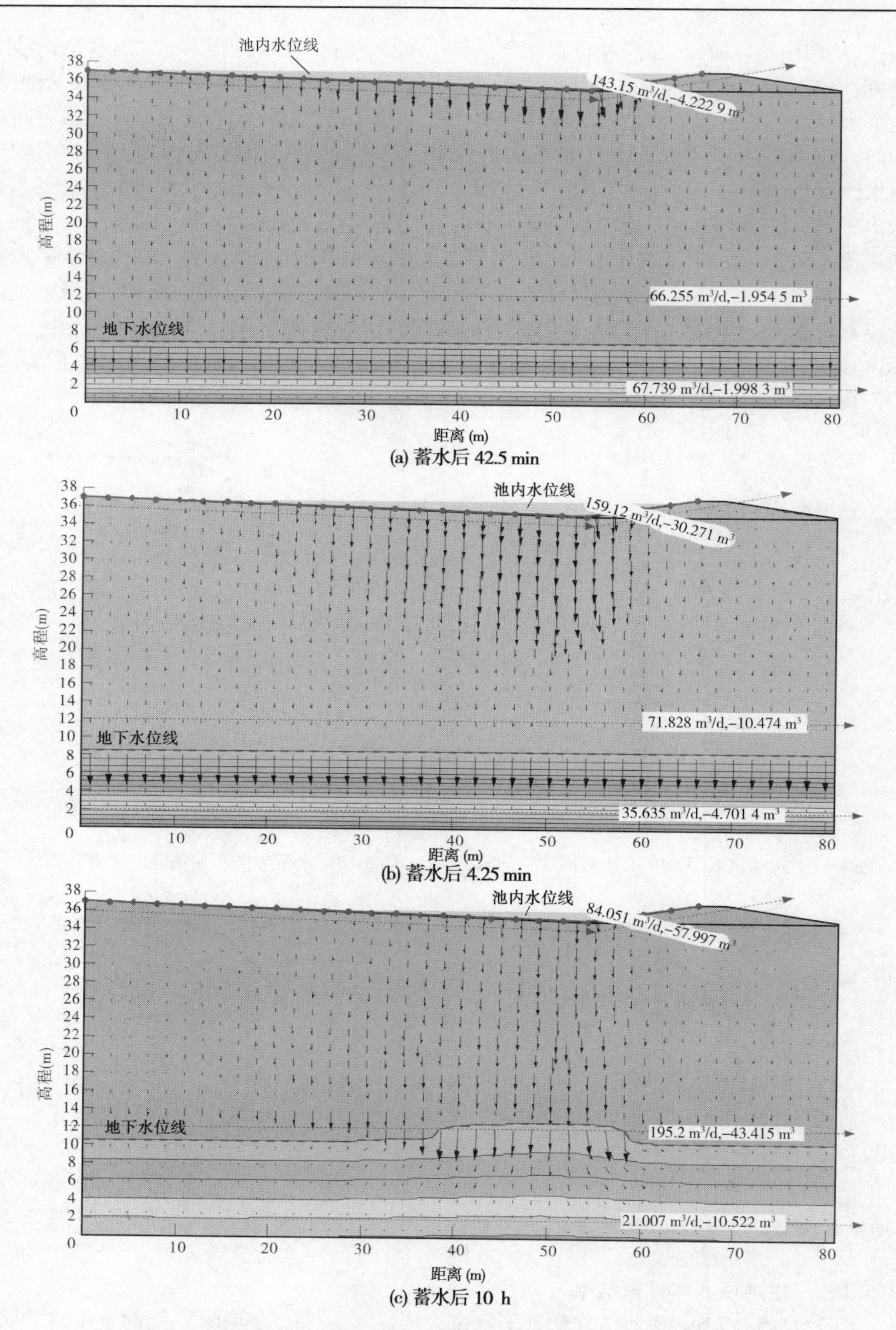

图 3-21　蓄水后 3 d 地下水位线位置与压力水头等值线　(单位:m)

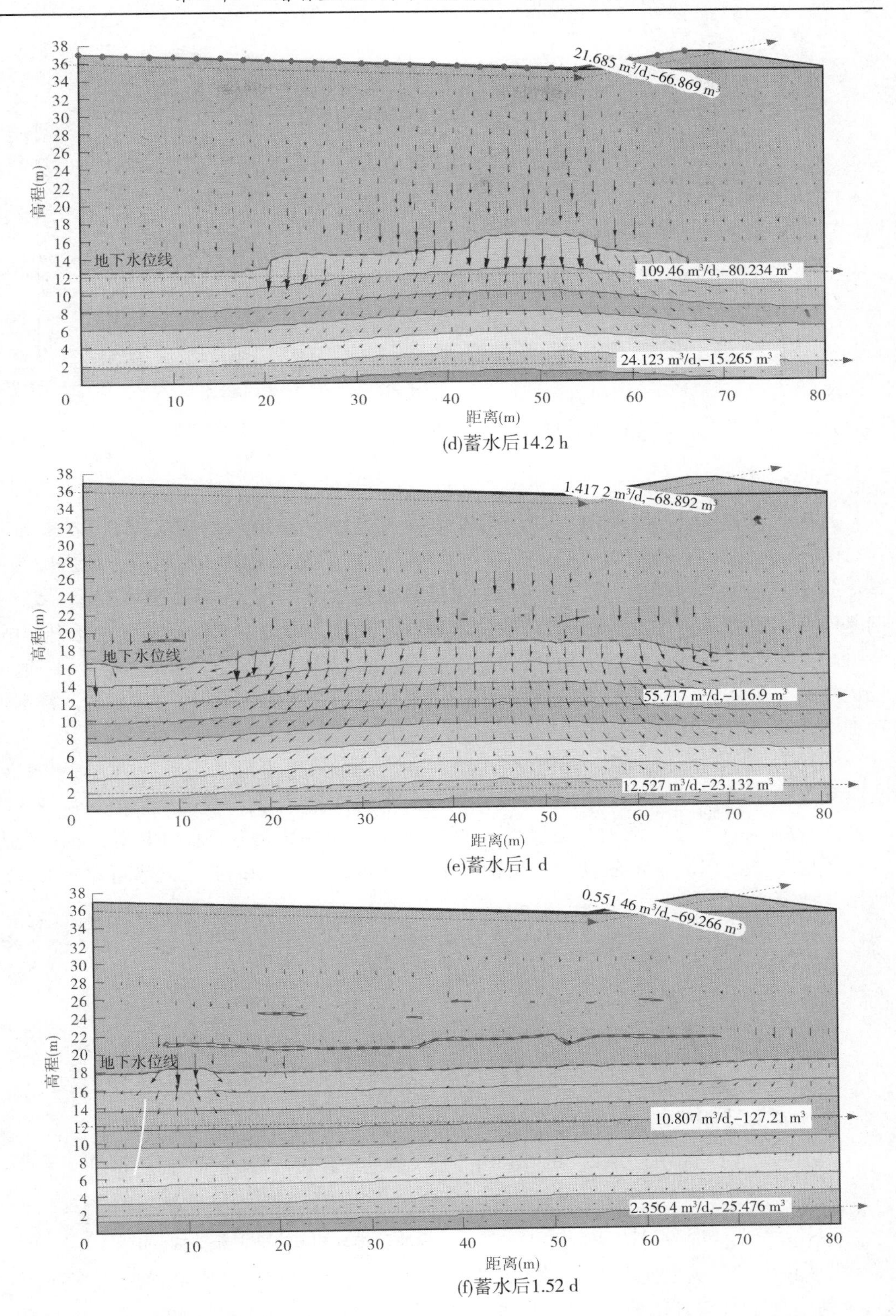

(d)蓄水后14.2 h

(e)蓄水后1 d

(f)蓄水后1.52 d

续图 3-21

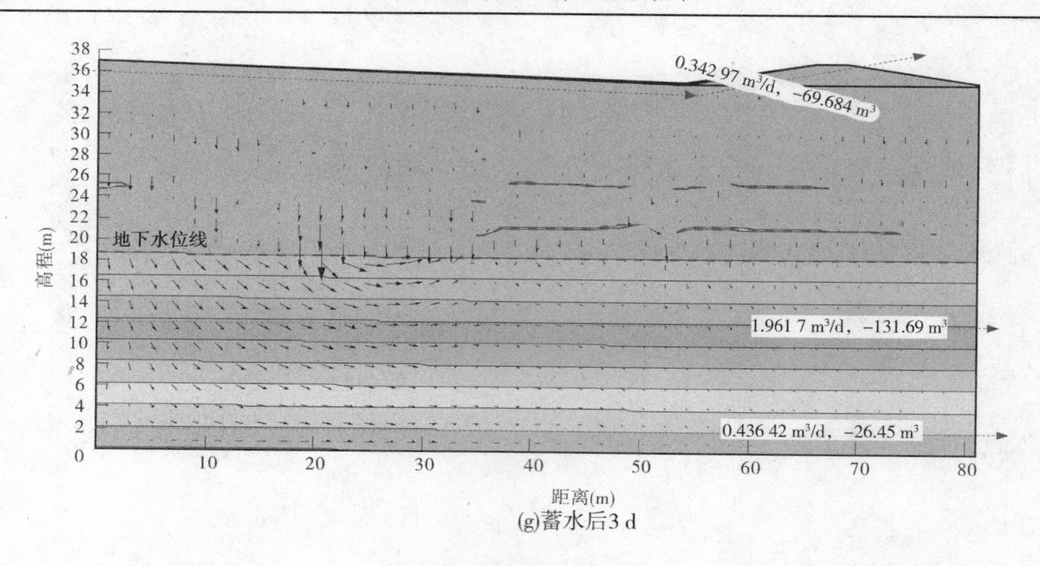

(g)蓄水后3 d

续图 3-21

从图中可以看出，拦洪坝方案坝内水位随入渗水量的增加而持续降低，在蓄水后 14. 16 h 与坑底高程一致，也就是说在蓄水后 14. 16 h 坝内水全部渗入地下。地层内渗流基本处于非饱和渗流状态，其中坝内最低点处渗流强度最大，两侧渗流强度较小；渗流方向基本是垂直渗透为主，水流的入渗致使其垂直下方地层内地下水位局部发生抬升，并逐步带动其他地方地下水位逐步抬升，在坝内水全部渗入地下后，由于地下水位不平衡，水位仍然有一个均匀化的过程，最后地下水位达到稳定状态。总体看，地下水位随入渗时间增加而升高，最后趋于稳定。

图 3-22 示出了坝内底部典型节点和地下水位以下典型节点的渗透压力水头和总水头时程变化曲线，其中渗透压力水头表示渗透水深值，总水头表示水位高程值。从图中可以看出，蓄水后 14. 16 h 池内水全部渗入地下，地下水位持续抬升，到 30 h 后地下水位基本趋于稳定，达到 15. 5 m，较初始水位抬升了 10. 5 m，也说明坝内蓄水入渗可以较大幅度地抬升地下水位。

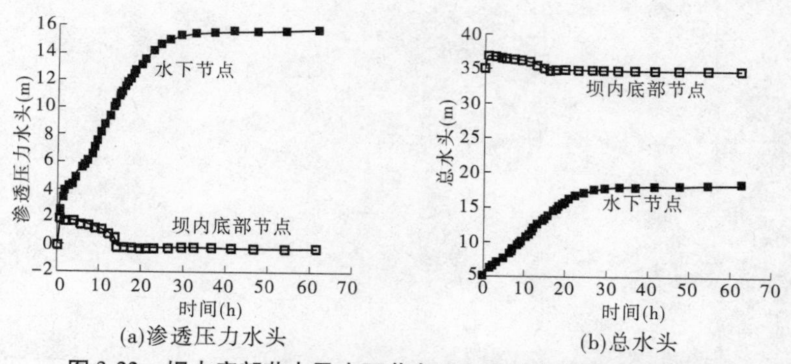

图 3-22　坝内底部节点及水下节点压力水头和总水头时程曲线

需要说明的是，在拦洪坝和鱼鳞坑方案计算中，将模型两侧和底部设置为不透水边界，未考虑地下水向其他地方的排泄，也未考虑坑内水量的蒸发损失。这样模拟可以反映出在大面积布设鱼鳞坑或者拦洪坝且地下水不向其他地方排泄情况下的入渗效果。由于实际情况存在地下水的排泄和蒸发损失,以及在侧壁排水的情况,因此计算得到的地下水位抬升值偏大。

3.5.1.4　两种方案对比分析

本次计算为固定水量非稳定渗透问题,计算中采用时间函数反映了坑内水位随入渗水量变化而非线性变化的情况,同时采用非稳定渗流方法对入渗随时间变化进行了模拟,计算结果能够反映在大面积布设拦洪坝或者鱼鳞坑,不考虑地下水向其他地方排泄情况下,两种方案补给地下水的效果。得出的主要结论如下:

(1)两种方案坑内贮蓄的洪水均以非饱和形式垂直渗入地下,从而引起地下水位的抬升。由此证明,在大面积布设鱼鳞坑或者拦洪坝后将引起地下水位的较大幅度抬升,其补给地下水的效果均较好。

(2)鱼鳞坑方案坑内蓄水预计在15 h内全部渗完,拦洪坝方案坝内蓄水预计在14 h内渗完,说明两种方案即使有淤泥层存在,其蓄水也会在较短时间内渗入地下,蓄洪入渗效果较好。

3.5.2　吐鲁番盆地蓄洪入灌水量分析

由以上分析可知,鱼鳞坑或拦洪坝蓄洪入灌方案可行,拦蓄后洪水入渗效果较好。吐鲁番盆地主要降水补给区域为北部及西部天山,山前降水也以西北部山前冲积扇为主,因此本节结合吐鲁番盆地地形地貌,分析了可能形成山前冲积扇洪水且可以布置鱼鳞坑或拦洪坝的区域,并以喀尔于孜萨依区域为典型区域分析吐鲁番盆地蓄洪入灌水量。

3.5.2.1　喀尔于孜萨依沟区域蓄洪入灌量分析

山前冲积扇区域分为产流区和消散区(非产流区),产流区降水量一般大于5 mm,能够形成有效径流,消散区降水量一般小于5 mm,降水量通过蒸发、入渗等方式消散,无法形成有效径流。蓄洪入灌工程布置在绿洲区上缘、山前冲积扇中下游区域,一般为洪水消散区。

山前冲积扇为深厚砂砾石覆盖层,渗透系数较大,区间暴雨形成洪水后在向下游宣泄的过程中,在冲积扇倾斜平原上漫散泄流,并入渗和蒸发。因此,蓄洪入渗工程拦蓄的洪水是扣除原漫流入渗和蒸发后剩余下泄的水量,在计算蓄洪入灌水量时可以不考虑蒸发和入渗损失量。

由表3-9可知,在产流区末端断面喀尔于孜萨依沟区域5年一遇1日洪量为42.7万m^3,此洪量为蒸发渗漏之后形成的径流量。按照鱼鳞坑结合拦洪坝方案将42.7万m^3水量全部拦蓄,则经过14~15 h后水量全部入渗补给地下水。

3.5.2.2　吐鲁番盆地蓄洪入灌量分析

吐鲁番地区地处天山东部封闭性的山间盆地内,按照新疆区域地貌划分,全区由天山南坡山地、吐鲁番盆地、库米什盆地、觉罗塔格残余基底苔原及库鲁克塔格北部复向斜低山区构成。

吐鲁番地区地形地貌酷似菱形,四面环山,中间低洼。整体地势由北向南倾斜,坡度为1%~4%。盆地降水以西部喀拉乌成山和北部天山为主,火焰山以南区域以及南部的觉罗塔格山降水稀少,难以形成有效的径流或洪水。因此,结合吐鲁番盆地地形地貌特征及降水等值线图,蓄洪入灌工程布置在盆地以北及以西的冲积扇平原上,用以拦蓄山前暴雨形成的洪水,在盆地冲积扇平原上部、坎儿井补给区以上使洪水入渗补给地下水,抬高坎儿井集水段水位,增加坎儿井出水量。

吐鲁番盆地蓄洪入灌工程布置图见图 3-23。由图可知,盆地蓄洪入灌根据地形及降水特点,分别布置 10 个蓄洪入灌工程区,其面积见表 3-12,根据喀尔于孜萨依沟典型区域的入渗量,计算吐鲁番盆地各蓄洪入灌区域入灌量,见表 3-12。

表 3-12　吐鲁番盆地蓄洪入灌区域面积、水量

序号	区域	面积(km^2)	水量(万 m^3)
①	阿拉沟流域	628	76.4
②	白杨河流域	716	87.1
③	大河沿西北部	560	68.1
④	喀尔于孜萨依沟	351	42.7
⑤	黑沟流域	260	31.6
⑥	恰勒坎流域	320	38.9
⑦	二塘沟流域	484	58.9
⑧	柯克亚流域	452	55.0
⑨	坎儿其流域	386	47.0
⑩	七克台东区域	530	64.5
合计		4 687	570.2

3.6　小　结

山前蓄洪入灌技术方案旨在山前冲积扇拦蓄洪水,回灌补给较高高程区域的地下水,为坎儿井提供可靠水源涵养,缓解坎儿井由于补给源不足造成的出水量减少甚至干涸的问题,从而实现了坎儿井保护的"治本"目标。同时可以有效滞洪,解决山前作用暴雨洪水对下游绿洲区造成的洪水灾害,可以说是变害为利,既起到了防洪减灾的作用,又实现了涵养地下水保护坎儿井的目标。通过本章分析,山前蓄洪入灌地下水技术能够使暴雨洪水从高处入渗补给地下水,涵养保护坎儿井水源,缓解坎儿井水量减少甚至干涸的现象。

(1)山前蓄洪入灌技术可以将区间暴雨洪水在山前冲积扇上游拦蓄入渗补给地下水,增加绿洲边缘坎儿井的补给量和坎儿井周边地下水的补给涵养。

(2)蓄洪入灌工程不仅能够增加地下水入渗补给量,还能够承担防洪任务,通过拦蓄工程可以有效滞洪,缓解山前暴雨洪水对中下游绿洲区的威胁。

(3)鱼鳞坑和拦洪坝都具有较好的蓄洪入渗效果。在工程布置中依据地形坡度略有不同,在地形坡度较为平坦的区域拦洪坝和鱼鳞坑均可行,由于拦洪坝抗冲蚀能力弱,因

图 3-23　吐鲁番盆地蓄洪入灌工程分布示意图

此在地形坡度较陡时应优先布设鱼鳞坑,若需要大面积布置蓄洪入灌工程,则应将鱼鳞坑与拦洪坝联合布设。

(4)鱼鳞坑或拦洪坝坑内贮蓄的洪水均以非饱和形式垂直渗入地下,从而引起地下水位的抬升。若大面积布设鱼鳞坑或者拦洪坝,将引起地下水位的较大幅度抬升。即使有淤泥层存在,坑内蓄水也可在14~15 h内渗入地下,入渗持续时间较短,补给地下水的效果较好。

(5)以喀尔于孜萨依沟区域作为典型区域计算蓄洪入灌量扩展至吐鲁番盆地,扣除蒸发及洪流沿途正常入渗量,修建蓄洪入灌工程后5年一遇洪量增加入渗补给地下水量为570.2万 m^3/a。

第4章　坎儿井的破坏机理与加固技术研究

确保坎儿井出水是保证其利用效益的关键，也是坎儿井保护的实质内容。而对坎儿井本身结构的破坏进行加固更是保护和拯救坎儿井的重要工作。本章以坎儿井结构修复加固为目标，通过试验分析揭示新疆坎儿井在自然营力作用下的破坏机理；本着在保护坎儿井结构和过流条件的同时，保护坎儿井的历史原貌和水体的生态现状这一基本原则，研究提出坎儿井病害治理的新技术、新方法和措施，为减少坎儿井年维修费用，促进破坏坎儿井的修复工作提供技术支撑。

4.1　坎儿井的破坏特点

坎儿井中下部及出口段大部分位于黄土地层中。多数坎儿井运行年代已较长，且多数为土坎，年久失修。长期以来，由于缺乏系统的管理、维修和保护，约20%的坎儿井暗渠、竖井破损和坍塌，坎儿井淤堵，影响正常的出水量。竖井和暗渠出口破坏情况见图4-1～图4-3。明渠和涝坝破损，造成坎儿井水有效利用效率降低，最后危及坎儿井下游的农业灌溉和人畜饮水安全。

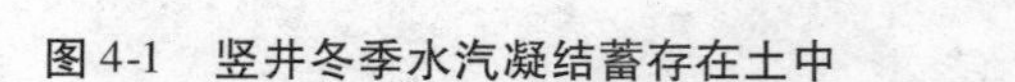

图4-1　竖井冬季水汽凝结蓄存在土中

图4-2　竖井坍塌形成的巨大空洞

坎儿井传统的加固治理措施基本集中在以硬质护砌为核心的混凝土预制衬砌和浆砌石衬砌结构方面。这种治理方案在一定程度上缓解了坎儿井渠系结构的破坏，部分解决了坎儿井供水矛盾。但大量使用上述硬质结构，往往使混凝土预制衬砌和浆砌石衬砌结构与土体之间存在20～120 cm空隙，坍塌较严重的地段甚至有5 m以上的空隙。采用人工回填空隙的办法，费用很高，效果又不好，不能有效地解决土体稳定问题，且衬砌结构受力不好，影响建筑结构的运行安全（见图4-4～图4-6）。

图4-3　坎儿井冻胀坍塌扩大堵塞的暗渠出口

图4-4　预制混凝土衬砌出口

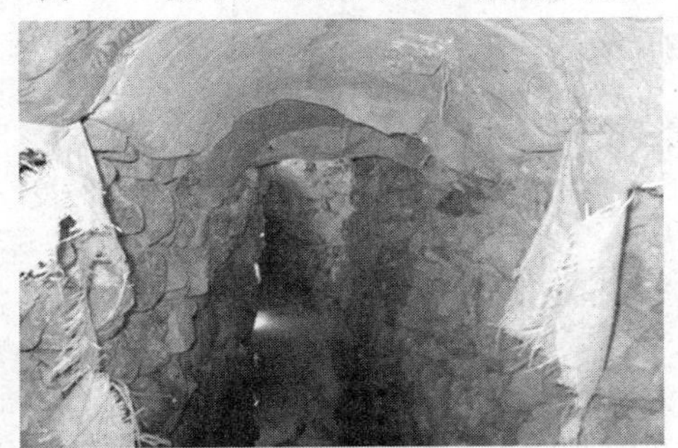

图4-5　浆砌石衬砌出口

图4-6　混凝土衬砌竖井

4.2　吐鲁番坎儿井地区黄土的工程特性研究

为使试验具有代表性，根据现场实际情况，选取坎儿井竖井、暗渠出口段黄土开展室内试验。

4.2.1　吐鲁番坎儿井地区黄土地层湿度分布

新疆吐鲁番坎儿井中下部及出口段大部分位于黄土地层中。由于地下水毛细上升作用，黄土土层含水率（饱和度）沿垂直向上呈逐渐减小趋势。经对坎儿井地层含水率试验结果进行多元化线性统计分析，含水率与土层距地下水位以上的距离符合幂函数规律。其含水率分布情况见图4-7和图4-8。

通过分析，坎儿井竖井、暗渠出口段地层含水率（饱和度）变化主要受地下水的毛细上升作用影响。冬季冻结作用使黄土中毛细水向冷端迁移；同时由于冬季蒸发量低，增大土体中含水率（饱和度）等，坎儿井竖井、暗渠出口段地层含水率冬季较夏季呈增大趋势。

4.2.2　黄土的物理性质试验

土样的物理性质试验包括土的密度、比重、颗粒分析试验和液、塑限试验。夏季和冬季测试土样密度的结果变化不大，干密度 $\gamma_d = 1.50 \sim 1.53\ g/cm^3$。

土的其他物理试验成果见表4-1。

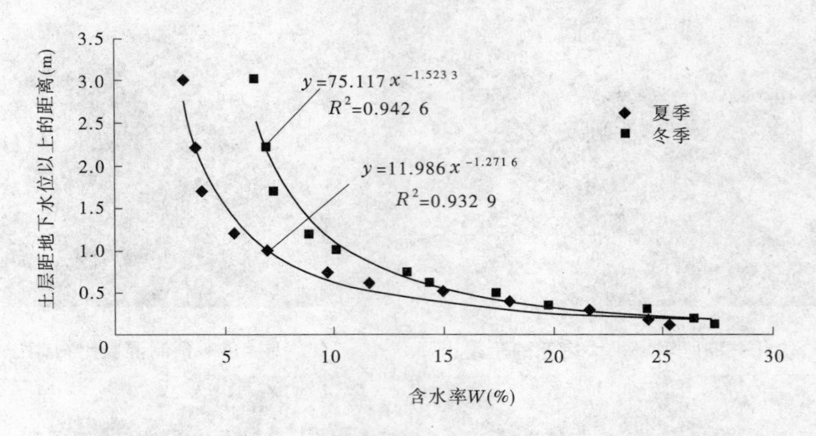

图 4-7　坎儿井土层湿度分布情况

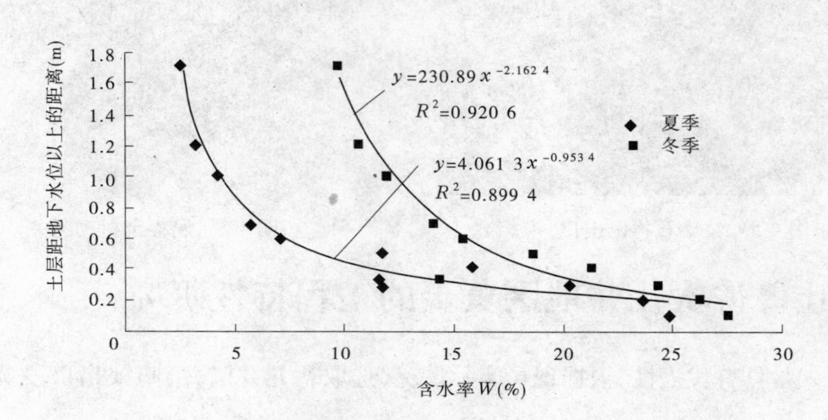

图 4-8　坎儿井土层湿度分布情况

表 4-1　试验土料物理性质试验成果

土样编号	比重 G_s	液限 W_L（%）	塑限 W_P（%）	塑性指数 I_P	颗粒组成（%）			不均匀系数 d_{60}/d_{10}	曲率系数 $d_{30}^2/(d_{60}\times d_{10})$	土壤类别
					砂粒 2～0.075 mm	粉粒 0.075～0.005 mm	黏粒 <0.005 mm			
1	2.71	30.2	16.7	13.7	31.7	41.0	27.3	60	9.37	低液限黏土（CL）

4.2.3　饱和黄土的强度和变形特性

为了研究饱和黄土冻融、非冻融及大小围压的强度和变形特性，开展非冻融和多次冻融状态下饱和黄土三轴 CD 试验、三轴等向压缩试验、三轴弹性模量试验，各试验的试验组次和试样个数见表 4-2。

表4-2　黄土试验组次和试样个数

土样		试验内容	试样个数
原状土	非冻融	饱和黄土三轴CD试验(3组,每组7个围压)	21
原状土	冻融	饱和黄土三轴CD试验(3组,每组7个围压)	21
原状土	非冻融	饱和黄土三轴等向压缩试验(3组)	3
原状土	冻融	饱和黄土三轴等向压缩试验(3组)	3
原状土	非冻融	饱和黄土三轴弹性模量试验(3组)	3
原状土	冻融	饱和黄土三轴弹性模量试验(3组)	3

4.2.3.1　饱和黄土三轴固结排水剪切试验(CD)

土样在非冻融和多次冻融状态下进行了6组三轴固结排水剪切试验。周围压力σ_3分级为20 kPa、50 kPa、70 kPa、100 kPa、200 kPa、300 kPa、400 kPa。土样冻融次数为20次。

土样冻融采用混凝土抗冻性试验冷冻设备,设备满足以下指标:

(1)试件中心温度为-18 ℃。

(2)冻融温度为-25~20 ℃。

(3)冻融循环一次历时2~4 h。

一次冻融循环技术指标为:

(1)循环历时2.5~4 h。

(2)降温历时1.5~2.5 h。

(3)升温历时1.0~1.5 h。

(4)降温和升温终了时,试样中心温度应分别控制在(-17±2) ℃和(8±2) ℃。

(5)试件中心和表面的温差小于28 ℃。

其试验成果见表4-3。

表4-3　饱和样固结排水剪各级围压下的极限强度试验成果　(单位:kPa)

土样	平均干密度(g/cm^3)	$\sigma_3=20$	$\sigma_3=50$	$\sigma_3=70$	$\sigma_3=100$	$\sigma_3=200$	$\sigma_3=300$	$\sigma_3=400$
原状样(冻)-1	1.51	72.3	159.3	225.8	313.6	583.2	875.4	1 101.2
原状样(冻)-2	1.50	80.1	130.3	210.2	290.8	550.3	830.5	1 090.6
原状样(冻)-3	1.49	72.1	162.2	225.6	317.5	590.3	860.3	1 130.2
平均值(冻)	1.50	74.8	150.6	220.5	307.3	574.6	855.4	1 107.3
原状样-1	1.51	83.6	188.1	243.8	344.0	638.0	925.5	1 195.3
原状样-2	1.49	75.1	175.0	230.9	310.5	610.1	890.2	1 170.5
原状样-3	1.50	85.0	190.0	230.6	350.6	640.7	928	1 208.5
平均值	1.50	81.2	184.4	235.1	335	629.6	914.6	1 191.4

1.坎儿井黄土的强度参数

将试验结果用式(4-1)整理得强度参数,见表4-4和表4-5。

$$
\begin{cases}
\sin\varphi' = \dfrac{3\tan\psi}{6 + \tan\psi} \\
c' = \dfrac{d(3 - \sin\varphi')}{6\cos\varphi'}
\end{cases}
\tag{4-1}
$$

式中：d、$\tan\psi$ 分别为 $P_f \sim q_f$ 坐标系中拟合直线的截距和斜率；c'、φ'分别为有效黏聚力和内摩擦角。

表 4-4　饱和样固结排水剪各级围压下的极限强度试验成果

土样	p_f(kPa)	q_f(kPa)	σ_3 = 100 ~ 400 kPa		σ_3 = 20 ~ 100 kPa		σ_3 = 20 ~ 400 kPa	
			d	$\tan\psi$	d	$\tan\psi$	d	$\tan\psi$
	41.2	63.6						
	96.03	138.1	40.39	1.141	12.09	1.279	25.09	1.171
	127.93	173.8						
原状样－1	181.33	244	φ'	c'	φ'	c'	φ'	c'
	346	438						
	508.5	625.5	28.6	19.33	31.8	5.863	29.3	12.038
	665.1	795.3						
	38.37	55.1						
	91.67	125	18.62	1.148	13.03	1.178	16.43	1.153
	123.63	160.9						
原状样－2	170.17	210.5	φ'	c'	φ'	c'	φ'	c'
	336.7	410.1						
	496.73	590.2	28.8	8.918	29.5	6.256	28.9	7.872
	656.83	770.5						
	41.67	65						
	96.67	140	41.15	1.148	10.33	1.29	23	1.183
	123.53	160.6						
原状样－3	183.53	250.6	φ'	c'	φ'	c'	φ'	c'
	346.9	440.7						
	509.33	628	28.8	19.708	32.1	5.017	29.6	11.048
	669.5	808.5						
	40.4	61.2						
	94.8	134.4	33.38	1.146	11.99	1.248	21.55	1.169
	125.03	165.1						
平均值	178.33	235	φ'	c'	φ'	c'	φ'	c'
	343.2	429.6						
	504.87	614.6	28.8	15.987	31.1	5.795	29.3	10.34
	663.8	791.4						

表 4-5　多次冻融饱和样固结排水剪各级围压下的极限强度试验成果

<table>
<tr><th rowspan="2">土样</th><th rowspan="2">p_f(kPa)</th><th rowspan="2">q_f(kPa)</th><th colspan="2">σ_3 = 100 ~ 400 kPa</th><th colspan="2">σ_3 = 20 ~ 100 kPa</th><th colspan="2">σ_3 = 20 ~ 400 kPa</th></tr>
<tr><th>d</th><th>$\tan\psi$</th><th>d</th><th>$\tan\psi$</th><th>d</th><th>$\tan\psi$</th></tr>
<tr><td rowspan="7">原状样(冻)-1</td><td>37.43</td><td>52.3</td><td rowspan="3">34.55</td><td rowspan="3">1.068</td><td rowspan="3">6.334</td><td rowspan="3">1.212</td><td rowspan="3">19.15</td><td rowspan="3">1.099</td></tr>
<tr><td>86.43</td><td>109.3</td></tr>
<tr><td>121.93</td><td>155.8</td></tr>
<tr><td>171.2</td><td>213.6</td><td>φ'</td><td>c'</td><td>φ'</td><td>c'</td><td>φ'</td><td>c'</td></tr>
<tr><td>327.73</td><td>383.2</td><td rowspan="3">27</td><td rowspan="3">16.454</td><td rowspan="3">30.3</td><td rowspan="3">3.051</td><td rowspan="3">27.7</td><td rowspan="3">9.138</td></tr>
<tr><td>491.8</td><td>575.4</td></tr>
<tr><td>633.73</td><td>701.2</td></tr>
<tr><td rowspan="7">原状样(冻)-2</td><td>40.03</td><td>60.1</td><td rowspan="3">13.17</td><td rowspan="3">1.076</td><td rowspan="3">8.118</td><td rowspan="3">1.105</td><td rowspan="3">10.1</td><td rowspan="3">1.083</td></tr>
<tr><td>76.77</td><td>80.3</td></tr>
<tr><td>116.73</td><td>140.2</td></tr>
<tr><td>163.6</td><td>190.8</td><td>φ'</td><td>c'</td><td>φ'</td><td>c'</td><td>φ'</td><td>c'</td></tr>
<tr><td>316.77</td><td>350.3</td><td rowspan="3">27.1</td><td rowspan="3">6.274</td><td rowspan="3">27.8</td><td rowspan="3">3.875</td><td rowspan="3">27.3</td><td rowspan="3">4.814</td></tr>
<tr><td>476.83</td><td>530.5</td></tr>
<tr><td>630.2</td><td>690.6</td></tr>
<tr><td rowspan="7">原状样(冻)-3</td><td>37.37</td><td>52.1</td><td rowspan="3">30.29</td><td rowspan="3">1.088</td><td rowspan="3">5.866</td><td rowspan="3">1.226</td><td rowspan="3">17.85</td><td rowspan="3">1.113</td></tr>
<tr><td>87.4</td><td>112.2</td></tr>
<tr><td>121.87</td><td>155.6</td></tr>
<tr><td>172.5</td><td>217.5</td><td>φ'</td><td>c'</td><td>φ'</td><td>c'</td><td>φ'</td><td>c'</td></tr>
<tr><td>330.1</td><td>390.3</td><td rowspan="3">27.4</td><td rowspan="3">14.441</td><td rowspan="3">30.6</td><td rowspan="3">2.829</td><td rowspan="3">28</td><td rowspan="3">8.526</td></tr>
<tr><td>486.77</td><td>560.3</td></tr>
<tr><td>643.4</td><td>730.2</td></tr>
<tr><td rowspan="7">平均值(冻)</td><td>38.27</td><td>54.8</td><td rowspan="3">26.14</td><td rowspan="3">1.077</td><td rowspan="3">6.975</td><td rowspan="3">1.18</td><td rowspan="3">15.78</td><td rowspan="3">1.098</td></tr>
<tr><td>83.53</td><td>100.6</td></tr>
<tr><td>120.17</td><td>150.5</td></tr>
<tr><td>169.1</td><td>207.3</td><td>φ'</td><td>c'</td><td>φ'</td><td>c'</td><td>φ'</td><td>c'</td></tr>
<tr><td>324.87</td><td>374.6</td><td rowspan="3">27.2</td><td rowspan="3">12.456</td><td rowspan="3">29.5</td><td rowspan="3">3.349</td><td rowspan="3">27.7</td><td rowspan="3">7.53</td></tr>
<tr><td>485.13</td><td>555.4</td></tr>
<tr><td>635.77</td><td>707.3</td></tr>
</table>

三组冻融黄土饱和样三轴 CD 试验的有效应力强度指标接近,用三组冻融黄土饱和样各级围压下试验值得到的强度参数指标为:当 σ_3 = 100 ~ 400 kPa 时,c' = 12.456 kPa,

$\varphi' = 27.2°$；当 $\sigma_3 = 20 \sim 100$ kPa 时，$c' = 3.349$ kPa，$\varphi' = 29.5°$；当 $\sigma_3 = 20 \sim 400$ kPa 时，$c' = 7.53$ kPa，$\varphi' = 27.7°$。

三组非冻融黄土饱和样三轴 CD 试验的有效应力强度指标接近，用三组非冻融黄土饱和样各级围压下得到的强度参数指标为：当 $\sigma_3 = 100 \sim 400$ kPa 时，$c' = 15.987$ kPa，$\varphi' = 28.8°$；当 $\sigma_3 = 20 \sim 100$ kPa 时，$c' = 5.795$ kPa，$\varphi' = 31.1°$；当 $\sigma_3 = 20 \sim 400$ kPa 时，$c' = 10.34$ kPa，$\varphi' = 29.3°$。

高低围压对强度参数的影响见表 4-6，冻融对强度参数的影响见表 4-7，可以看到：非冻融黄土饱和三轴 CD 试验的有效凝聚力和有效内摩擦角大于冻融情况，其主要原因是土体多次冻融后，产生了冻胀，降低了土体的密度和破坏了土体的结构，从而降低了土体强度。另外，从表中还可以看出，土体强度的降低主要体现在有效凝聚力的降低，冻胀使土体颗粒间的连接结构破坏是其主要原因。

表 4-6　高低围压强度参数对比分析

项目	$\sigma_3 = 20 \sim 100$ kPa		$\sigma_3 = 100 \sim 400$ kPa		φ'降低比率	c'增大比率
	φ'(°)	c'(kPa)	φ'(°)	c'(kPa)	(%)	(%)
多次冻融	29.6	3.5	27.2	13	8.11	271.43
非冻融	31.2	6	28.7	16	8.01	166.67

表 4-7　多次冻融和非冻融试验成果对比分析

项目	$\sigma_3 = 100 \sim 400$ kPa				$\sigma_3 = 20 \sim 100$ kPa			
	φ' (°)	c' (kPa)	φ'降低率 (%)	c'降低率 (%)	φ' (°)	c' (kPa)	φ'降低率 (%)	c'降低率 (%)
多次冻融	27.2	13	5.23	18.75	29.6	3.5	5.13	41.67
非冻融	28.7	16			31.2	6		

2. Mohr-Coulomb 模型屈服函数和势函数

Mohr-Coulomb 模型的弹性阶段必须是线性、各向同性的，其屈服函数为

$$F = R_{mc} q - p\tan\varphi' - c' = 0 \tag{4-2}$$

式中：R_{mc} 为 π 平面上屈服面形状的一个度量，其值为

$$R_{mc} = \frac{1}{\sqrt{3}\cos\varphi'}\sin\left(\Theta + \frac{\pi}{3}\right) - \frac{1}{3}\cos\left(\Theta + \frac{\pi}{3}\right)\tan\varphi \tag{4-3}$$

式中：Θ 为极偏角，定义为 $\cos(3\Theta) = \frac{r^3}{q^3}$，$r$ 为第三偏应力不变量 J_3：

$$J_3 = \frac{1}{27}(2\sigma_1 - \sigma_2 - \sigma_3)(2\sigma_2 - \sigma_3 - \sigma_1)(2\sigma_3 - \sigma_1 - \sigma_2) \tag{4-4}$$

流动势 G 为应力空间子午线平面上的双曲函数，Menèlrey 和 Willan（1995 年）建议为光滑的椭圆函数：

$$G = \sqrt{(\varepsilon cl_0 \tan\psi)^2 + (R_{mw} q)^2} - p\tan\psi \tag{4-5}$$

式中：cl_0 为材料的初始黏聚力，$cl_0 = cl_{\varepsilon^{PL}=0}$；$\psi$ 为膨胀（dilation）角；ε 为子午线的偏心率，它控制了 G 的形状变化；R_{mw} 为控制塑性势 G 在 π 平面上形状的参数，其值为

$$R_{mw} = \frac{4(1-e^2)\cos^2\Theta + (2e-1)^2}{2(1-e^2)\cos\Theta + (2e-1)\sqrt{4(1-e^2)(\cos\Theta)^2 + 5e^2 - 4e}} R_{mc}\left(\frac{\pi}{3}, \varphi'\right) \tag{4-6}$$

偏心率 e 描述了介于拉力子午线（$\Theta = 0$）和压力子午线（$\Theta = \frac{\pi}{3}$）之间的情况。

其默认值由下式计算：

$$e = \frac{3 - \cos\varphi'}{3 + \sin\varphi'} \tag{4-7}$$

将 6 组试验成果代入式（4-2）~式（4-7），模型参数见表 4-8 ~ 表 4-10。

表 4-8　Mohr-Coulomb 屈服函数和流动势参数

项目	围压（kPa）	偏心率 e	极偏角 Θ	偏应力系数 R_{mc}	形状参数 R_{mw}
原状样 -1	20 ~ 400	0.81	1.047 197 5	0.54	0.54
原状样 -2		0.82	1.047 197 5	0.55	0.55
原状样 -3		0.8	1.047 197 5	0.54	0.54
平均值		0.8	1.047 197 5	0.54	0.54
原状样（冻）-1		0.77	1.047 197 5	0.53	0.53
原状样（冻）-2		0.81	1.047 197 5	0.55	0.55
原状样（冻）-3		0.79	1.047 197 5	0.54	0.54
平均值		0.79	1.047 197 5	0.54	0.54

表 4-9　Mohr-Coulomb 屈服函数和流动势参数

项目	围压（kPa）	偏心率 e	极偏角 Θ	偏应力系数 R_{mc}	形状参数 R_{mw}
原状样 -1	100 ~ 400	0.78	1.047 197 5	0.51	0.51
原状样 -2		0.82	1.047 197 5	0.54	0.54
原状样 -3		0.79	1.047 197 5	0.53	0.53
平均值		0.79	1.047 197 5	0.52	0.52
原状样（冻）-1		0.8	1.047 197 5	0.57	0.57
原状样（冻）-2		0.8	1.047 197 5	0.54	0.54
原状样（冻）-3		0.75	1.047 197 5	0.51	0.51
平均值		0.77	1.047 197 5	0.52	0.52

表 4-10　Mohr-Coulomb 屈服函数和流动势参数

项目	围压(kPa)	偏心率 e	极偏角 Θ	偏应力系数 R_{mc}	形状参数 R_{mw}
原状样 -1	20 ~ 100	0.82	1.047 197 5	0.57	0.57
原状样 -2		0.83	1.047 197 5	0.55	0.55
原状样 -3		0.81	1.047 197 5	0.57	0.57
平均值		0.82	1.047 197 5	0.56	0.56
原状样(冻) -1		0.76	1.047 197 5	0.51	0.51
原状样(冻) -2		0.81	1.047 197 5	0.56	0.56
原状样(冻) -3		0.8	1.047 197 5	0.58	0.58
平均值		0.8	1.047 197 5	0.57	0.57

从表 4-8 ~ 表 4-10 可以看出，$R_{mc} = R_{mw}$，从而可知，$\varphi' = \psi$。

3. 修正剑桥模型破坏常数

英国剑桥大学以 K. H. Roscoe 为首的研究组在 1958 年根据黏土试验结果提出了状态边界面、临界状态线的概念。以 t、p_f 表示的临界状态线，参数可以在 $p_f \sim t$ 平面上求得，对于破坏应变 ε_a 对应的 p_f 和 t，点绘在 $p_f \sim t$ 坐标系中，p_f 和 t 的关系曲线一般仍为一条通过原点的直线。该直线的具体表达形式为

$$t = Mp_f \tag{4-8}$$

其中

$$q_f = (\sigma_1 - \sigma_3)_f \tag{4-9}$$

$$p_f = \frac{1}{3}(\sigma_1 + \sigma_2 + \sigma_3)_f \tag{4-10}$$

M 为直线的斜率。

$$t = \frac{q_f}{2}\left[1 + \frac{1}{k} - \left(\frac{1}{k} - 1\right)\left(\frac{r}{q_f}\right)^3\right] \tag{4-11}$$

在三向受压时，$r = q_f$，则 $t = q_f$。

由表 4-3 中各试样破坏时的极限强度值计算得到 p_f 和 q_f，在 $p_f \sim q_f$ 坐标系中绘图(其中，$\sigma_3 = 20 \sim 100$ kPa 为低围压，$\sigma_3 = 100 \sim 400$ kPa 为高围压)，试样在各级压力下的临界状态线为直线，破坏参数列入表 4-11、表 4-12。

将表 4-11、表 4-12 中数值整理可得表 4-13 和表 4-14。

从表 4-13 可以看出，低围压的 M 值比高围压下的土体大。

从表 4-14 可以看出，非冻融的 M 值大于冻融情况试验值。原因是土体多次冻融后，产生了冻胀，降低了土体的密度和破坏了土体的结构，从而降低了土体强度，引起 M 值减小。

表4-11　饱和样固结排水剪各级围压下的剑桥模型参数

土样	σ_3(kPa)	σ_1(kPa)	p_f(kPa)	q_f(kPa)	$\sigma_3=100\sim400$ kPa	$\sigma_3=20\sim100$ kPa	$\sigma_3=20\sim400$ kPa
原状样-1	20	83.6	41.2	63.6	1.221	1.368	1.227
	50	188.1	96.03	138.1			
	70	243.8	127.93	173.8			
	100	344.0	181.33	244			
	200	638.0	346	438			
	300	925.5	508.5	625.5			
	400	1 195.3	665.1	795.3			
原状样-2	20	75.1	38.37	55.1	1.186	1.28	1.19
	50	175.0	91.67	125			
	70	230.9	123.63	160.9			
	100	310.5	170.17	210.5			
	200	610.1	336.7	410.1			
	300	890.2	496.73	590.2			
	400	1 170.5	656.83	770.5			
原状样-3	20	85.0	41.67	65	1.23	1.367	1.234
	50	190.0	96.67	140			
	70	230.6	123.53	160.6			
	100	350.6	183.53	250.6			
	200	640.7	346.9	440.7			
	300	928.0	509.33	628			
	400	1 208.5	669.5	808.5			
平均值	20	81.2	40.4	61.2	1.212	1.339	1.217
	50	184.4	94.8	134.4			
	70	235.1	125.03	165.1			
	100	335.0	178.33	235			
	200	629.6	343.2	429.6			
	300	914.6	504.87	614.6			
	400	1 191.4	663.8	791.4			

4.2.3.2　饱和黄土三轴等向压缩回弹试验

土样在非冻融和多次冻融状态下进行了6组三轴等向压缩回弹试验，周围压力分级分别为20 kPa、50 kPa、70 kPa、100 kPa、200 kPa、400 kPa、600 kPa。土样冻融次数为20次。

等向压缩试验参数按式(4-12)进行整理：

$$e_c = \lambda \ln p_c + a \tag{4-12}$$

式中：e_c 为压缩孔隙比；p_c 为周围压力，kPa；a 为常数。

等向回弹试验参数按式(4-13)进行整理：

$$e_i = k \ln p_i + b \tag{4-13}$$

式中：e_i 为回弹孔隙比；p_i 为周围压力，kPa；b 为常数。

表 4-12　多次冻融饱和样固结排水剪各级围压下的剑桥模型参数

土样	σ_3(kPa)	σ_1(kPa)	p_f(kPa)	q_f(kPa)	$\sigma_3=100\sim400$ kPa	$\sigma_3=20\sim100$ kPa	$\sigma_3=20\sim400$ kPa
	20	72.3	37.43	52.3			
	50	159.3	86.43	109.3			
	70	225.8	121.93	155.8			
原状样（冻）-1	100	313.6	171.2	213.6	1.14	1.262	1.144
	200	583.2	327.73	383.2			
	300	875.4	491.8	575.4			
	400	1 101.2	633.73	701.2			
	20	80.1	40.03	60.1			
	50	130.3	76.77	80.3			
	70	210.2	116.73	140.2			
原状样（冻）-2	100	290.8	163.6	190.8	1.104	1.172	1.106
	200	550.3	316.77	350.3			
	300	830.5	476.83	530.5			
	400	1 090.6	630.2	690.6			
	20	72.1	37.37	52.1			
	50	162.2	87.4	112.2			
	70	225.6	121.87	155.6			
原状样（冻）-3	100	317.5	172.5	217.5	1.151	1.272	1.155
	200	590.3	330.1	390.3			
	300	860.3	486.77	560.3			
	400	1 130.2	643.4	730.2			
	20	74.8	38.27	54.8			
	50	150.6	83.53	100.6			
	70	220.5	120.17	150.5			
平均值（冻）	100	307.3	169.1	207.3	1.132	1.236	1.135
	200	574.6	324.87	374.6			
	300	855.4	485.13	555.4			
	400	1 107.3	635.77	707.3			

表 4-13　高低围压试验成果对比分析

项目	$\sigma_3=20\sim100$ kPa	$\sigma_3=100\sim400$ kPa	降低率(%)
多次冻融	1.236	1.132	8.41
非冻融	1.339	1.212	9.48

表4-14　多次冻融和非冻融试验成果对比分析

项目	$\sigma_3 = 100 \sim 400$ kPa		$\sigma_3 = 20 \sim 100$ kPa	
	M	M降低率(%)	M	M降低率(%)
多次冻融	1.132	6.6	1.236	7.69
非冻融	1.212		1.339	

将试验结果进行整理,其成果见表4-15和表4-16。

由表4-15可以看到,三组非冻融饱和黄土样三轴等向压缩回弹试验 $\ln p = 0$ 时的孔隙比 $e_1 = 0.916 \sim 0.96$,$\lambda = 0.068 \sim 0.069$,$k = 0.003 \sim 0.007$。三组平行试验结果接近。用三组非冻融黄土饱和样平均值 $e_1 = 0.947$,对数塑性体积模量 $\lambda = 0.069$,对数弹性体积模量 $k = 0.006$。

由表4-16可以看出,三组冻融饱和黄土样三轴等向压缩回弹试验 $\ln p = 0$ 时的孔隙比 $e_1 = 1 \sim 1.049$,$\lambda = 0.072 \sim 0.077$,$k = 0.006 \sim 0.011$。三组平行试验结果接近。用三组冻融黄土饱和样平均值 $e_1 = 1.017$,对数塑性体积模量 $\lambda = 0.075$,对数弹性体积模量 $k = 0.008$。

三组非冻融饱和黄土样三轴等向压缩回弹试验参数小于三组冻融饱和黄土样三轴等向压缩回弹试验参数。这是由土体冻融后,密度降低导致的。

4.2.3.3　饱和黄土三轴弹性模量试验

土样在非冻融和多次冻融状态下进行了6组弹性模量试验,每级压力按预计试样破坏主应力差的1/10施加。土样冻融次数为20次。

弹性模量按式(4-14)进行计算:

$$E = \frac{\dfrac{\sum \Delta p}{A_0}}{\dfrac{\sum \Delta h}{h_c}} \times 10 \tag{4-14}$$

式中:E 为试样的弹性模量,kPa;Δp 为每级轴向荷载,N;$\sum \Delta h$ 为相应于总应力下的弹性变形,mm;A_0 为试样初始面积,cm^2;h_c 为试样固结后高度,mm;10为单位换算系数。

泊松比按式(4-15)进行计算:

$$\begin{cases} \nu = \dfrac{\varepsilon_3}{\varepsilon_1} \\ \varepsilon_V = \dfrac{\Delta V}{V_c} \\ \varepsilon_V = \varepsilon_1 + 2\varepsilon_3 \\ \varepsilon_3 = \dfrac{\varepsilon_V - \varepsilon_1}{2} \end{cases} \tag{4-15}$$

式中:ε_V 为体积应变(%);ΔV 为体积变化,cm^3; V_c 为体积,cm^3;ε_1 为轴向应变(%);ε_3 为侧向应变(%)。

表 4-15　饱和黄土三轴等向压缩回弹试验成果

土样	土样质量(g)	土样体积(cm^3)	比重	加荷围压 p(kPa)	压缩土样体积变形(cm^3)	压缩土样体积(cm^3)	压缩土样密度(g/cm^3)	ln$p$	压缩孔隙比	弹性体积变形(cm^3)	回弹土样体积(cm^3)	回弹土样密度(g/cm^3)	回弹孔隙比	e_1	各向等压弹性参数 k	各向等压固结参数 λ
	145	96.01	2.71	0			1.51		0.79							
	145	96.01	2.71	20	4.1	91.91	1.58	3.00	0.715	1.1	80.41	1.80	0.506			
	145	96.01	2.71	50	6.4	89.61	1.62	3.91	0.673	0.9	80.21	1.81	0.497			
原状样-1	145	96.01	2.71	70	7.5	88.51	1.64	4.25	0.652	0.7	80.01	1.81	0.497	0.94	0.007	0.069
	145	96.01	2.71	100	8.6	87.41	1.66	4.61	0.633	0.4	79.71	1.82	0.489			
	145	96.01	2.71	200	11.2	84.81	1.71	5.30	0.585	0.2	79.51	1.82	0.489			
	145	96.01	2.71	400	14.6	81.41	1.78	5.99	0.522	0	79.31	1.83	0.481			
	145	96.01	2.71	600	16.7	79.31	1.83	6.40	0.481	0	79.31	1.83	0.481			
	148	96.01	2.71	0			1.54		0.76							
	148	96.01	2.71	20	3.1	92.91	1.59	3.00	0.704	1.2	80.51	1.84	0.473			
	148	96.01	2.71	50	5.9	90.11	1.64	3.91	0.652	1.1	80.41	1.84	0.473			
原状样-2	148	96.01	2.71	70	7.3	88.71	1.67	4.25	0.623	0.82	80.13	1.85	0.465	0.916	0.003	0.068
	148	96.01	2.71	100	9	87.01	1.7	4.61	0.594	0.38	79.69	1.86	0.457			
	148	96.01	2.71	200	10.3	85.71	1.73	5.30	0.566	0.25	79.56	1.86	0.457			
	148	96.01	2.71	400	13.6	82.41	1.8	5.99	0.506	0.1	79.41	1.86	0.457			
	148	96.01	2.71	600	15.9	80.11	1.85	6.40	0.465	0	80.11	1.85	0.465			

续表 4-15

土样	土样质量(g)	土样体积(cm^3)	比重	加荷围压 p (kPa)	压缩土样体积变形(cm^3)	压缩土样体积(cm^3)	压缩土样密度(g/cm^3)	ln$p$	压缩孔隙比	弹性体积变形(cm^3)	回弹土样体积(cm^3)	回弹土样密度(g/cm^3)	回弹孔隙比	e_1	各向等压弹性参数 k	各向等压固结参数 λ
原状样－3	143	96.01	2.71	0			1.49		0.82					0.96	0.005	0.069
	143	96.01	2.71	20	4.1	91.91	1.56	3.00	0.737	1.1	80.41	1.78	0.522			
	143	96.01	2.71	50	6.4	89.61	1.6	3.91	0.694	0.9	80.21	1.78	0.522			
	143	96.01	2.71	70	7.5	88.51	1.62	4.25	0.673	0.7	80.01	1.79	0.514			
	143	96.01	2.71	100	8.6	87.41	1.64	4.61	0.652	0.4	79.71	1.79	0.514			
	143	96.01	2.71	200	11.2	84.81	1.69	5.30	0.604	0.2	79.51	1.80	0.506			
	143	96.01	2.71	400	14.6	81.41	1.76	5.99	0.54	0	79.31	1.80	0.506			
	143	96.01	2.71	600	16.7	79.31	1.8	6.40	0.506	0	79.31	1.80	0.506			
平均值	145	96.01	2.71	0			1.51		0.79					0.947	0.006	0.069
	145	96.01	2.71	20	3.8	92.21	1.57	3.00	0.726	1.1	80.41	1.80	0.506			
	145	96.01	2.71	50	6.2	89.81	1.61	3.91	0.683	1	80.31	1.81	0.497			
	145	96.01	2.71	70	7.4	88.61	1.64	4.25	0.652	0.7	80.01	1.81	0.497			
	145	96.01	2.71	100	8.7	87.31	1.66	4.61	0.633	0.4	79.71	1.82	0.489			
	145	96.01	2.71	200	10.9	85.11	1.7	5.30	0.594	0.2	79.51	1.82	0.489			
	145	96.01	2.71	400	14.3	81.71	1.77	5.99	0.531	0	79.31	1.83	0.481			
	145	96.01	2.71	600	16.4	79.61	1.82	6.40	0.489	0	79.61	1.82	0.489			

表4-16　多次冻融饱和黄土样三轴等向压缩回弹试验成果

土样	土样质量(g)	土样体积(cm^3)	比重	加荷围压 p(kPa)	压缩土样体积变形(cm^3)	压缩土样体积(cm^3)	压缩土样密度(g/cm^3)	ln$p$	压缩孔隙比	弹性体积变形(cm^3)	回弹土样体积(cm^3)	回弹土样密度(g/cm^3)	回弹孔隙比	e_1	各向等压弹性参数 k	各向等压固结参数 λ
原状样(冻)-1	140	96.01	2.71	0			1.46		0.86					1.003	0.006	0.072
	140	96.01	2.71	20	4.8	91.21	1.53	3.00	0.771	1.2	80.21	1.75	0.549			
	140	96.01	2.71	50	6.9	89.11	1.57	3.91	0.726	1	80.01	1.75	0.549			
	140	96.01	2.71	70	8	88.01	1.59	4.25	0.704	0.8	79.81	1.75	0.549			
	140	96.01	2.71	100	9.1	86.91	1.61	4.61	0.683	0.5	79.51	1.76	0.540			
	140	96.01	2.71	200	11.8	84.21	1.66	5.30	0.633	0.3	79.31	1.77	0.531			
	140	96.01	2.71	400	15.3	80.71	1.73	5.99	0.566	0.1	79.11	1.77	0.531			
	140	96.01	2.71	600	17	79.01	1.77	6.40	0.531	0	79.01	1.77	0.531			
原状样(冻)-2	139	96.01	2.71	0			1.45		0.87					1.049	0.006	0.077
	139	96.01	2.71	20	3	93.01	1.49	3.00	0.819	1.3	80.31	1.73	0.566			
	139	96.01	2.71	50	6.3	89.71	1.55	3.91	0.748	1	80.01	1.74	0.557			
	139	96.01	2.71	70	8	88.01	1.58	4.25	0.715	0.8	79.81	1.74	0.557			
	139	96.01	2.71	100	9.5	86.51	1.61	4.61	0.683	0.5	79.51	1.75	0.549			
	139	96.01	2.71	200	11	85.01	1.64	5.30	0.652	0.3	79.31	1.75	0.549			
	139	96.01	2.71	400	14.6	81.41	1.71	5.99	0.585	0.1	79.11	1.76	0.540			
	139	96.01	2.71	600	16.8	79.21	1.75	6.40	0.549	0	79.21	1.75	0.549			

续表 4-16

土样	土样质量(g)	土样体积(cm^3)	比重	加荷围压 p (kPa)	压缩土样体积变形(cm^3)	压缩土样体积(cm^3)	压缩土样密度(g/cm^3)	ln$p$	压缩孔隙比	弹性体积变形(cm^3)	回弹土样体积(cm^3)	回弹土样密度(g/cm^3)	回弹孔隙比	e_1	各向等压弹性参数 k	各向等压固结参数 λ
原状样(冻)-3	141	96.01	2.71	0			1.47		0.84					1	0.011	0.075
	141	96.01	2.71	20	4.7	91.31	1.54	3.00	0.76	1.2	80.21	1.76	0.540			
	141	96.01	2.71	50	7	89.01	1.58	3.91	0.715	1	80.01	1.76	0.540			
	141	96.01	2.71	70	8.9	87.11	1.62	4.25	0.673	0.8	79.81	1.77	0.531			
	141	96.01	2.71	100	9.5	86.51	1.63	4.61	0.663	0.6	79.61	1.77	0.531			
	141	96.01	2.71	200	12.8	83.21	1.69	5.30	0.604	0.3	79.31	1.78	0.522			
	141	96.01	2.71	400	15.2	80.81	1.74	5.99	0.557	0.1	79.11	1.78	0.522			
	141	96.01	2.71	600	18	78.01	1.81	6.40	0.497	0	78.01	1.81	0.497			
平均值(冻)	140	96.01	2.71	0			1.46		0.86					1.017	0.008	0.075
	140	96.01	2.71	20	4.2	91.81	1.52	3.00	0.783	1.1	80.11	1.75	0.549			
	140	96.01	2.71	50	6.7	89.31	1.57	3.91	0.726	1	80.01	1.75	0.549			
	140	96.01	2.71	70	8.3	87.71	1.6	4.25	0.694	0.8	79.81	1.75	0.549			
	140	96.01	2.71	100	9.4	86.61	1.62	4.61	0.673	0.5	79.51	1.76	0.540			
	140	96.01	2.71	200	11.9	84.11	1.66	5.30	0.633	0.3	79.31	1.77	0.531			
	140	96.01	2.71	400	15	81.01	1.73	5.99	0.566	0.1	79.11	1.77	0.531			
	140	96.01	2.71	600	17.3	78.71	1.78	6.40	0.522	0	78.71	1.78	0.522			

土样非冻融和多次冻融状态下弹性模量试验成果见表4-17、表4-18。

表4-17 非冻融黄土弹性模量试验成果

项目	压力 P (kPa)	轴向位移($\times10^{-2}$ mm)									
		加荷	卸荷	加荷	卸荷	加荷	卸荷	加荷	卸荷	加荷	卸荷
试样 -1	0	0	60.1	60.1	78.1	78.1	98.2	98.2	108.2	108.2	117.10
	20	12.1	80.2	65.2	100.1	83.1	118.1	105.2	128.8	115.1	132.3
	40	30.2	90.3	73.2	110.2	91.1	127.2	113.6	138.4	124.2	142.3
	60	54.3	92.2	86.1	115.1	105.2	130.2	124.7	140.5	135.5	148.1
	80	89.2	89.2	105.2	105.2	125.1	125.1	136.3	136.3	145.2	145.2
弹性模量(MPa)			19.79		21.25		21.41		20.5		20.5
试样 -2	0	0	68.4	68.4	82.4	82.4	103.1	103.1	117.1	117.1	125.4
	20	15.3	82.6	63.3	105.8	85.1	122.4	109.4	130.2	122.1	135.2
	40	33.5	92.5	73.5	114.3	95.4	130.8	116.7	136.5	129.4	144.4
	60	58.5	96.2	88.4	119.2	110.6	133.3	130.2	138.7	136.6	148.2
	80	95.3	95.3	108.2	108.2	129.3	129.3	142.6	142.6	149.7	149.7
弹性模量(MPa)			21.41		22.33		21.98		22.59		23.7
试样 -3	0	0	71	71	89	89	108	108	119	119	132
	20	15	82	69	108	88	122	118	132	125	144
	40	35	95	79	116	99	131	128	140	132	154
	60	61	102	92	120	110	138	136	148	143	160
	80	100	100	117	117	135	135	145	145	158	158
弹性模量(MPa)			19.86		20.57		21.33		22.15		22.15
平均弹性模量(MPa)		22.12									

由表4-17可以看出,三组非冻融饱和黄土样的弹性模量 $E=19.79\sim23.7$ MPa,三组平行试验结果接近,其平均值为22.12 MPa。

由表4-18可以看出,三组冻融饱和黄土样的弹性模量 $E=14.15\sim17.4$ MPa,三组平行试验结果接近,其平均值为16.45 MPa。

泊松比试验成果见表4-19。

从上述试验结果可以看出,三组非冻融饱和黄土的弹性模量大于三组冻融饱和黄土的弹性模量。

表4-18　多次冻融黄土弹性模量试验成果

项目	压力 P (kPa)	轴向位移($\times 10^{-2}$ mm)									
		加荷	卸荷	加荷	卸荷	加荷	卸荷	加荷	卸荷	加荷	卸荷
试样-1	0	0	80.1	80.1	92.3	92.3	105.9	105.9	110.2	110.2	117.1
	20	15.1	95.2	99.3	108.3	93.6	124.7	108.2	128.8	120.2	132.3
	40	35.2	110.5	115.3	121.3	100.3	135.4	123.2	138.4	130.3	146.3
	60	66.4	123.3	129.2	132.3	120.4	139.4	130.1	143.3	140.2	151.3
	80	120.8	120.8	130.6	130.6	139.3	139.3	145.2	145.2	150.2	150.2
弹性模量(MPa)			14.15		15.04		17.25		16.46		17.4
试样-2	0	0	75.4	75.4	90.1	90.1	103.1	103.1	107.2	107.2	115.1
	20	17.3	89.8	78.9	106.2	99.9	118	110	123.9	116.1	130.2
	40	38.5	105.2	93.8	118.2	110.3	128.6	118.2	137.8	125.2	142.1
	60	68.5	116.1	110.9	128.2	123.7	135.3	131.3	145.2	136.4	150.3
	80	115.3	115.3	128.2	128.2	137.5	137.5	145.8	145.8	151.5	151.5
弹性模量(MPa)			14.44		15.12		16.74		14.92		15.82
试样-3	0	0	76.4	76.4	89.2	89.2	103.1	103.1	109.8	109.8	119.1
	20	16.5	90.4	79.9	105.1	100	117.2	110.2	124.6	115.2	131.2
	40	36.5	103.8	91.7	116.2	108.3	127.3	118.3	138.2	123.8	144.3
	60	67.4	113.5	111.4	126.1	123.4	134.2	131.5	145.4	135.4	153.5
	80	113.3	113.3	125.6	125.6	137.9	137.9	145.8	145.8	154.8	154.8
弹性模量(MPa)			15.61		15.82		16.55		16		16.13
平均弹性模量(MPa)			16.45								

表4-19　饱和黄土泊松比试验成果

项　目	饱和黄土	冻融饱和黄土
轴向应变(%)	2.613	3.507
体积应变(%)	4.013	5.189
侧向应变(%)	0.700	0.841
泊松比	0.268	0.240

4.2.4 非饱和黄土的强度和变形特性

根据现场实际情况,选取坎儿井竖井、暗渠出口段非饱和黄土土样进行室内试验。试验具体内容如下:

(1)三组黄土土—水特征曲线试验。

(2)四组黄土不同饱和度的常吸力抗剪试验,试验围压为100 kPa、200 kPa、300 kPa、400 kPa,土样初始饱和度分别按34.21%、43.57%、54.74%和73.74% 4个饱和度控制。

(3)四组不同饱和度的常吸力三轴等向压缩试验,试验围压分别为50 kPa、100 kPa、200 kPa、400 kPa、600 kPa,土样初始饱和度分别按32.63%、41.86%、52.91%和70.84% 4个饱和度控制。

各试验的试验组次和试样个数见表4-20。

表4-20　非饱和黄土试验组次和试样个数

土样	试验内容	试样个数
原状土	土—水特征曲线试验	3
原状土	三轴抗剪试验(4个初始含水率、4个围压、每个含水率3组平行试验)	48
原状土	三轴等向压缩回弹试验(4个初始含水率、每个含水率3组平行试验)	12
原状土	弹性模量试验(4个初始含水率、每个含水率3组平行试验)	12

4.2.4.1 土—水特征曲线试验

采用压力板吸力仪进行试验,分别按5 kPa、10 kPa、20 kPa、35 kPa、50 kPa、80 kPa、145 kPa、250 kPa、400 kPa、500 kPa、770 kPa等11级压力对试样施加气压力,同时测量相应的含水率。土—水特征曲线见图4-9。

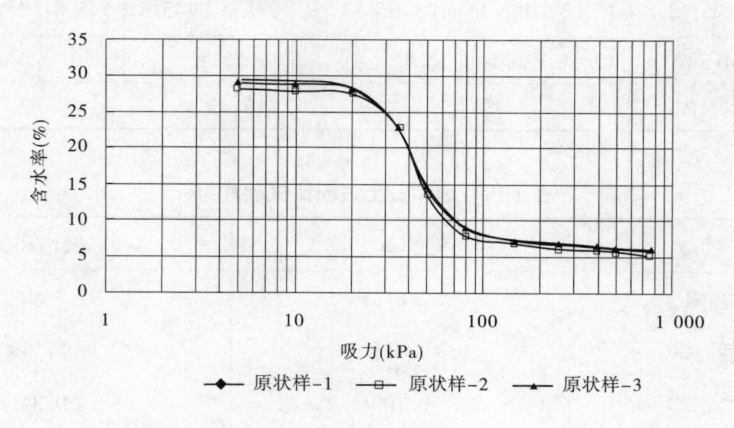

图4-9　土样土—水特征曲线

从图4-9中可以看出，土样的含水率随着基质吸力的增大而减小。在吸力为20 kPa以前和吸力大于80 kPa以后，试样的含水率变化不大，而在20 kPa到80 kPa，试样的含水率变化很大，土样在该吸力范围内含水率的减小量占全部减小量的约70.67%。另外，从图中可以看出，各试样试验曲线吻合很好，说明试验结果准确可靠。

从试验结果还可看出，含水率减小量较大而所需的压力变化范围却较小，这是由于两个土层的土样均以粉粒和砂粒为主，其含量已达到了72.7%。一般来讲粉粒和砂粒的持水能力较差，在较小压力作用下，土样粉粒和砂粒中的水分很容易被排出，在试验过程中，饱和土样粉粒和砂粒的某一持水能力在较小的压力下就能与压力室内的气压力平衡，因而相应的基质吸力的变化范围就较小。

4.2.4.2　非饱和黄土三轴剪切试验

1.试验方法

利用非饱和土应力应变式控制三轴仪对土样进行了饱和度(S_r)33.07%、43.57%、52.91%和72.76%的三轴剪切试验。周围压力σ_3分级为100 kPa、200 kPa、300 kPa、400 kPa。试验过程中吸力按表4-21控制。具体试验步骤如下。

表4-21　吸力取值范围

序号	含水率W(%)	饱和度(%)	吸力(kPa)
1	10	33.07	68
2	13	43.57	54
3	16	52.91	45
4	22	72.76	36

1)试样含水量控制

因现场取样含水率为7.3%，土样制备采用水膜转移法将试样配制到所需的饱和度，配制试样时，先计算好每个切削好的试样所加水量，把带环刀的试样放在电子天平上，给土样加水；加水过程中在每一个控制的含水率下分别给试样加入了所需的水量，使用保鲜膜封堵环刀顶面和底面，然后按含水率的不同分别放入干燥缸中，静置10 d以上，对各试样的含水率进行测定，并计算其饱和度。

2)陶土板饱和及传递水压的管路充水

给压力室充满无汽水，将压力室倾斜放置，使装有水压传感器的一端上倾，以利管路中空气排除；然后给压力室施加200 kPa的压力，打开孔隙水压力阀门，当看到陶土板底部管道中空气慢慢被水赶出，待水从阀门流出一段时间后，关闭陶土板底部进水排气阀，经过大约5 h后，卸去压力室压力，再排除陶土板底部的气体，关闭压力阀门。陶土板饱和后放掉压力室中的水，并少留一些水，使水面刚好盖着底座上的陶土板。

3)试样安装

全部放掉压力室内的无汽水，保留陶土板板面余水，静置片刻，使水压传感器管路中剩余压力完全消散到外界大气压，同时打开试样孔隙气压力阀，施加气压力以排除孔隙气压力量测管路内的水;开启传感器显示仪,预热 40 min 后进入工作状态,此时用湿毛巾擦去陶土板上的余水,紧接着安装试样,同时注意试样与陶土板紧密接触。

4)量测试样初始状态孔隙水压力

安装试样的同时,通过水压传感器测定试样初始状态孔隙水压力,直到孔隙水压力不变。

5)试样固结

对试样施加围压和气压进行固结;施加压力时先把围压加到大于预加气压值 10 kPa,再施加气压到试验要求的吸力值,最后把围压施加到试验要求的围压值,打开孔隙水压力排水阀,排水管出口水位应与试样中部同高,这样给试样所加的气压值就是试样的吸力值。按上述方法对试样进行固结,固结时间约 12 h,固结稳定标准为每小时体积变化量不超过 0.05 mL。

6)剪切

开启三轴仪,以剪切速率为 0.006 4 mm/min 对试样进行剪切,剪切过程中始终保持孔隙水出口与试样中部在同一水平面上,并与大气相通;剪切过程中记录轴向变形,外体变及剪应力值。

2.强度参数

在 $p \sim q$ 平面上,对于破坏应变 ε_a 对应的 p_f 和 q_f,点绘在 $p_f \sim q_f$ 坐标系中,p_f 和 q_f 的关系曲线一般仍为一条直线。该直线的具体表达形式为

$$q_f = d + p_f \tan\psi \tag{4-16}$$

式中:$q_f = (\sigma_1 - \sigma_3)_f$;$p_f = \frac{1}{3}(\sigma_1 + \sigma_2 + \sigma_3)_f - u_a + S_r(u_a - u_w)$;$d$ 为直线与 q_f 轴的截距;u_a 为孔隙气压力;u_w 为孔隙水压力;S_r 为饱和度;ψ 为直线的倾角。

强度参数可由式(4-17)求得:

$$\begin{cases} \sin\varphi' = \dfrac{3\tan\psi}{6 + \tan\psi} \\ c' = \dfrac{d(3 - \sin\varphi')}{6\cos\varphi'} \end{cases} \tag{4-17}$$

将各试样破坏时的极限强度值计算得到 p_f 和 q_f,在 $p_f \sim q_f$ 坐标系中绘图,拟合直线得到 d 和 $\tan\psi$,然后用式(4-17)计算,得到非饱和土的凝聚力 c' 和摩擦角 φ'。其结果见表 4-22 和表 4-23。

表 4-22 非饱和黄土强度参数计算成果(1)

土样	饱和度 S_r(%)	$u_a - u_w$ (kPa)	$\sigma_3 - u_a$ (kPa)	$\sigma_1 - u_a$ (kPa)	p_f (kPa)	q_f (kPa)	d (kPa)	$\tan\psi$	φ' (°)	c' (kPa)
原状样-1	33.52	68.00	100	460.3	242.89	360.3	62.21	1.246	31.1	30.07
			200	790.5	419.63	590.5				
			300	1 100.8	589.73	800.8				
			400	1 400.6	756.33	1 000.6				

续表 4-22

土样	饱和度 S_r(%)	u_a-u_w (kPa)	σ_3-u_a (kPa)	σ_1-u_a (kPa)	p_f (kPa)	q_f (kPa)	d (kPa)	$\tan\psi$	φ' (°)	c' (kPa)
原状样-2	32. 63	68. 00	100	450. 3	238. 96	350. 3	59. 8	1. 262	31. 4	28. 94
			200	806. 5	424. 36	606. 5				
			300	1 130. 8	599. 12	830. 8				
			400	1 400. 0	755. 52	1 000				
原状样-3	33. 52	68. 00	100	470. 0	246. 13	370	79. 89	1. 205	30. 1	38. 45
			200	800. 3	422. 89	600. 3				
			300	1 080. 8	583. 06	780. 8				
			400	1 380. 5	749. 63	980. 5				
平均	33. 07	68. 00	100	460. 2	242. 55	360. 2	67. 47	1. 238	30. 9	32. 58
			200	799. 1	422. 19	599. 1				
			300	1 104. 1	590. 53	804. 13				
			400	1 393. 7	753. 72	993. 7				
原状样-4	44. 48	54. 00	100	430. 4	234. 15	330. 4	61. 73	1. 186	29. 7	29. 66
			200	760. 0	410. 69	560				
			300	1 050. 0	574. 02	750				
			400	1 320. 4	730. 82	920. 4				
原状样-5	42. 42	54. 00	100	425. 5	231. 41	325. 5	61. 5	1. 166	29. 2	29. 50
			200	730. 4	399. 71	530. 4				
			300	1 040. 7	569. 81	740. 7				
			400	1 290. 6	719. 77	890. 6				
原状样-6	45. 09	54. 00	100	440. 4	237. 82	340. 4	57. 25	1. 174	29. 4	27. 48
			200	720. 3	397. 78	520. 3				
			300	1 015. 5	562. 85	715. 5				
			400	1 318. 6	730. 55	918. 6				
平均	43. 57	54. 00	100	432. 1	234. 23	332. 1	60. 75	1. 175	29. 4	29. 16
			200	736. 9	402. 49	536. 9				
			300	1 035. 4	568. 66	735. 4				
			400	1 309. 9	726. 82	909. 87				

表 4-23 非饱和黄土强度参数计算成果(2)

土样	饱和度 S_r(%)	$u_a - u_w$ (kPa)	$\sigma_3 - u_a$ (kPa)	$\sigma_1 - u_a$ (kPa)	p_f (kPa)	q_f (kPa)	d (kPa)	$\tan\psi$	φ' (°)	c' (kPa)
原状样-7	51.52	45.00	100	400.8	223.45	300.8	51.39	1.167	29.2	24.647
			200	738.5	402.68	538.5				
			300	1 005.0	558.18	705				
			400	1 280.6	716.72	880.6				
原状样-8	54.74	45.00	100	410.8	228.23	310.8	53.6	1.161	29.1	25.698
			200	720.5	398.13	520.5				
			300	1 030.4	568.1	730.4				
			400	1 270.8	714.9	870.8				
原状样-9	53.63	45.00	100	408.2	226.87	308.2	48.55	1.172	29.4	23.303
			200	718.8	397.07	518.8				
			300	1 020.9	564.43	720.9				
			400	1 281.5	717.97	881.5				
平均	52.91	45.00	100	406.6	226.01	306.6	51.53	1.166	29.2	24.715
			200	725.9	399.12	525.93				
			300	1 018.8	563.4	718.77				
			400	1 277.6	716.35	877.63				
原状样-10	71.79	36.00	100	365.6	214.38	265.6	42.75	1.106	27.8	20.407
			200	689.2	388.91	489.2				
			300	962.3	546.61	662.3				
			400	1 189.3	688.94	789.3				
原状样-11	73.74	36.00	100	370.2	216.61	270.2	37.52	1.085	27.3	17.883
			200	639.4	373.01	439.4				
			300	938.3	539.31	638.3				
			400	1 170.1	683.25	770.1				
原状样-12	73.74	36.00	100	358.3	212.65	258.3	27.23	1.101	27.7	12.994
			200	640.8	373.48	440.8				
			300	920.6	533.41	620.6				
			400	1 178.5	686.05	778.5				
平均	72.76	36.00	100	364.7	214.43	264.7	36.22	1.097	27.6	17.279
			200	656.5	378.35	456.47				
			300	940.4	539.66	640.4				
			400	1 817.9	685.96	779.3				

表 4-24　黄土强度参数随湿度变化

序号	饱和度 S_r(%)	含水率 W (%)	φ' (°)	c' (kPa)
1	33.07	10.00	30.9	32.58
2	43.57	13.00	29.4	29.16
3	52.91	16.00	29.2	24.72
4	72.76	22.00	27.6	17.28
5	100(冻融)	29.84	27.7	7.53
6	100	29.84	29.3	10.34

内摩擦角 φ' 与含水率 W 关系符合二次抛物线规律(式 4-18),见图 4-10。

$$\varphi' = aW^2 + bW + c \tag{4-18}$$

式中:φ' 为土体内摩擦角,(°);W 为含水率(%);a、b、c 为系数。

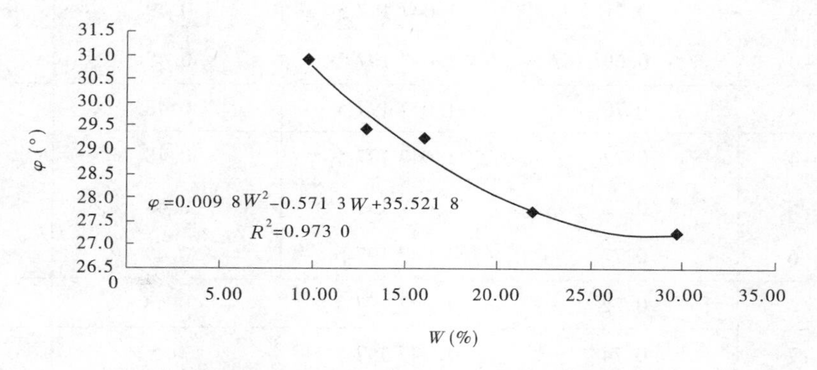

图 4-10　Mohr-Coulomb 破坏准则 φ—W 关系曲线

凝聚力 c' 与含水率 W 关系也符合二次抛物线规律(式 4-19),见图 4-11。

$$c' = dW^2 + fW + g \tag{4-19}$$

式中:c' 为土体凝聚力,kPa;W 为含水率(%);d、f、g 为系数。

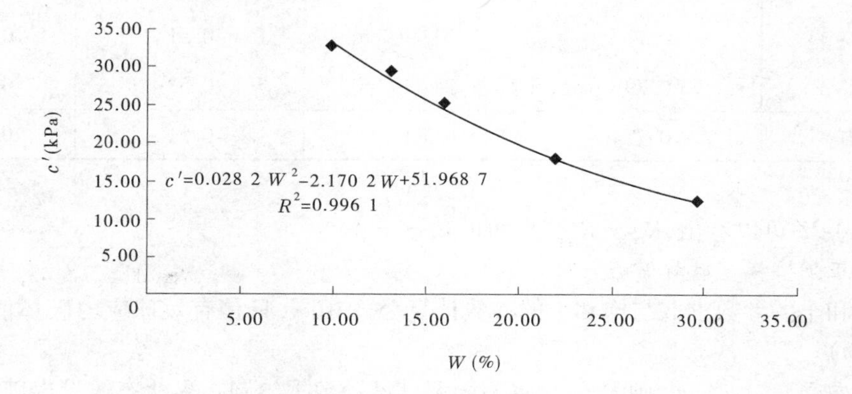

图 4-11　Mohr-Coulomb 破坏准则 c'—W 关系曲线

可以看出：随着含水率的增大，内摩擦角和凝聚力均呈减小的趋势。

3. Mohr-Coulomb 屈服函数和流动势参数

非饱和土的参数求取与饱和土的参数计算公式相同，只是有效球应力采用式(4-20)计算：

$$p' = \frac{1}{3}(\sigma_1 + \sigma_2 + \sigma_3)_f - u_a + S_r(u_a - u_w) \tag{4-20}$$

式中：u_a 为孔隙气压力；u_w 为孔隙水压力；S_r 为饱和度。

将不同含水率的试验资料代入式(4-3)、式(4-6)、式(4-7)计算出的 Mohr-Coulomb 模型参数，见表 4-25。

表 4-25　Mohr - Coulomb 屈服函数和流动势参数

项目	偏心率 e	极偏角 Θ	偏应力系数 R_{mc}	形状参数 R_{mw}
原状样 - 1	0.71	1.047 197 5	0.49	0.49
原状样 - 2	0.71	1.047 197 5	0.49	0.49
原状样 - 3	0.69	1.047 197 5	0.45	0.45
平均	0.70	1.047 197 5	0.48	0.48
原状样 - 4	0.72	1.047 197 5	0.48	0.48
原状样 - 5	0.72	1.047 197 5	0.48	0.48
原状样 - 6	0.72	1.047 197 5	0.49	0.49
平均	0.72	1.047 197 5	0.48	0.48
原状样 - 7	0.74	1.047 197 5	0.5	0.5
原状样 - 8	0.73	1.047 197 5	0.49	0.49
原状样 - 9	0.74	1.047 197 5	0.5	0.5
平均	0.73	1.047 197 5	0.5	0.5
原状样 - 10	0.76	1.047 197 5	0.5	0.5
原状样 - 11	0.77	1.047 197 5	0.51	0.51
原状样 - 12	0.79	1.047 197 5	0.53	0.53
平均	0.77	1.047 197 5	0.51	0.51

从表 4-25 可以看出，$R_{mc} = R_{mw}$，从而可知 $\varphi' = \psi$。

4. 修正剑桥模型破坏常数

非饱和土的参数求取与饱和土的参数计算公式相同，只是有效球应力破坏值计算采用式(4-20)。

在三向受压时，$r = q_f$，则 $t = q_f$。将不同湿度试验数据绘制临界状态线求出破坏常数，其结果见表 4-26。

表4-26　非饱和黄土不同湿度剑桥模型 M 参数计算成果

土样	饱和度 S_r(%)	u_a-u_w (kPa)	σ_3-u_a (kPa)	σ_1-u_a (kPa)	p_f (kPa)	q_f (kPa)	M
原状样-1	33.52	68.00	100	460.3	242.89	360.3	1.354
			200	790.5	419.63	590.5	
			300	1 100.8	589.73	800.8	
			400	1 400.6	756.33	1 000.6	
原状样-2	32.63	68.00	100	450.3	238.96	350.3	1.366
			200	806.5	424.36	606.5	
			300	1 130.8	599.12	830.8	
			400	1 400.0	755.52	1 000	
原状样-3	33.52	68.00	100	470.0	246.13	370	1.345
			200	800.3	422.89	600.3	
			300	1 080.8	583.06	780.8	
			400	1 380.5	749.63	980.5	
平均	33.07	68.00	100	460.2	242.55	360.2	1.355
			200	799.1	422.19	599.1	
			300	1 104.1	590.53	804.13	
			400	1 393.7	753.72	993.7	
原状样-4	44.48	54.00	100	430.4	234.15	330.4	1.297
			200	760.0	410.69	560	
			300	1 050.0	574.02	750	
			400	1 320.4	730.82	920.4	
原状样-5	42.42	54.00	100	425.5	231.41	325.5	1.278
			200	730.4	399.71	530.4	
			300	1 040.7	569.81	740.7	
			400	1 290.6	719.77	890.6	
原状样-6	45.09	54.00	100	440.4	237.82	340.4	1.278
			200	720.3	397.78	520.3	
			300	1 015.5	562.85	715.5	
			400	1 318.6	730.55	918.6	
平均	43.57	54.00	100	432.1	234.23	332.1	1.285
			200	736.9	402.49	536.9	
			300	1 035.4	568.66	735.4	
			400	1 309.9	726.82	909.87	

续表 4-26

土样	饱和度 S_r(%)	u_a-u_w (kPa)	σ_3-u_a (kPa)	σ_1-u_a (kPa)	p_f (kPa)	q_f (kPa)	M
原状样-7	51.52	45.00	100	400.8	223.45	300.8	1.261
			200	738.5	402.68	538.5	
			300	1 005.0	558.18	705	
			400	1 280.6	716.72	880.6	
原状样-8	54.74	45.00	100	410.8	228.23	310.8	1.259
			200	720.5	398.13	520.5	
			300	1 030.4	568.1	730.4	
			400	1 270.8	714.9	870.8	
原状样-9	53.63	45.00	100	408.2	226.87	308.2	1.261
			200	718.8	397.07	518.8	
			300	1 020.9	564.43	720.9	
			400	1 281.5	717.97	881.5	
平均	52.91	45.00	100	406.6	226.01	306.6	1.261
			200	725.9	399.12	525.93	
			300	1 018.8	563.4	718.77	
			400	1 277.6	716.35	877.63	
原状样-10	71.79	36.00	100	365.6	214.38	265.6	1.187
			200	689.2	388.91	489.2	
			300	962.3	546.61	662.3	
			400	1 189.3	688.94	789.3	
原状样-11	73.74	36.00	100	370.2	216.61	270.2	1.158
			200	639.4	373.01	439.4	
			300	938.3	539.31	638.3	
			400	1 170.1	683.25	770.1	
原状样-12	73.74	36.00	100	358.3	212.65	258.3	1.154
			200	640.8	373.48	440.8	
			300	920.6	533.41	620.6	
			400	1 178.5	686.05	778.5	
平均	72.76	36.00	100	364.7	214.43	264.7	1.166
			200	656.5	378.35	456.47	
			300	940.4	539.66	640.4	
			400	1 179.3	685.96	779.3	

随着含水率的增大，M 呈减小的趋势，具体见表 4-27。

表 4-27　非饱和黄土不同湿度剑桥模型 M 参数

序号	饱和度 S_r(%)	含水率(%)	M
1	33.07	10.00	1.355
2	43.57	13.00	1.285
3	52.91	16.00	1.261
4	72.76	22.00	1.166
5	100	29.84	1.135

4.2.4.3　非饱和黄土三轴等向压缩回弹试验

非饱和黄土在表 4-21 吸力状态下进行了 12 组三轴等向压缩回弹试验，周围压力分级分别为 20 kPa、50 kPa、70 kPa、100 kPa、200 kPa、400 kPa、600 kPa。

等向压缩试验参数按式(4-12)和式(4-13)进行整理得：

$$e_c = \lambda \ln p_c' + a \tag{4-21}$$

式中：e_c 为孔隙比。

$$p_c' = \frac{1}{3}(\sigma_1 + \sigma_2 + \sigma_3)_f - u_a + S_r(u_a - u_w)$$

$$p_i' = \frac{1}{3}(\sigma_1 + \sigma_2 + \sigma_3)_f - u_a + S_r(u_a - u_w)$$

由试验得出的试样在各级压力下成果见表 4-28。

非饱和黄土三轴等向压缩回弹试验指标随含水率变化情况见表 4-29。

各向等压弹性参数 k 与含水率 W 符合线性规律，随着含水率的增大，k 呈减小的趋势，见图 4-12。λ 与含水率 W 符合二次抛物线规律，随着含水率的增大，λ 呈增大的趋势，见图 4-13。e_1 与含水率 W 符合线性规律，随着含水率的增大，e_1 呈增大的趋势，见图 4-14。e_0 与含水率 W 符合线性规律，随着含水率的增大，e_1 呈减小的趋势，见图 4-15。

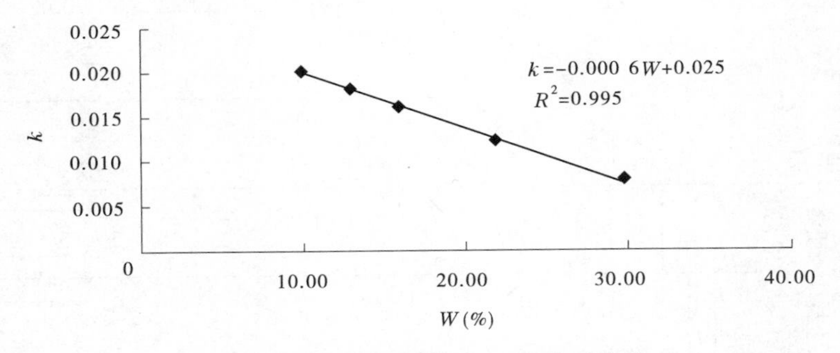

图 4-12　修正剑桥模型 k—W 关系曲线

表 4-28　非饱和黄土三轴等向压缩回弹试验成果

土样	土样质量(g)	饱和度 S_r(%)	含水率 W(%)	加荷围压 p(kPa)	压缩土样体积变形(cm^3)	压缩土样体积(cm^3)	压缩土样密度(g/cm^3)	ln$p$	压缩孔隙比	弹性体积变形(cm^3)	回弹土样体积(cm^3)	回弹土样密度(g/cm^3)	回弹孔隙比	e_1	各向等压弹性参数 k	各向等压固结参数 λ
原状样-1	142	32.63	10	0			1.48		0.83					0.945	0.019	0.045
	142			20	1.5	94.51	1.5	3.00	0.807	3.3	89.71	1.58	0.715			
	142			50	3.2	92.81	1.53	3.91	0.771	2.4	88.81	1.60	0.694			
	142			70	4.5	91.51	1.55	4.25	0.748	1.6	88.01	1.61	0.683			
	142			100	5.2	90.81	1.56	4.61	0.737	1.1	87.51	1.62	0.673			
	142			200	6.8	89.21	1.59	5.30	0.704	0.6	87.01	1.63	0.663			
	142			400	8.2	87.81	1.62	5.99	0.673	0.1	86.51	1.64	0.652			
	142			600	9.6	86.41	1.64	6.40	0.652	0	86.41	1.64	0.652			
原状样-2	143	33.07	10	0			1.49		0.82					0.939	0.014	0.045
	143			20	1.3	94.71	1.51	3.00	0.795	2.9	89.31	1.60	0.694			
	143			50	2.8	93.21	1.53	3.91	0.771	2	88.41	1.62	0.673			
	143			70	3.9	92.11	1.55	4.25	0.748	1.3	87.71	1.63	0.663			
	143			100	4.6	91.41	1.56	4.61	0.737	0.8	87.21	1.64	0.652			
	143			200	6.1	89.91	1.59	5.30	0.704	0.6	87.01	1.64	0.652			
	143			400	7.6	88.41	1.62	5.99	0.673	0.1	86.51	1.65	0.642			
	143			600	9.3	86.71	1.65	6.40	0.642	0	86.71	1.65	0.642			

续表 4-28

土样	土样质量 (g)	饱和度 S_r(%)	含水率 W(%)	加荷围压 p (kPa)	压缩土样体积变形 (cm³)	压缩土样体积 (cm³)	压缩土样密度 (g/cm³)	ln$p$	压缩孔隙比	弹性体积变形 (cm³)	回弹土样体积 (cm³)	回弹土样密度 (g/cm³)	回弹孔隙比	e_1	各向等压弹性参数 k	各向等压固结参数 λ
原状样 -3	141	32.2	10	0			1.47		0.84					0.945	0.025	0.045
	141			20	1.8	94.21	1.5	3.00	0.807	3.8	90.21	1.56	0.737			
	141			50	3.8	92.21	1.53	3.91	0.771	2.8	89.21	1.58	0.715			
	141			70	4.9	91.11	1.55	4.25	0.748	2	88.41	1.59	0.704			
	141			100	6	90.01	1.57	4.61	0.726	1.5	87.91	1.60	0.694			
	141			200	7.1	88.91	1.59	5.30	0.704	0.9	87.31	1.61	0.683			
	141			400	8.7	87.31	1.61	5.99	0.683	0.4	86.81	1.62	0.673			
	141			600	10.3	85.71	1.65	6.40	0.642	0	85.71	1.65	0.642			
平均	142	32.63	10	0			1.48		0.83					0.95	0.02	0.047
	142			20	1.5	94.51	1.5	3.00	0.807	3.3	89.71	1.58	0.715			
	142			50	3.3	92.71	1.53	3.91	0.771	2.4	88.81	1.60	0.694			
	142			70	4.4	91.61	1.55	4.25	0.748	1.6	88.01	1.61	0.683			
	142			100	5.3	90.71	1.57	4.61	0.726	1.1	87.51	1.62	0.673			
	142			200	6.7	89.31	1.59	5.30	0.704	0.7	87.11	1.63	0.663			
	142			400	8.2	87.81	1.62	5.99	0.673	0.2	86.61	1.64	0.652			
	142			600	9.7	86.31	1.65	6.40	0.642	0	86.31	1.65	0.642			

续表4-28

土样	土样质量(g)	饱和度S_r(%)	含水率W(%)	加荷围压p(kPa)	压缩土样体积变形(cm^3)	压缩土样体积(cm^3)	压缩土样密度(g/cm^3)	ln$p$	压缩孔隙比	弹性体积变形(cm^3)	回弹土样体积(cm^3)	回弹土样密度(g/cm^3)	回弹孔隙比	e_1	各向等压弹性参数k	各向等压固结参数λ
原状样-4	140	41.05	13	0			1.46		0.86					0.958	0.017	0.052
	140			20	3.2	92.81	1.51	3.00	0.795	2.8	86.71	1.61	0.683			
	140			50	4.9	91.11	1.54	3.91	0.76	2.3	86.21	1.62	0.673			
	140			70	6.3	89.71	1.56	4.25	0.737	1.7	85.61	1.64	0.652			
	140			100	7.2	88.81	1.58	4.61	0.715	1.3	85.21	1.64	0.652			
	140			200	9.7	86.31	1.62	5.30	0.673	0.5	84.41	1.66	0.633			
	140			400	11.4	84.61	1.65	5.99	0.642	0.2	84.11	1.66	0.633			
	140			600	12.1	83.91	1.67	6.40	0.623	0	83.91	1.67	0.623			
原状样-5	143	42.99	13	0			1.49		0.82					0.958	0.017	0.055
	143			20	1.7	94.31	1.52	3.00	0.783	3.1	87.01	1.64	0.652			
	143			50	3.8	92.21	1.55	3.91	0.748	2.2	86.11	1.66	0.633			
	143			70	4.8	91.21	1.57	4.25	0.726	1.7	85.61	1.67	0.623			
	143			100	5.6	90.41	1.58	4.61	0.715	1.2	85.11	1.68	0.613			
	143			200	7.9	88.11	1.62	5.30	0.673	0.7	84.61	1.69	0.604			
	143			400	10	86.01	1.66	5.99	0.633	0.1	84.01	1.70	0.594			
	143			600	11.9	84.11	1.7	6.40	0.594	0	84.11	1.70	0.594			

续表 4-28

土样	土样质量(g)	饱和度 S_r(%)	含水率 W(%)	加荷围压 p(kPa)	压缩土样体积变形(cm^3)	压缩土样体积(cm^3)	压缩土样密度(g/cm^3)	ln$p$	压缩孔隙比	弹性体积变形(cm^3)	回弹土样体积(cm^3)	回弹土样密度(g/cm^3)	回弹孔隙比	e_1	各向等压弹性参数 k	各向等压固结参数 λ
原状样－6	141	41.86	13	0			1.47		0.84					0.958	0.016	0.053
	141			20	2.9	93.11	1.51	3.00	0.795	2.8	86.71	1.63	0.663			
	141			50	4.9	91.11	1.55	3.91	0.748	2.3	86.21	1.64	0.652			
	141			70	5.9	90.11	1.56	4.25	0.737	1.8	85.71	1.65	0.642			
	141			100	6.8	89.21	1.58	4.61	0.715	1.5	85.41	1.65	0.642			
	141			200	8.8	87.21	1.62	5.30	0.673	0.4	84.31	1.67	0.623			
	141			400	10.8	85.21	1.65	5.99	0.642	0.1	84.01	1.68	0.613			
	141			600	12.2	83.81	1.68	6.40	0.613	0	83.81	1.68	0.613			
平均	141	41.86	13	0			1.47		0.84					0.965	0.018	0.054
	141			20	2.6	93.41	1.51	3.00	0.795	2.9	86.81	1.62	0.673			
	141			50	4.5	91.51	1.54	3.91	0.76	2.3	86.21	1.64	0.652			
	141			70	5.7	90.31	1.56	4.25	0.737	1.7	85.61	1.65	0.642			
	141			100	6.5	89.51	1.58	4.61	0.715	1.3	85.21	1.65	0.642			
	141			200	8.8	87.21	1.62	5.30	0.673	0.5	84.41	1.67	0.623			
	141			400	10.7	85.31	1.65	5.99	0.642	0.1	84.01	1.68	0.613			
	141			600	12.1	83.91	1.68	6.40	0.613	0	83.91	1.68	0.613			

续表 4-28

土样	土样质量(g)	饱和度 S_r(%)	含水率 W(%)	加荷围压 p(kPa)	压缩土样体积变形(cm^3)	压缩土样体积(cm^3)	压缩土样密度(g/cm^3)	lnp	压缩孔隙比	弹性体积变形(cm^3)	回弹土样体积(cm^3)	回弹土样密度(g/cm^3)	回弹孔隙比	e_1	各向等压弹性参数 k	各向等压固结参数 λ
原状样-7	144	53.63	16	0			1.5		0.81					0.973	0.015	0.064
	144			20	2.1	93.91	1.53	3.00	0.771	2.7	84.91	1.70	0.594			
	144			50	4.2	91.81	1.57	3.91	0.726	2.3	84.51	1.70	0.594			
	144			70	5.5	90.51	1.59	4.25	0.704	1.4	83.61	1.72	0.576			
	144			100	6.8	89.21	1.61	4.61	0.683	1	83.21	1.73	0.566			
	144			200	8.6	87.41	1.65	5.30	0.642	0.7	82.91	1.74	0.557			
	144			400	11.3	84.71	1.7	5.99	0.594	0.3	82.51	1.75	0.549			
	144			600	13.8	82.21	1.75	6.40	0.549	0	82.21	1.75	0.549			
原状样-8	142	52.21	16	0			1.48		0.83					0.97	0.016	0.063
	142			20	2.8	93.21	1.52	3.00	0.783	2.8	85.01	1.67	0.623			
	142			50	5.6	90.41	1.57	3.91	0.726	2.1	84.31	1.68	0.613			
	142			70	7.2	88.81	1.6	4.25	0.694	1.6	83.81	1.69	0.604			
	142			100	8.1	87.91	1.62	4.61	0.673	1.1	83.31	1.70	0.594			
	142			200	10.9	85.11	1.67	5.30	0.623	0.9	83.11	1.71	0.585			
	142			400	12.7	83.31	1.7	5.99	0.594	0.2	82.41	1.72	0.576			
	142			600	13.8	82.21	1.73	6.40	0.566	0	82.21	1.73	0.566			

续表 4-28

土样	土样质量（g）	饱和度 S_r（%）	含水率 W（%）	加荷围压 p（kPa）	压缩土样体积变形（cm^3）	压缩土样体积（cm^3）	压缩土样密度（g/cm^3）	$\ln p$	压缩孔隙比	弹性体积变形（cm^3）	回弹土样体积（cm^3）	回弹土样密度（g/cm^3）	回弹孔隙比	e_1	各向等压弹性参数 k	各向等压固结参数 λ
原状样-9	143	52.91	16	0			1.49		0.82					0.972	0.018	0.065
	143			20	2.3	93.71	1.53	3.00	0.771	2.8	85.01	1.68	0.613			
	143			50	5.3	90.71	1.58	3.91	0.715	1.8	84.01	1.70	0.594			
	143			70	6.6	89.41	1.6	4.25	0.694	1.4	83.61	1.71	0.585			
	143			100	7.9	88.11	1.62	4.61	0.673	1	83.21	1.72	0.576			
	143			200	10.6	85.41	1.67	5.30	0.623	0.4	82.61	1.73	0.566			
	143			400	12.8	83.21	1.72	5.99	0.576	0.1	82.31	1.74	0.557			
	143			600	14.2	81.81	1.75	6.40	0.549	0	81.81	1.75	0.549			
平均	143	52.91	16	0			1.49		0.82					0.966	0.016	0.063
	143			20	2.4	93.61	1.53	3.00	0.771	2.8	85.01	1.68	0.613			
	143			50	5	91.01	1.57	3.91	0.726	2.1	84.31	1.70	0.594			
	143			70	6.4	89.61	1.6	4.25	0.694	1.5	83.71	1.71	0.585			
	143			100	7.6	88.41	1.62	4.61	0.673	1	83.21	1.72	0.576			
	143			200	10	86.01	1.66	5.30	0.633	0.7	82.91	1.72	0.576			
	143			400	12.3	83.71	1.71	5.99	0.585	0.2	82.41	1.74	0.557			
	143			600	13.9	82.11	1.74	6.40	0.557	0	82.11	1.74	0.557			

续表 4-28

土样	土样质量(g)	饱和度 S_r(%)	含水率 W(%)	加荷围压 p (kPa)	压缩土样体积变形 (cm^3)	压缩土样体积 (cm^3)	压缩土样密度 (g/cm^3)	$\ln p$	压缩孔隙比	弹性体积变形 (cm^3)	回弹土样体积 (cm^3)	回弹土样密度 (g/cm^3)	回弹孔隙比	e_1	各向等压弹性参数 k	各向等压固结参数 λ
原状样-10	141	70.84	22	0			1.47		0.84					0.952	0.01	0.072
	141			20	3.1	92.91	1.52	3.00	0.783	1.8	82.61	1.71	0.585			
	141			50	6.7	89.31	1.58	3.91	0.715	1.4	82.21	1.72	0.576			
	141			70	8	88.01	1.6	4.25	0.694	1	81.81	1.72	0.576			
	141			100	9.5	86.51	1.63	4.61	0.663	0.6	81.41	1.73	0.566			
	141			200	12.2	83.81	1.68	5.30	0.613	0.4	81.21	1.74	0.557			
	141			400	14.6	81.41	1.73	5.99	0.566	0.2	81.01	1.74	0.557			
	141			600	15.2	80.81	1.74	6.40	0.557	0	80.81	1.74	0.557			
原状样-11	142	71.79	22	0			1.48		0.83					0.982	0.011	0.07
	142			20	3.1	92.91	1.53	3.00	0.771	2.2	83.01	1.71	0.585			
	142			50	6.7	89.31	1.59	3.91	0.704	1.3	82.11	1.73	0.566			
	142			70	8	88.01	1.61	4.25	0.683	0.9	81.71	1.74	0.557			
	142			100	9.5	86.51	1.64	4.61	0.652	0.6	81.41	1.74	0.557			
	142			200	12.2	83.81	1.69	5.30	0.604	0.3	81.11	1.75	0.549			
	142			400	14.6	81.41	1.74	5.99	0.557	0.1	80.91	1.76	0.540			
	142			600	15.2	80.81	1.76	6.40	0.54	0	80.81	1.76	0.540			

续表4-28

土样	土样质量(g)	饱和度 S_r(%)	含水率 W(%)	加荷围压 p (kPa)	压缩土样体积变形(cm^3)	压缩土样体积(cm^3)	压缩土样密度(g/cm^3)	ln$p$	压缩孔隙比	弹性体积变形(cm^3)	回弹土样体积(cm^3)	回弹土样密度(g/cm^3)	回弹孔隙比	e_1	各向等压弹性参数 k	各向等压固结参数 λ
原状样-12	141	70.84	22	0			1.47		0.84					0.947	0.009	0.068
	141			20	3.5	92.51	1.52	3.00	0.783	1.9	82.71	1.70	0.594			
	141			50	6.6	89.41	1.58	3.91	0.715	1.4	82.21	1.72	0.576			
	141			70	7.6	88.41	1.59	4.25	0.704	1.1	81.91	1.72	0.576			
	141			100	9.5	86.51	1.63	4.61	0.663	0.9	81.71	1.73	0.566			
	141			200	11.6	84.41	1.67	5.30	0.623	0.5	81.31	1.73	0.566			
	141			400	14.3	81.71	1.73	5.99	0.566	0.2	81.01	1.74	0.557			
	141			600	15.9	80.11	1.76	6.40	0.54	0	80.11	1.76	0.540			
平均	141	70.84	22	0			1.47		0.84					0.99	0.012	0.07
	141			20	3.2	92.81	1.52	3.00	0.783	2	82.81	1.70	0.594			
	141			50	6.7	89.31	1.58	3.91	0.715	1.4	82.21	1.72	0.576			
	141			70	7.9	88.11	1.6	4.25	0.694	1	81.81	1.72	0.576			
	141			100	9.5	86.51	1.63	4.61	0.663	0.7	81.51	1.73	0.566			
	141			200	12	84.01	1.68	5.30	0.613	0.4	81.21	1.74	0.557			
	141			400	14.5	81.51	1.73	5.99	0.566	0.2	81.01	1.74	0.557			
	141			600	15.4	80.61	1.75	6.40	0.549	0	80.61	1.75	0.549			

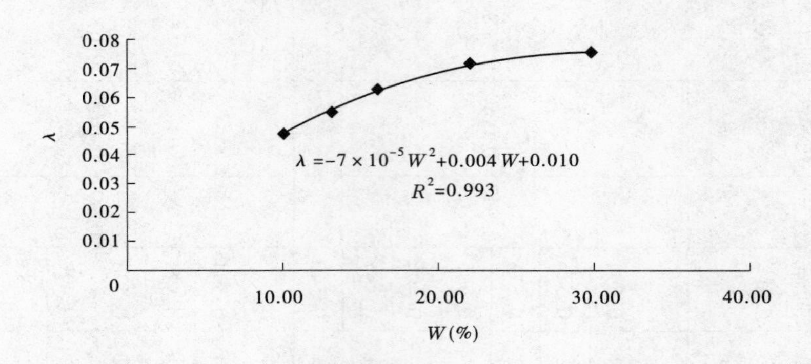

图 4-13　修正剑桥模型 λ—W 关系曲线

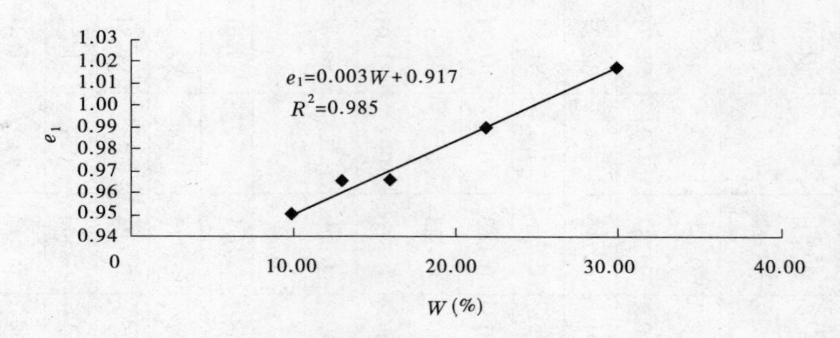

图 4-14　修正剑桥模型 e_1—W 关系曲线

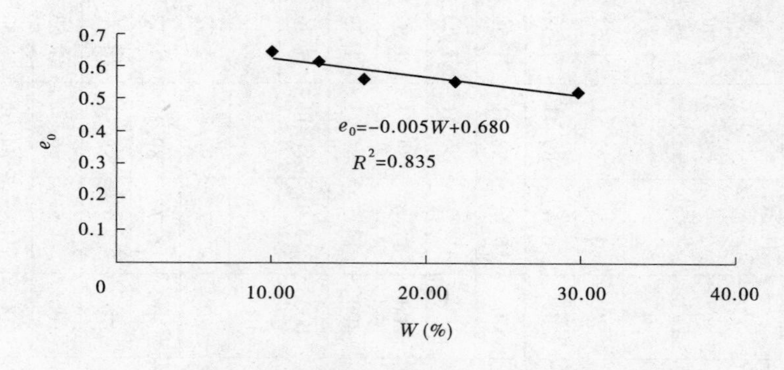

图 4-15　修正剑桥模型 e_0—W 关系曲线

4.2.4.4　非饱和黄土三轴弹性模量试验

非饱和黄土在不同含水率状态下进行了 12 组弹性模量试验、4 组泊松比试验。弹性模量仍按式(4-14)进行计算，泊松比仍按式(4-15)进行计算，其成果见表 4-30 ~ 表 4-33。

表4-29　非饱和黄土三轴等向压缩回弹试验成果

序号	饱和度 S_r(%)	含水率(%)	k	λ	e_1	e_0
1	32.63	10.00	0.02	0.047	0.95	0.642
2	41.86	13.00	0.018	0.054	0.965	0.613
3	52.91	16.00	0.016	0.063	0.966	0.557
4	70.84	22.00	0.012	0.07	0.99	0.549
5	100(冻融)	29.84	0.008	0.075	1.017	0.522
6	100	29.84	0.006	0.069	0.947	0.489

表4-30　非饱和黄土(S_r = 33.41%)弹性模量试验成果

项目	压力 P(kPa)	轴向位移($\times 10^{-2}$ mm)									
		加荷	卸荷	加荷	卸荷	加荷	卸荷	加荷	卸荷	加荷	卸荷
试样-1	0	0	45	45	60.3	60.3	73.4	73.4	84.6	84.6	93.7
	30	8.2	55.4	47.8	69.6	62.5	82.6	76.5	98.6	90	105.5
	60	23.5	63.5	51.8	78.6	68.2	91.2	80.6	105	95.6	113.5
	90	40.3	68.9	62.6	83.5	75.5	95.5	88.2	110.3	102.3	117.8
	120	65.7	65.7	80.3	80.3	93.5	93.5	104.6	104.6	113.6	113.6
弹性模量(MPa)			44.64		46.2		45.97		46.2		46.43
试样-2	0	0	47.2	47.2	61.8	61.8	72.8	72.8	82.3	82.3	91.7
	30	10.1	57.5	48.2	69.6	61.7	83.8	74.5	96.6	87.4	104.2
	60	23.8	65.7	52.6	78.1	67.7	92.8	78.2	104.4	91.6	111.8
	90	42.5	70.2	63.2	83.8	74.8	95.9	86.8	106.5	100.3	114.2
	120	68.6	68.6	81.5	81.5	92.4	92.4	102.2	102.2	111.6	111.6
弹性模量(MPa)			42.62		46.29		46.53		45.83		45.83
试样-3	0	0	45.5	45.5	59.8	59.8	71.1	71.1	82.1	82.1	89.9
	30	9.8	55.2	46.1	69.1	60.1	81.3	72.9	95.2	86.2	102.3
	60	24.1	63.5	50.1	76.1	65.7	91.2	77.3	103.8	89.9	112.1
	90	41.5	68.3	61.2	81.7	73.2	93.4	83.4	105.1	99.2	112.9
	120	65.3	65.3	79.5	79.5	90.4	90.4	101.2	101.2	109.2	109.2
弹性模量(MPa)			46.48		46.72		47.69		48.19		47.69
平均弹性模量(MPa)		46.65									

表 4-31　非饱和黄土(S_r =41.86%)弹性模量试验成果

项目	压力 P (kPa)	轴向位移(×10^{-2} mm)									
		加荷	卸荷	加荷	卸荷	加荷	卸荷	加荷	卸荷	加荷	卸荷
试样 -4	0	0	69.3	69.3	81.5	81.5	92.8	92.8	102	102	111.1
	25	13.8	79.3	70.1	90.2	82.8	103	94.2	112.8	103	125.3
	50	34.2	87.2	77.5	97.3	90.2	109.5	98.2	120.4	110	130.3
	75	60.6	91.2	88.3	102.2	98.5	113.4	108.1	125.3	118	132.3
	100	88.9	88.9	100.4	100.4	111.3	111.3	120.8	120.8	129.7	129.7
弹性模量(MPa)			38.27		39.68		40.54		39.89		40.32
试样 -5	0	0	66.1	66.1	79.8	79.8	91.8	91.8	101.1	101.1	109.1
	25	12.8	77.3	70.4	88.2	82.8	102.1	94.2	112.3	102.1	120.3
	50	32.8	85.4	75.5	95.8	90.2	107.5	98.2	120.2	108.9	128.3
	75	58.8	88.5	85.3	100.2	98.5	111.8	108.1	125.5	117.1	130.3
	100	85.2	85.2	98.6	98.6	110.7	110.7	120.1	120.1	128.2	128.2
弹性模量(MPa)			39.27		39.89		39.68		39.47		39.27
试样 -6	0	0	71	71	85.1	85.1	95.8	95.8	105.9	105.9	110.9
	25	11.2	79.3	73.1	91.8	87.8	103.4	94.2	114.8	103.8	120.1
	50	32.4	88.5	77.5	98.9	91.4	112.5	98.2	121.4	110.6	128.5
	75	60.4	92.5	89.3	103.2	99.9	115.4	108.1	125.3	118.8	132.4
	100	90.3	90.3	103.8	103.8	114.7	114.7	123.8	123.8	129.7	129.7
弹性模量(MPa)			38.86		40.11		39.68		41.9		39.89
平均弹性模量(MPa)			39.83								

表 4-32　非饱和黄土(S_r =52.91%)弹性模量试验成果

项目	压力 P (kPa)	轴向位移(×10^{-2} mm)									
		加荷	卸荷	加荷	卸荷	加荷	卸荷	加荷	卸荷	加荷	卸荷
试样 -7	0	0	76.3	76.3	90.3	90.3	101.9	101.9	112.2	112.2	122.2
	23	14.1	88.2	76.9	100.9	93.6	114.1	108.2	123.8	118.2	133.3
	46	37.5	98.2	84.5	111.5	100.3	122.3	115.2	132.2	125.1	141.7
	69	65.5	100.8	96.1	115.1	108.5	125.7	121.1	134.5	133.1	144.8
	92	98.2	98.2	111.4	111.4	122.5	122.5	132.6	132.6	142.5	142.5

续表 4-32

项目	压力 P (kPa)	轴向位移($\times 10^{-2}$ mm)									
		加荷	卸荷	加荷	卸荷	加荷	卸荷	加荷	卸荷	加荷	卸荷
弹性模量(MPa)			31.51		32.27		33.05		33.37		33.54
试样 -8	0	0	73.3	73.3	86.3	86.3	98.9	98.9	107.2	107.2	118.1
	23	13.9	87.2	75.2	99.3	93.6	111.5	104.2	120.8	113.2	130.5
	46	35.2	96.1	82.5	107.9	100.8	120.3	110.5	130.2	120.1	140.1
	69	63.1	98.9	94.3	110.5	109.9	123.2	118.1	133.5	130.1	142.7
	92	96.1	96.1	108.4	108.4	120.5	120.5	130.1	130.1	140.5	140.5
弹性模量(MPa)			30.26		31.22		31.94		30.13		30.8
试样 -9	0	0	73.3	73.3	86.5	86.5	97.2	97.2	108.3	108.3	119.9
	23	13.5	85.8	75.4	100.1	91.9	109	102.5	120.8	114.2	133.3
	46	35.6	94.6	82.8	107.5	100.2	118.7	110.3	130.2	120.1	141.7
	69	63.4	98.4	94.3	111.2	108.1	122.1	119.2	132.5	129.1	144.8
	92	95.3	95.3	108.5	108.5	119.8	119.8	130.3	130.3	142.5	142.5
弹性模量(MPa)			30.95		30.95		30.12		30.95		30.12
平均弹性模量(MPa)		31.49									

表 4-33　非饱和黄土($S_r = 70.84\%$)弹性模量试验成果

项目	压力 P (kPa)	轴向位移($\times 10^{-2}$ mm)									
		加荷	卸荷	加荷	卸荷	加荷	卸荷	加荷	卸荷	加荷	卸荷
试样 -10	0	0	83.9	83.9	95.3	95.3	106.9	106.9	116.2	116.2	125.1
	20	15.1	96.3	86.3	108.3	97.8	118.7	112.2	128.8	120.2	136.2
	40	35.2	108.2	94.4	118.5	108.3	130.5	120.3	138.4	130.3	146.4
	60	66.4	113.1	106.8	124.3	120.4	136.4	130.2	143.3	140.2	151.2
	80	110.2	110.2	122.6	122.6	134.6	134.6	144.2	144.2	153.2	153.2
弹性模量(MPa)			22.51		21.68		21.37		21.14		21.07
试样 -11	0	0	85.4	85.4	98.3	98.3	107.9	107.9	116.8	116.8	127.1
	20	16.2	99.3	89.3	110.1	100.8	117.2	112.6	128.8	120.8	136.8
	40	37.4	109.2	96.8	120.2	108.3	130.1	121.7	138.4	130.6	146.9
	60	68.8	114.5	108.8	125.8	120.8	135.2	131.3	143.3	140.4	151
	80	112.2	112.2	123.9	123.9	133.8	133.8	142.2	142.2	152.7	152.7

续表 4-33

项目	压力 P (kPa)	轴向位移($\times 10^{-2}$ mm)									
		加荷	卸荷	加荷	卸荷	加荷	卸荷	加荷	卸荷	加荷	卸荷
弹性模量(MPa)			22.09		23.13		22.86		23.31		23.13
试样-12	0	0	85.1	85.1	97.8	97.8	108.9	108.9	119.2	119.2	128.3
	20	14.9	97.8	86.8	109.2	98.8	118.7	112.1	129.8	120.2	136.6
	40	35.4	109.8	94.8	119.9	107.8	130.5	120.9	139.9	130.3	146.5
	60	66.3	113.1	105.9	125.3	121.1	136.4	130.5	143.9	140.2	151.4
	80	111.2	111.2	123.3	123.3	134.2	134.2	144.7	144.7	153.9	153.9
弹性模量(MPa)			22.68		23.22		23.4		23.22		23.13
平均弹性模量(MPa)			22.44								

弹性模量 E 与含水率 W 符合二次抛物线规律,见图 4-16、表 4-34。随着含水率的增大,弹性模量呈减小趋势。

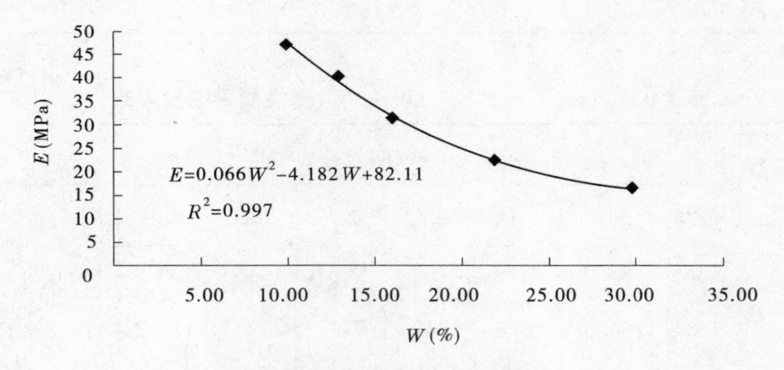

图 4-16 E—W 关系曲线

表 4-34 非饱和黄土弹性模量试验成果

序号	饱和度 S_r(%)	含水率(%)	弹性模量 E
1	32.63	10.00	46.65
2	41.86	13.00	39.83
3	52.91	16.00	31.49
4	70.84	22.00	22.44
5	100(冻融)	29.84	16.45
6	100	29.84	22.12

不同含水率的泊松比试验结果接近，见表 4-35，其平均值为 0.272。

表 4-35　非饱和黄土弹性模量试验成果

项目	$S_r=33.41\%$	$S_r=41.86\%$	$S_r=52.91\%$	$S_r=$ 70.84%	$S_r=100\%$（冻融）	$S_r=70.84\%$
轴向应变（%）	1.970	1.883	2.177	2.643	3.507	2.613
体积应变（%）	3.013	2.965	3.260	4.160	5.189	4.015
侧向应变（%）	0.522	0.541	0.542	0.759	0.841	0.700
泊松比	0.265	0.287	0.249	0.287	0.268	0.240

4.3　坎儿井破坏机理分析

本节根据不同季节含水率变化引起的力学参数的变化，以 ABAQUS 商业软件为工具，采用 Mohr-Coulomb 和修正剑桥本构模型计算分析坎儿井的破坏机理。

4.3.1　坎儿井地层计算参数选取

4.3.1.1　参数计算公式

1. 湿度参数

根据不同季节测定地下水位以上不同距离含水率，经统计分析其含水率分布规律如下：

冬季坎儿井进口段洞壁含水率：

$$h = 230.89W^{-2.1624} \tag{4-22}$$

夏季坎儿井进口段洞壁含水率：

$$h = 4.0613W^{-0.9534} \tag{4-23}$$

冬季坎儿井地层含水率：

$$h = 75.11W^{-1.82} \tag{4-24}$$

夏季坎儿井地层含水率：

$$h = 11.986W^{-1.2716} \tag{4-25}$$

式中：h 为土层距地下水位以上距离，m；W 为含水率（%）。

2. 强度参数

$$\varphi' = 0.0098W^2 - 0.5713W + 35.5218 \tag{4-26}$$

式中：φ'为土体内摩擦角（°）；W 为含水率（%）。

$$c' = 0.0282W^2 - 2.1702W + 51.9687 \tag{4-27}$$

式中：c'为土体凝聚力，kPa；W 为含水率（%）。

3. 变形参数

$$M = 0.0005W^2 - 0.0308W + 1.6126 \tag{4-28}$$

式中：M 为 $p_f q_f$ 面直线斜率；W 为含水率（%）。

$$k = -0.0006W + 0.025 \tag{4-29}$$

$$\lambda = -7 \times 0^{-5}W^2 + 0.004W + 0.01 \tag{4-30}$$

$$e_1 = 0.003W + 0.917 \tag{4-31}$$

式中：e_1 为以孔隙比 e 为纵轴，对数有效压应力 $\ln p$ 为横轴的图上，$\ln p = 0$ 时的截距；W 为含水率（%）。

$$e_0 = -0.005W + 0.68 \tag{4-32}$$

式中：e_0 为初始孔隙比；W 为含水率（%）。

$$E = 0.066W^2 - 4.182W + 82.11 \tag{4-33}$$

式中：E 为弹性模量；W 为含水率（%）。

4.3.1.2　坎儿井地层和洞壁力学参数计算值

用式（4-22）~式（4-33）计算冬季和夏季不同部位地层力学参数见表 4-36 ~ 表 4-53。

1. Mohr-Coulomb 模型参数计算值

表 4-36　冬季坎儿井地层 Mohr – Coulomb 模型参数

地下水位以上距离 h（m）	含水率 W（%）	分段地层含水率（%）	φ'（°）	c'（kPa）	弹性模量 E（MPa）	泊松比	湿密度（kg/m^3）
0	29.84	29.84	27.2	12.46	16.09	0.272	1 974
0.2	26.33	28.09	27.21	13.26	16.71	0.272	1 947
0.4	19.82	23.08	27.56	16.9	20.75	0.272	1 871
0.6	14.39	17.11	28.62	23.09	29.88	0.272	1 780
0.8	12.08	13.24	29.68	28.18	38.31	0.272	1 721
1.0	10.14	11.11	30.38	31.34	43.79	0.272	1 689
2.85	6.02	8.08	31.55	36.27	52.63	0.272	1 643
4	6.02	6.02	32.44	39.93	59.33	0.272	1 612

表 4-37　夏季坎儿井地层 Mohr-Coulomb 模型参数

地下水位以上距离 h（m）	含水率 W（%）	分段地层含水率（%）	φ'（°）	c'（kPa）	弹性模量 E（MPa）	泊松比	湿密度（kg/m^3）
0	29.84	29.84	27.2	12.46	16.09	0.272	1 974
0.2	24.33	27.09	27.24	13.87	17.25	0.272	1 932
0.4	18.02	21.18	27.82	18.65	23.14	0.272	1 842
0.6	11.56	14.79	29.22	26.04	34.7	0.272	1 745
0.8	8.4	9.98	30.8	33.12	46.95	0.272	1 672
1.0	6.92	7.66	31.72	37	53.95	0.272	1 636
2.85	3.09	5.01	32.91	41.8	62.81	0.272	1 596
4.0	3.09	3.09	33.85	45.53	69.82	0.272	1 567

表4-38　冬季坎儿井洞壁 Mohr-Coulomb 模型参数

地下水位以上距离 h(m)	含水率 W(%)	分段地层含水率(%)	φ'(°)	c'(kPa)	弹性模量 E(MPa)	泊松比	湿密度(kg/m³)
0	29.84	29.84	27.2	12.46	16.09	0.272	1 974
0.2	26.43	28.14	27.21	13.23	16.69	0.272	1 948
0.4	21.42	23.93	27.46	16.18	19.83	0.272	1 884
0.6	15.56	18.49	28.31	21.48	27.35	0.272	1 801
0.8	13.73	14.65	29.26	26.23	35.01	0.272	1 743
1.0	12.04	12.89	29.79	28.68	39.17	0.272	1 716
1.7	9.81	10.93	30.45	31.62	44.29	0.272	1 686

表4-39　夏季坎儿井洞壁 Mohr-Coulomb 模型参数

地下水位以上距离 h(m)	含水率 W(%)	分段地层含水率(%)	φ'(°)	c'(kPa)	弹性模量 E(MPa)	泊松比	湿密度(kg/m³)
0	29.84	29.8	27.2	12.46	16.09	0.272	1 974
0.2	23.84	26.84	27.25	14.04	17.41	0.272	1 928
0.4	15.95	19.9	28.03	19.95	25.02	0.272	1 822
0.6	7.26	11.61	30.21	30.57	42.45	0.272	1 696
0.8	5.5	6.38	32.28	39.27	58.12	0.272	1 617
1.0	4.22	4.86	32.98	42.09	63.34	0.272	1 594
1.7	2.52	3.37	33.71	44.98	68.77	0.272	1 571

2. 修正剑桥模型参数计算值

表4-40　冬季坎儿井地层修正剑桥模型参数

地下水位以上距离 h(m)	含水率 W(%)	分段地层含水率(%)	M	k	λ	e_1	e_0	湿密度(kg/m³)
0	29.84	29.84	1.139	0.007	0.067	1.007	0.531	1 974
0.2	26.33	28.09	1.142	0.008	0.067	1.001	0.54	1 947
0.4	19.82	23.08	1.168	0.011	0.065	0.986	0.565	1 871
0.6	14.39	17.11	1.232	0.015	0.058	0.968	0.594	1 780
0.8	12.08	13.24	1.292	0.017	0.051	0.957	0.614	1 721
1.0	10.14	11.11	1.332	0.018	0.046	0.95	0.624	1 689
2.85	6.02	8.08	1.396	0.02	0.038	0.941	0.64	1 643
4.0	6.02	6.02	1.445	0.021	0.032	0.935	0.65	1 612

表 4-41　夏季坎儿井地层修正剑桥模型参数

地下水位以上距离 h(m)	含水率 W(%)	分段地层含水率(%)	M	k	λ	e_1	e_0	湿密度 (kg/m^3)
0	29.84	29.84	1.139	0.007	0.067	1.007	0.531	1 974
0.2	24.33	27.09	1.145	0.009	0.067	0.998	0.545	1 932
0.4	18.02	21.18	1.185	0.012	0.063	0.981	0.574	1 842
0.6	11.56	14.79	1.266	0.016	0.054	0.961	0.606	1 745
0.8	8.4	9.98	1.355	0.019	0.043	0.947	0.63	1 672
1.0	6.92	7.66	1.406	0.02	0.037	0.94	0.642	1 636
2.85	3.09	5.01	1.471	0.022	0.028	0.932	0.655	1 596
4.0	3.09	3.09	1.522	0.023	0.022	0.926	0.665	1 567

表 4-42　冬季坎儿井洞壁修正剑桥模型参数

地下水位以上距离 h(m)	含水率 W(%)	分段地层含水率(%)	M	k	λ	e_1	e_0	湿密度 (kg/m^3)
0	29.84	29.8	1.139	0.007	0.067	1.007	0.531	1 974
0.2	26.43	28.14	1.142	0.008	0.067	1.001	0.539	1 948
0.4	21.42	23.93	1.162	0.011	0.066	0.989	0.56	1 884
0.6	15.56	18.49	1.214	0.014	0.06	0.972	0.588	1 801
0.8	13.73	14.65	1.269	0.016	0.054	0.961	0.607	1 743
1.0	12.04	12.89	1.299	0.017	0.05	0.956	0.616	1 716
1.7	9.81	10.93	1.336	0.018	0.045	0.95	0.625	1 686

表 4-43　夏季坎儿井洞壁修正剑桥模型参数

地下水位以上距离 h(m)	含水率 W(%)	分段地层含水率(%)	M	k	λ	e_1	e_0	湿密度 (kg/m^3)
0	29.84	29.84	1.139	0.007	0.067	1.007	0.531	1 974
0.2	23.84	26.84	1.146	0.009	0.067	0.998	0.546	1 928
0.4	15.95	19.9	1.198	0.013	0.062	0.977	0.581	1 822
0.6	7.26	11.61	1.322	0.018	0.047	0.952	0.622	1 696
0.8	5.5	6.38	1.436	0.021	0.033	0.936	0.648	1 617
1.0	4.22	4.86	1.475	0.022	0.028	0.932	0.656	1 594
1.7	2.52	3.37	1.514	0.023	0.023	0.927	0.663	1 571

4.3.2 坎儿井 Mohr-Coulomb 模型计算成果分析

坎儿井弹塑性有限元计算几何模型见图 4-17。

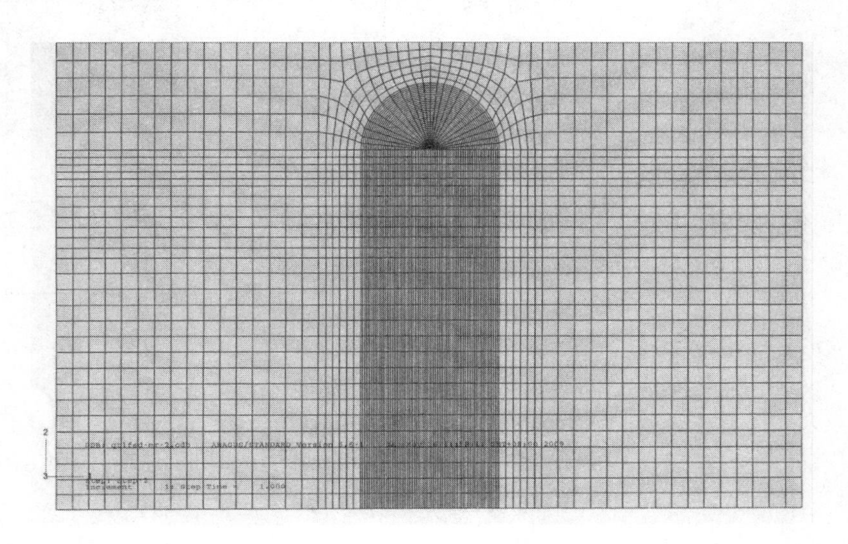

图 4-17　坎儿井弹塑性有限元计算几何模型

4.3.2.1 夏季坎儿井变形计算云图

夏季不同洞顶上覆土层厚度 $h=4.65$ m 的变形云纹图见图 4-18 ~ 图 4-20。

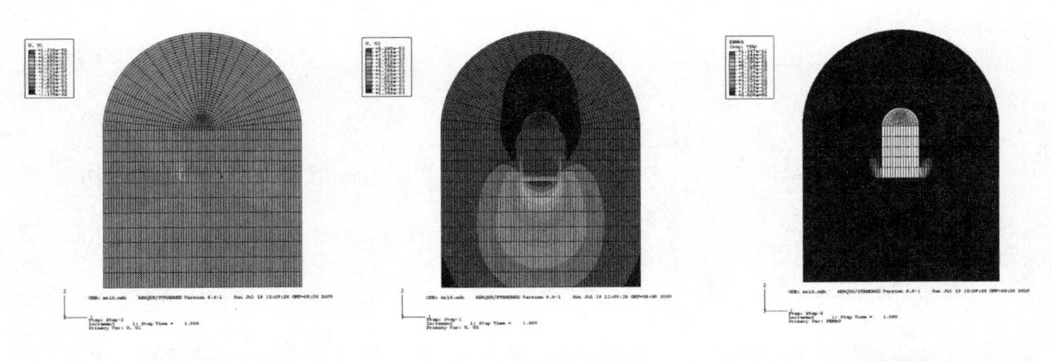

图 4-18　U_x 位移云纹图　　图 4-19　U_y 位移云纹图　　图 4-20　等效塑性应变云纹图

4.3.2.2 冬季坎儿井变形计算云图

冬季不同洞顶上覆土层厚度 $h=4.65$ m 的变形云纹图见图 4-21 ~ 图 4-23。

4.3.2.3 坎儿井黄土隧洞变形计算成果分析

坎儿井变形计算成果见表 4-44 和图 4-24 ~ 图 4-29。

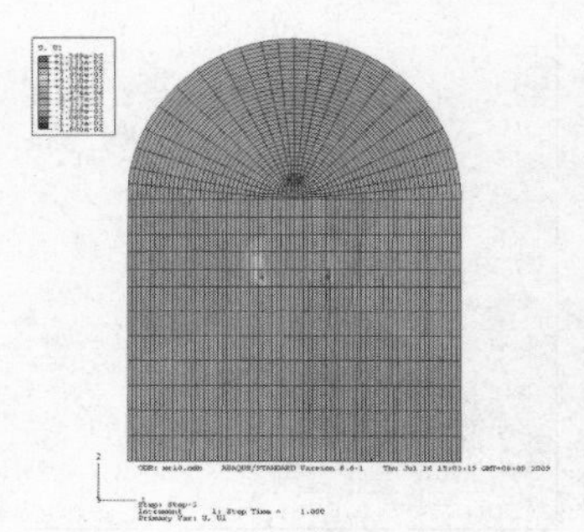
图 4-21　U_x 位移云纹图

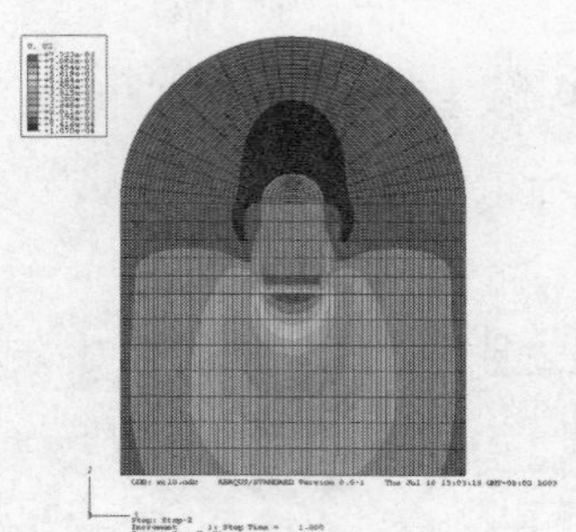
图 4-22　U_y 位移云纹图

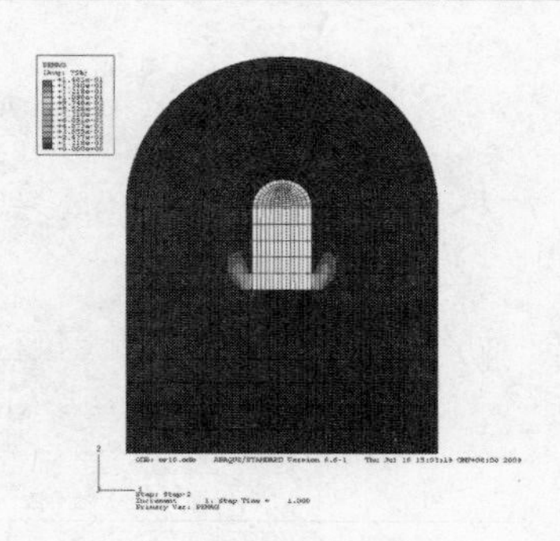
图 4-23　等效塑性应变云纹图

表 4-44　隧洞修正莫尔库仑模型计算成果

项目	洞顶上覆土层厚度 h(m)	位移(m)		最大等效塑性应变 PE
		拱顶最大垂直位移 U_y	侧墙最大水平位移 U_x	
夏季含水率	2.65	1.74×10^{-3}	3.69×10^{-3}	3.64×10^{-2}
	3.65	1.77×10^{-3}	7.65×10^{-3}	7.34×10^{-2}
	4.65	1.34×10^{-3}	1.34×10^{-2}	1.25×10^{-1}
	5.65	7.54×10^{-4}	1.93×10^{-2}	1.74×10^{-1}
冬季含水率	2.65	1.15×10^{-3}	4.63×10^{-3}	4.52×10^{-2}
	3.65	7.79×10^{-4}	9.26×10^{-3}	8.69×10^{-2}
	4.65	1.07×10^{-4}	1.60×10^{-2}	1.46×10^{-1}
	5.65	8.08×10^{-4}	2.35×10^{-2}	2.02×10^{-1}
冬季－夏季	2.65	-5.89×10^{-4}	9.46×10^{-4}	8.79×10^{-3}
	3.65	-9.87×10^{-4}	1.61×10^{-3}	1.36×10^{-2}
	4.65	-1.23×10^{-3}	2.62×10^{-3}	2.15×10^{-2}
	5.65	5.45×10^{-5}	4.15×10^{-3}	2.82×10^{-2}

从图 4-24 ~ 图 4-29 和表 4-44 中可以看出：

(1)夏季含水率土层随着洞顶上覆土层厚度的增大，侧墙最大水平位移为 $3.69\times10^{-3}\sim1.93\times10^{-2}$，最大水平位移发生在侧墙底部；拱顶最大垂直位移为 $7.54\times10^{-4}\sim1.77\times10^{-3}$m；最大等效塑性应变为 $3.64\times10^{-2}\sim1.74\times10^{-1}$，塑性区从拱脚处沿着与水平向成45°的方向向围岩内部延伸。

(2)冬季含水率土层随着洞顶上覆土层厚度的增大，侧墙最大水平位移为 4.63 ×

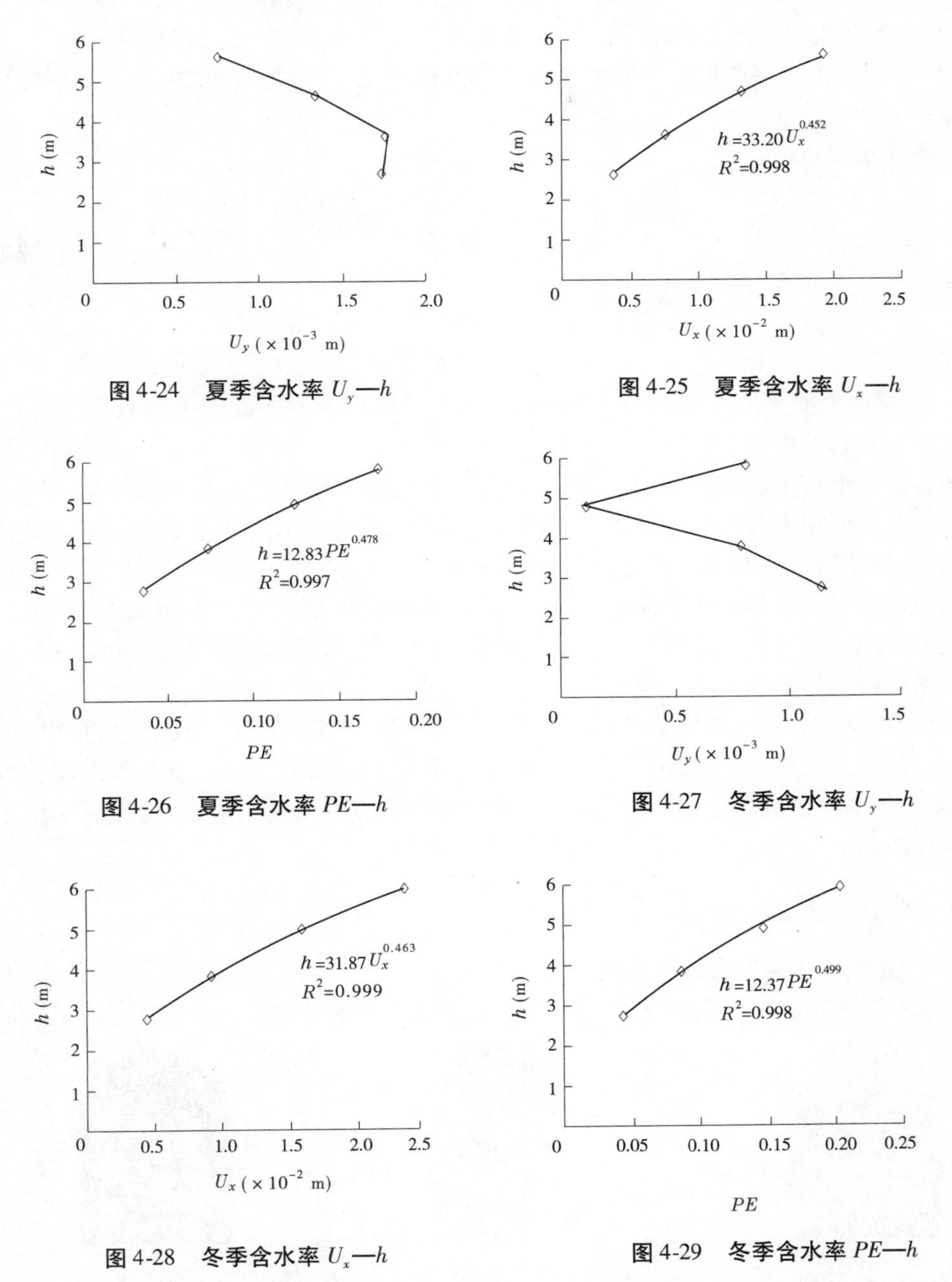

图 4-24　夏季含水率 U_y—h

图 4-25　夏季含水率 U_x—h

图 4-26　夏季含水率 PE—h

图 4-27　冬季含水率 U_y—h

图 4-28　冬季含水率 U_x—h

图 4-29　冬季含水率 PE—h

$10^{-3} \sim 2.35 \times 10^{-2}$ m，最大水平位移发生在侧墙底部；拱顶最大垂直位移为 $1.07 \times 10^{-4} \sim 1.15 \times 10^{-3}$ m；最大等效塑性应变为 $4.52 \times 10^{-2} \sim 2.02 \times 10^{-1}$，塑性区从拱脚处沿着与水平向成45°的方向向围岩内部延伸。

(3)同一上覆土层厚度，冬季含水率土层侧墙最大水平位移比夏季含水率大，随着洞顶上覆土层厚度的增大，冬季与夏季土层侧墙最大水平位移呈增大趋势，其差值也呈增大趋势；同一上覆土层厚度，冬季含水率土层最大等效塑性应变比夏季大，随着洞顶上覆土层厚度的增大，冬季与夏季含水率土层最大等效塑性应变呈增大趋势，其差值也呈增大趋势；冬季含水率土层和夏季含水率土层拱顶最大垂直位移无明显的变化规律。

（4）洞顶上覆土层厚度 h 与侧墙最大水平位移 U_x 及最大等效塑性应变 PE 应符合如下规律：

冬季含水率：

$$h = 33.2U_x^{0.452} \tag{4-34}$$

$$h = 12.83PE^{0.478} \tag{4-35}$$

夏季含水率：

$$h = 31.87U_x^{0.463} \tag{4-36}$$

$$h = 12.37PE^{0.499} \tag{4-37}$$

式中：h 为洞顶上覆土层厚度，m；U_x 为侧墙最大水平位移，m；PE 为最大等效塑性应变。

从以上分析可以看出：

随着洞顶上覆土层厚度的增大，侧墙最大水平位移和最大等效塑性应变增大。这一点说明坎儿井洞顶上覆土层厚度越小，其稳定性越好，保证坎儿井出口破坏段处理到位的基础上，尽量使出口的洞顶上覆土层厚度小。

侧墙最大水平位移发生在侧墙底部，塑性区从拱脚处沿着与水平向成45°的方向向围岩内部延伸。从现有坎儿井破坏的情况看，坎儿井首先从侧墙底部破坏剥落，再从侧墙底部沿侧墙向上延伸到顶部。

受季节的影响，坎儿井地层含水率的变化，导致隧洞洞壁呈现类似于“热胀冷缩”式的变化。冬季土层在融化时，由于含水率较夏季增大，土层侧墙水平变形、等效塑性应变增大，加上冬季冻胀破坏土体结构因素的影响，随着季节周而复始的变化，造成洞壁土体从底脚开始剥落破坏，这和实际工程破坏现状是完全一致的。

4.3.3　修正剑桥模型计算成果分析

4.3.3.1　夏季坎儿井变形计算云图

夏季不同洞顶上覆土层厚度 h =4.65 m 的变形云纹图见图 4-30 ~ 图 4-32。

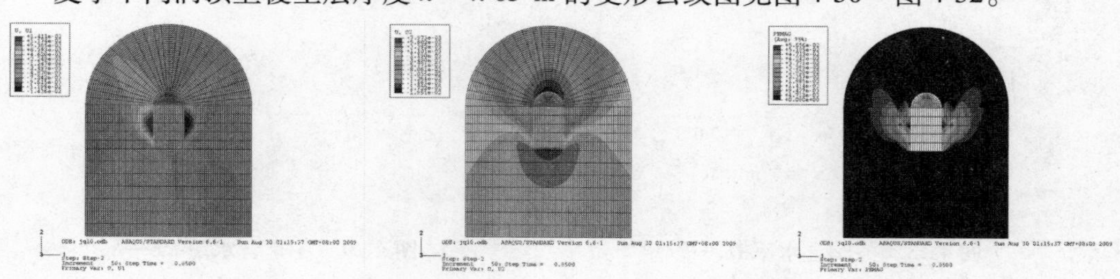

图 4-30　U_x 位移云纹图　　图 4-31　U_y 位移云纹图　　图 4-32　等效塑性应变云纹图

4.3.3.2　冬季坎儿井变形计算云图

冬季不同洞顶上覆土层厚度 h =4.65 m 的变形云纹图见图 4-33 ~ 图 4-35。

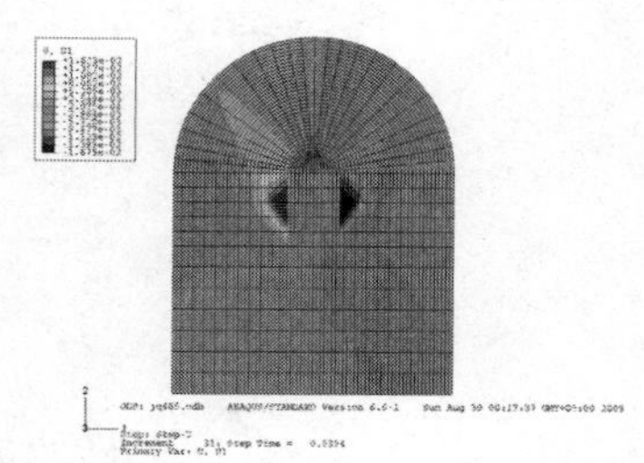

图4-33　U_x 位移云纹图

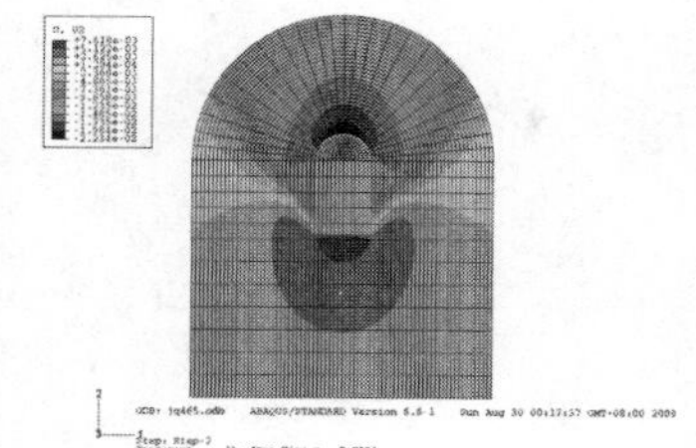

图4-34　U_y 位移云纹图

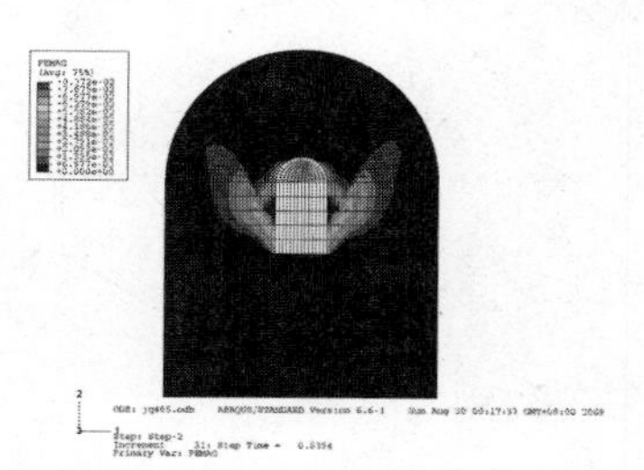

图4-35　等效塑性应变云纹图

4.3.3.3　坎儿井黄土隧洞变形计算成果分析

坎儿井变形计算成果见表4-45和图4-36～图4-41。

表4-45　隧洞修正剑桥模型计算成果

项目	洞顶上覆土层厚度 h(m)	位移(m)		最大等效塑性应变 PE
		拱顶最大垂直位移 U_y	侧墙最大水平位移 U_x	
夏季含水率	2.65	1.60×10^{-2}	1.14×10^{-2}	5.02×10^{-2}
	3.65	1.87×10^{-2}	1.40×10^{-2}	5.65×10^{-2}
	4.65	1.95×10^{-2}	1.44×10^{-2}	5.66×10^{-2}
	5.65	2.11×10^{-2}	1.58×10^{-2}	6.55×10^{-2}
冬季含水率	2.65	2.09×10^{-2}	1.61×10^{-2}	8.39×10^{-2}
	3.65	2.16×10^{-2}	1.64×10^{-2}	8.36×10^{-2}
	4.65	2.23×10^{-2}	1.68×10^{-2}	8.37×10^{-2}
	5.65	2.31×10^{-2}	1.72×10^{-2}	8.53×10^{-2}
冬季含水率－夏季含水率	2.65	4.90×10^{-3}	4.71×10^{-3}	3.37×10^{-2}
	3.65	2.90×10^{-3}	2.38×10^{-3}	2.71×10^{-2}
	4.65	2.83×10^{-3}	2.39×10^{-3}	2.72×10^{-2}
	5.65	1.96×10^{-3}	1.41×10^{-3}	1.98×10^{-2}

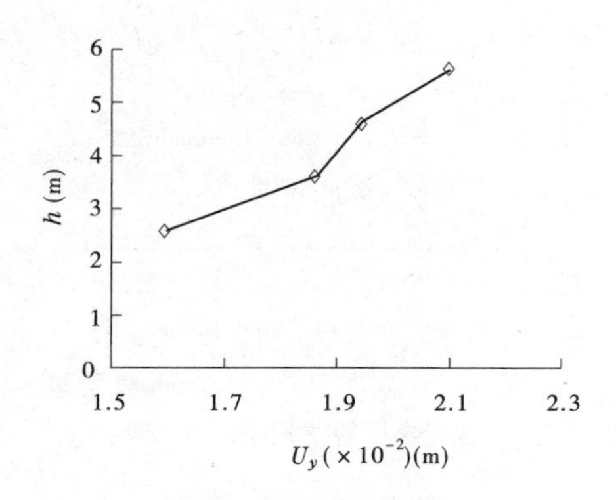

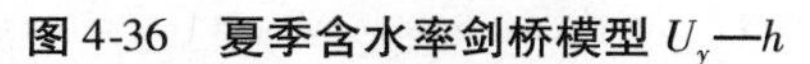

图4-36　夏季含水率剑桥模型 U_y—h

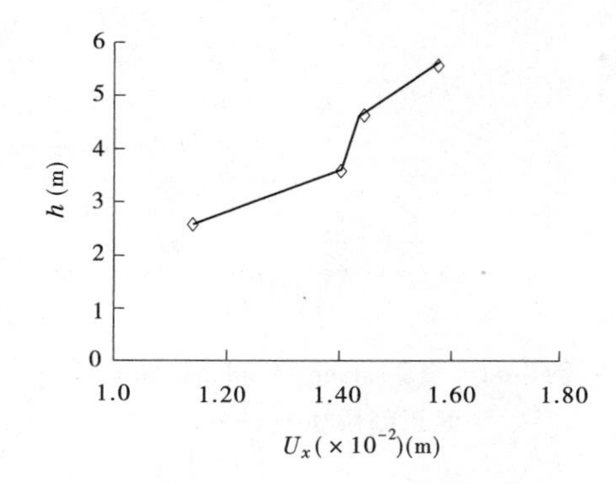

图4-37　夏季含水率剑桥模型 U_x—h

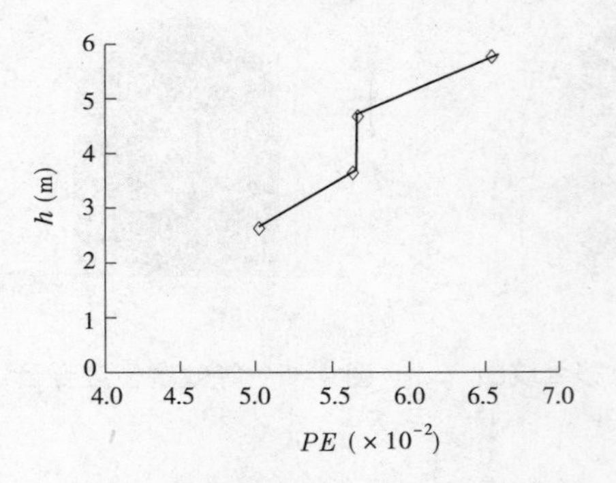

图 4-38　夏季含水率剑桥模型 PE—h

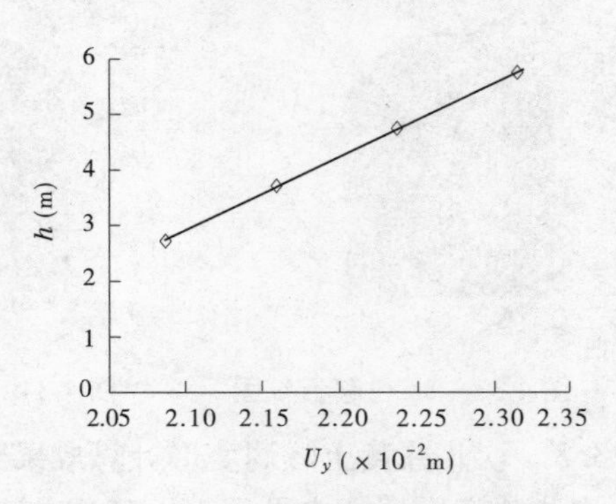

图 4-39　冬季含水率剑桥模型 U_y—h

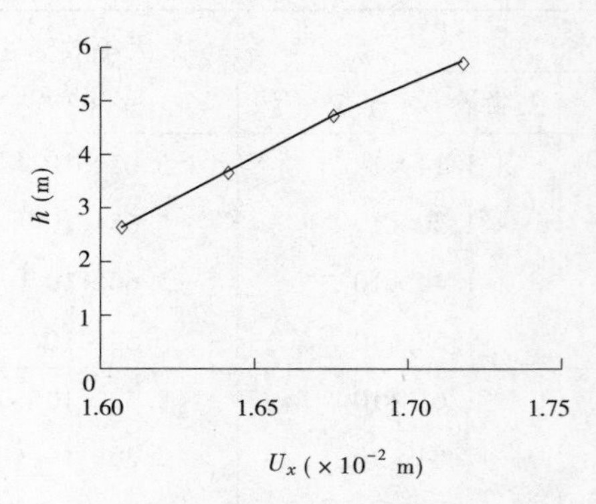

图 4-40　冬季含水率剑桥模型 U_x—h

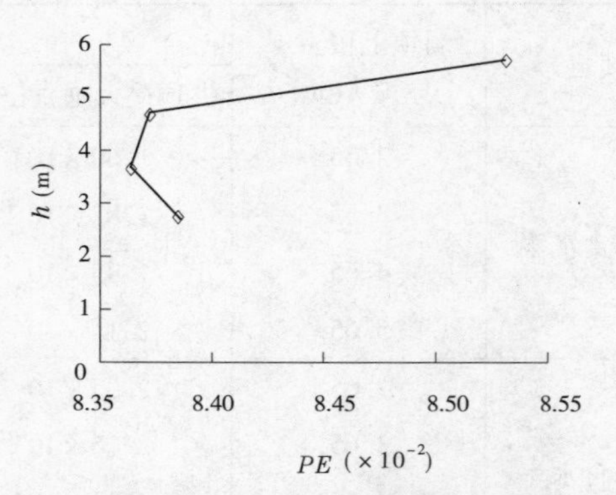

图 4-41　冬季含水率剑桥模型 PE—h

可以看出，修正剑桥模型计算结果的趋势与 Mohr-Coulomb 模型相似。

4.3.4　Mohr-Coulomb 模型和修正剑桥模型计算成果对比分析

Mohr-Coulomb 模型和修正剑桥模型计算成果对比见图 4-42 ~ 图 4-47。

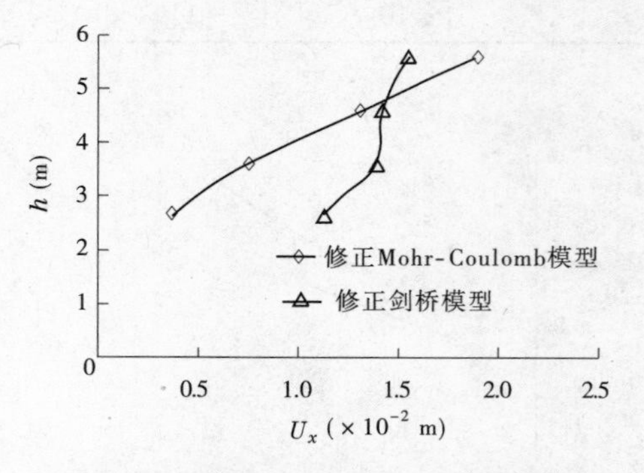

图 4-42　夏季 Mohr – Coulomb 模型和修正剑桥模型 U_x—h

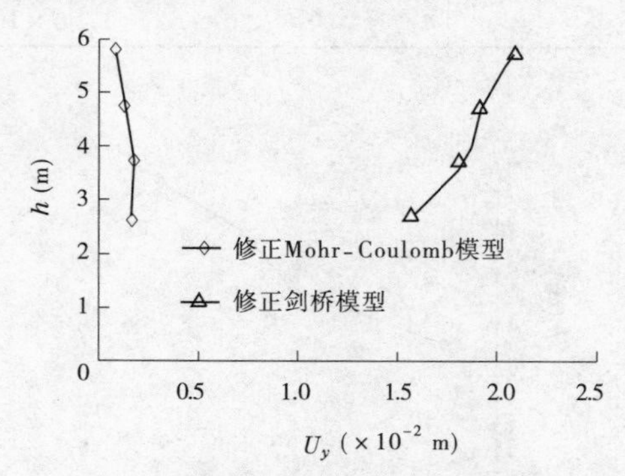

图 4-43　夏季 Mohr-Coulomb 模型和修正剑桥模型 U_y—h

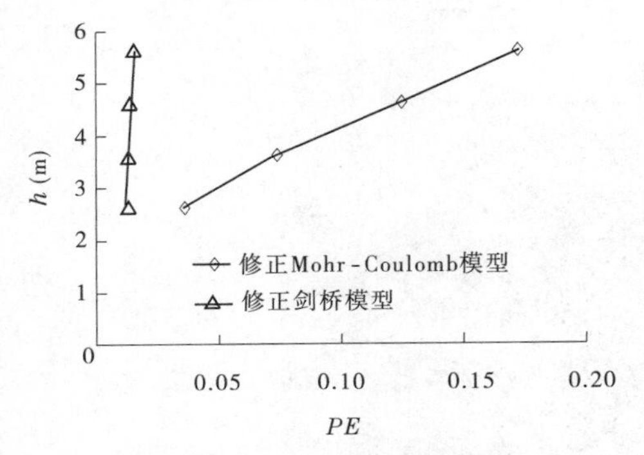

图4-44　夏季 Mohr-Coulomb 模型和修正剑桥模型 PE—h

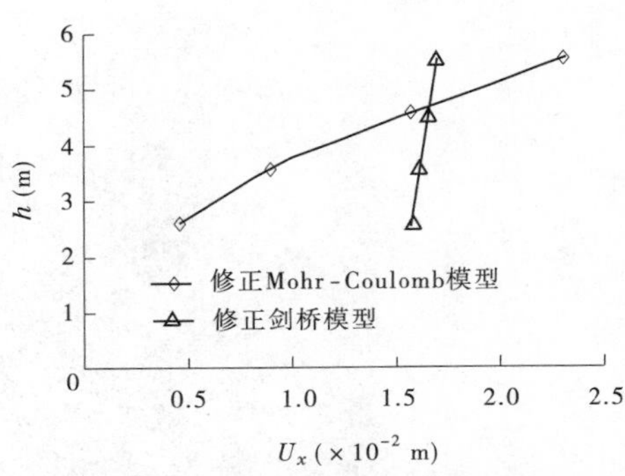

图4-45　冬季 Mohr-Coulomb 模型和修正剑桥模型 U_x—h

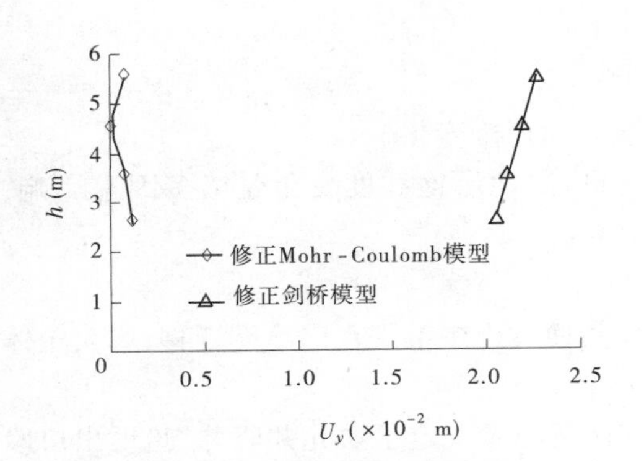

图4-46　冬季 Mohr-Coulomb 模型和修正剑桥模型 U_y—h

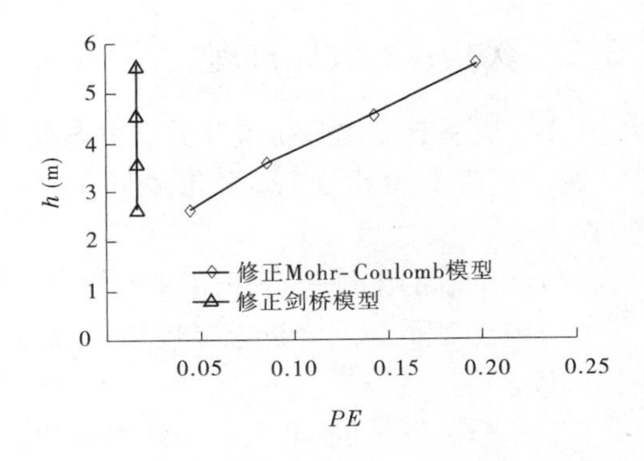

图4-47　冬季 Mohr-Coulomb 模型和修正剑桥模型 PE—h

从图4-42～图4-47可以看出：

(1)当洞顶上覆土层厚度较小时，Mohr-Coulomb 模型比修正剑桥模型侧墙最大水平位移小；当洞顶上覆土层厚度较大时，Mohr-Coulomb 模型比修正剑桥模型侧墙最大水平位移大。随着洞顶上覆土层厚度的增大，两种模型计算的隧洞侧墙最大水平位移呈增大趋势。随着洞顶上覆土层厚度的增大，修正剑桥模型侧墙最大水平位移变化很小，而Mohr-Coulomb模型侧墙最大水平位移变化较大。

(2)同一洞顶上覆土层厚度，Mohr-Coulomb 模型比修正剑桥模型顶拱最大垂直位移小。

(3)同一洞顶上覆土层厚度，Mohr-Coulomb 模型比修正剑桥模型最大等效塑性应变大。随着洞顶上覆土层厚度增大，修正剑桥模型最大等效塑性应变变化很小。随着洞顶上覆土层厚度增大，Mohr-Coulomb 模型最大等效塑性应变变化较大。

从现有坎儿井隧洞的工程实际情况看，随着洞顶上覆土层厚度的增大，隧洞顶拱变形很小，且几乎没有什么变化；随着洞顶上覆土层厚度增大，侧墙变形变化较大，见图4-48。

从以上分析和工程实际比较可以看出，Mohr-Coulomb 模型比修正剑桥模型计算结果更接近实际。

图 4-48　破坏的出口坎儿井隧洞

4.3.5　坎儿井的破坏机理

4.3.5.1　从季节变化分析坎儿井竖井与暗渠出口段湿度变化

通过调查和分析发现，坎儿井竖井、暗渠出口段地层饱和度变化受诸多因素影响，例如：

(1)地下水的毛细上升作用。

(2)由于冬季温度降低至零度以下，冻结作用使黄土中毛细水向冷端迁移，增大土体中饱和度。

(3)冬季蒸发量低，增大了土体中饱和度。这些因素决定了坎儿井竖井、暗渠出口段地层含水率冬季较夏季呈增大趋势。由图 4-7 可知，坎儿井竖井部位冬季与夏季比较，离地下水位以上距离越大，饱和度增加的比例越大，从 7.9% 到 104%；由图 4-8 可知坎儿井出口段冬季与夏季比较，离地下水位以上距离越大，同样饱和度增加的比例越大，从 11.2% 到 289%。

4.3.5.2　从强度和变形参数变化分析坎儿井的破坏

吐鲁番坎儿井黄土从非饱和状态到饱和状态，再从非冻融状态到冻融状态强度变化情况见表 4-24。由表中数据可以看出：非饱和黄土饱和度从 33.07% 上升到 100%，土中吸力由 68 kPa 降到 0 时，强度参数 φ' 由 30.9°降至 29.3°，降低 5.2%，c' 由 32.58 kPa 降至 10.34 kPa，降低 68.3%；饱和黄土再从非冻融状态到冻融状态，强度参数 φ' 由 29.3°降至 27.7°，降低 5.5%，c' 由 10.34 kPa 降至 7.53 kPa，降低 27.2%；若黄土经历从非饱和状态到饱和状态，再由非冻融状态到冻融状态强度参数值 φ' 由 30.9°降至 27.7°降低 10.4%，c' 由 32.58 kPa 降至 7.53 kPa，降低 76.9%。从这些数据可见，坎儿井黄土由非饱和到饱和冻融状态强度显著降低，而且黏聚力降低最为显著，达到 76.9%。

吐鲁番坎儿井黄土从非饱和状态到饱和状态，再从非冻融状态到冻融状态等向压缩回弹试验变形，参数情况见表 4-29。由表中数据可以看出：非饱和黄土饱和度从 32.63% 上升到 100%，土中吸力由 68 kPa 降到 0 时，变形参数 k 值降低 70%，λ 值增大 46.8%，e_1 值降低 3%；饱和黄土再从非冻融状态到冻融状态，变形参数 k 值降低 60%，λ 值增大

8.7%，e_1 值增大7.4%；若黄土经历从非饱和状态到饱和状态，再由非冻融状态到冻融状态，变形参数 k 值降低60%，λ 值增大59.6%，e_1 值增大7.0%。由此可见，坎儿井黄土由非饱和到饱和冻融状态变形显著变化，而且 k 值降低60%，λ 值增大59.6%。

吐鲁番坎儿井黄土从非饱和状态到饱和状态，再从非冻融状态到冻融状态弹性模量试验结果见表4-38和表4-39。弹性模量 E 随饱和度增加、基质吸力减小而降低，最大降低52.6%，饱和黄土冻融后 E 再降低25.6%。若黄土经历从非饱和状态到饱和状态，再由非冻融状态到冻融状态，弹性模量 E 降低64.7%。在这一过程中泊松比 ν 的变化规律不明显，其值为0.24～0.287。

由以上分析可知，坎儿井的暗渠出口和竖井和大气接触，与渠水相连，季节变化使湿度发生变化，再加上冻融交替作用造成土体强度衰减，抵抗变形的能力减弱，这是坎儿井破坏的主要原因。

4.3.5.3　从数值计算结果分析坎儿井的破坏

由Mohr-Coulomb模型和修正剑桥模型计算结果总结出坎儿井的破坏特点如下：

（1）随着洞顶上覆土层厚度的增大，侧墙最大水平位移和最大等效塑性应变增大，说明坎儿井洞顶上覆土层厚度越小，其稳定性越好，在保证坎儿井出口破坏段处理到位的基础上，尽量使出口的洞顶上覆土层厚度越小越好。

（2）侧墙最大水平位移发生在侧墙底部，塑性区从拱脚处沿着与水平向呈45°的方向向围岩内部延伸。从现有坎儿井破坏的情况看，坎儿井首先从侧墙底部破坏剥落，再从侧墙底部沿侧墙向上沿伸到顶部，计算结果与实际相符。

（3）受季节的影响，冬季冻胀破坏土体结构，土层在融化时使土层侧墙水平变形和等效塑性应变增大。随着季节的变化，洞壁土体从底脚开始剥落破坏。这和实际工程破坏现状完全一致。

由现场广泛调查、土工试验和数值分析可得出坎儿井的破坏机理为：坎儿井竖井、暗渠出口段与水相接，与大气相通，地层的不同高度受地下水的毛细上升作用和气温的影响，地层和洞壁湿度发生变化。在冬季，温度降低至零度以下，冻结作用使黄土中毛细水向冷端迁移和坎儿井中水汽凝结，增大竖井、暗渠出口段土层中湿度，随着气温的增加，土体冻结融化，应力释放，结构松弛，强度降低，变形增大，产生第一次局部破坏；到了夏天，土体中含水量蒸发，土体收缩出现表面裂纹，造成土体局部损伤；到第二年冬天，土体破坏再次扩大，这样周而复始的作用使土体结构破坏，凝聚力丧失，变形加大，出现土体垮塌现象。竖井、暗渠出口段土层首先是底部片状剥落破坏，然后随塑性区扩展发展成块状剥落破坏，最后形成大面积坍塌破坏。

4.4　坎儿井隧洞加固技术研究

本次现场试验选择在艾丁湖乡庄子村阿洪坎儿井。

4.4.1　坎儿井加固方案选择

吐鲁番地区多年采用的坎儿井加固措施主要有以下三种。

4.4.1.1　**城门形浆砌石拱防护**

断面为城门形状，采用浆砌石衬砌，高 1.6 m，厚 0.25 m，宽 0.6 m，见图 4-49 方案一。

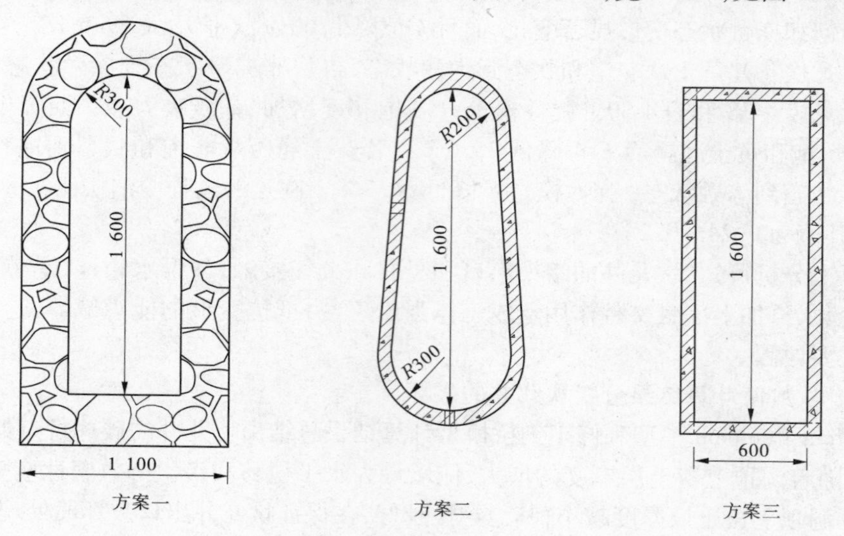

图 4-49　暗渠防护横断面示意图

4.4.1.2　**椭圆形混凝土涵管防护**

椭圆形断面混凝土管高 1.6 m，厚 0.08 m，每段长 0.3 m，为了保证混凝土管的安全稳定，配置钢筋网，并在混凝土管中部和底部设置凹槽和凸块，使相邻两块混凝土管之间相互交错，便于相邻两个混凝土管之间相互吻合对齐，防止发生相对错动移位，见图 4-49 方案二。

4.4.1.3　**预制混凝土板防护**

防护框架采用高 × 宽 × 厚 = 1.6 m × 0.3 m × 0.06 m 和高 × 宽 × 厚 = 0.6 m × 0.3 m × 0.06 m 的尺寸各两块预制板拼接而成，见图 4-49 方案三。

通过三个方案的多年实践，能够解决坎儿井输水段的防护，但也存在一定的工程问题，主要体现在以下几个方面：

（1）工程施工难度大，主要材料运输量大和运输困难。

（2）坎儿井断面不规则，需回填衬砌断面和土层之间的空隙，人工施工难度大，且质量难以保证。

（3）工程造价较高。

根据坎儿井破坏的机理和特点，借鉴以前的加固处理措施，提出新的加固方案。其思路是采取隔断坎儿井土层含水率随季节的变化，同时增强洞壁强度的加固处理方案，其具体措施为：洞顶和洞壁采用自旋式锚杆锚固土层，土层外挂塑料土工格栅网，格栅网外喷护（或人工抹面）C25 混凝土衬砌；洞底输水采用预制混凝土 U 形渠，即锚杆挂土工格栅喷（抹）混凝土防护方案。该方案的特点是工程满足使用功能，且能够有效地解决其他三个方案存在的问题。

4.4.2　坎儿井加固措施设计和施工

4.4.2.1　坎儿井加固设计

根据坎儿井破坏机理和有关设计规范的规定，锚杆挂土工格栅喷（抹）混凝土加固措施设计应满足以下要求：

（1）衬砌混凝土变形满足《水工混凝土结构设计规范》（SL/T 191—96）规定的要求。

（2）衬砌混凝土强度验算。衬砌混凝土可不考虑抗裂要求，允许衬砌混凝土最大拉应力大于C25混凝土抗拉设计强度，衬砌混凝土大部分位于受压区域，受拉区域位于很小范围内，衬砌混凝土可以不配筋，但考虑衬砌混凝土的整体强度要求，采用衬砌混凝土配土工格栅网。

（3）构造处理措施。从土层数值分析结果看，衬砌混凝土底脚部位应力集中，土层变形、等效塑性应变较大。因此，隧洞输水采用U形渠，隧洞底脚采用混凝土基础措施，可有效解决这一问题。

（4）随着洞顶上覆土层厚度的增大，土层、衬砌混凝土结构、锚杆变形和应力增大，工程实施过程中应尽量控制在2.5～3.0 m范围内。

锚杆挂土工格栅喷（抹）混凝土加固措施拟采用5 cm厚C25混凝土衬砌，混凝土中加土工格栅规格及性能见表4-46，格栅用锚杆和螺栓锚固，加固锚杆采用自旋式锚杆，锚杆长0.3～0.8 m，排距0.8 m。输水渠采用预制混凝土U形渠，隧洞底脚采用混凝土基础。其具体结构和布置见图4-50～图4-55。

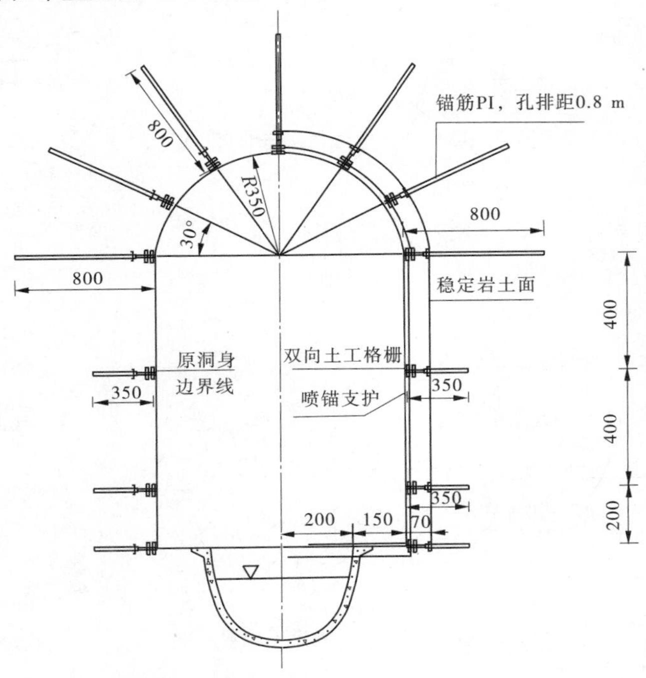

图4-50　隧洞衬砌混凝土和锚杆布置示意图

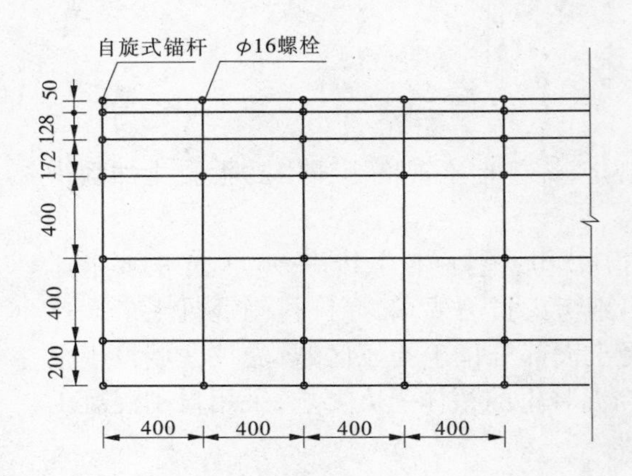

图 4-51　隧洞锚杆和土工格栅螺栓布置示意图

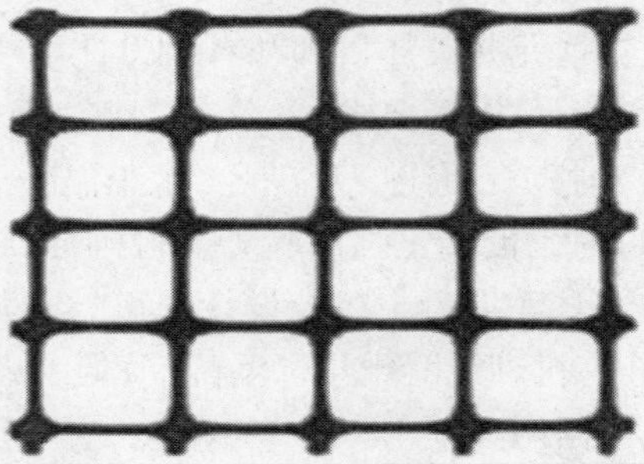

图 4-52　隧洞衬砌混凝土双向拉伸塑料土工格栅示意图

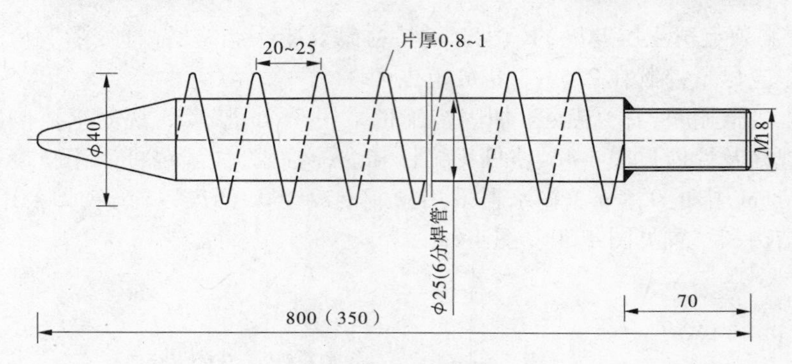

图 4-53　锚杆结构示意图

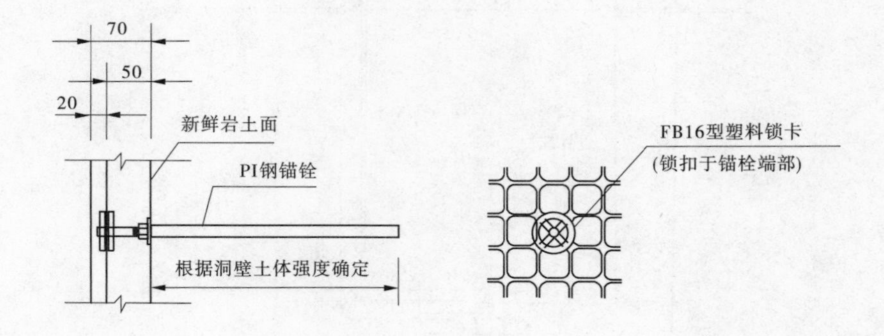

图 4-54　格栅固定示意图

图 4-55　自旋式锚杆和土工格栅

表 4-46　土工格栅产品规格及性能参数

项目	TGSG15－15	TGSG20－20	TGSG30－30	TGSG40－40	TGSG45－45	TGSG50－50
单位面积质量（g/m²）	300±30	330±30	400±40	500±50	550±50	550±50
宽度（m）			4.0	6.0		
每延米纵向拉伸屈服力≥（kN/m）	15	20	30	40	45	50
每延米横向拉伸屈服力，≥（kN/m）	15	20	30	40	45	50
纵向屈服伸长率≤（%）	16					
横向屈服伸长率≤（%）	13					
纵向 2% 伸长率时的拉伸力≥（kN/m）	5	8	11	13	16	19

续表 4-46

项目	TGSG15 – 15	TGSG20 – 20	TGSG30 – 30	TGSG40 – 40	TGSG45 – 45	TGSG50 – 50
横向 2% 伸长率时的拉伸力 ≥(kN/m)	7	10	13	15	20	24
纵向 5% 伸长率时的拉伸力，≥(kN/m)	8	10	15	16	25	27
横向 5% 伸长率时的拉伸力，≥(kN/m)	10	13	15	20	22	23

4.4.2.2 坎儿井加固施工

隧洞加固见图 4-56 ~ 图 4-63，施工方法如下：

(1)凿除洞壁松散面，安装预制混凝土 U 形渠。

(2)安装自旋式锚杆。

(3)固定土工格栅网。

(4)人工抹 C25 混凝土至设计厚度。

图 4-56 坎儿井隧洞洞壁破坏土层

图 4-57 安装的自旋式锚杆和土工格栅

坎儿井衬砌用混凝土为一级配 C25W6F200，其配合比见表 4-47。

考虑混凝土颜色和坎儿井地层颜色的协调可采用彩色混凝土。采用常规混凝土掺配一定比例的染色剂可实现混凝土颜色和坎儿井地层颜色的协调。

硅酸盐水泥的本色从浅灰到深灰，实践证明灰色调对任何颜色都会产生弱化作用，这是用灰色水泥制作彩色水泥时，其色彩总不如白色水泥制作彩色水泥鲜艳的缘故。当颜料掺入量少时，由于水泥颗粒没有完全被颜料颗粒包围，颜色受水泥本色的影响更显著。对于黄色、绿色和蓝色差别比较大。因此，颜色越淡的就必须用白水泥来配制，才可获得纯的色调。

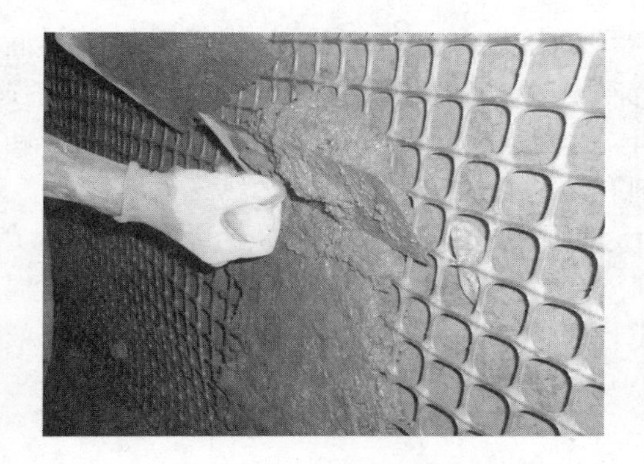

图 4-58　人工抹混凝土衬砌坎儿井 1

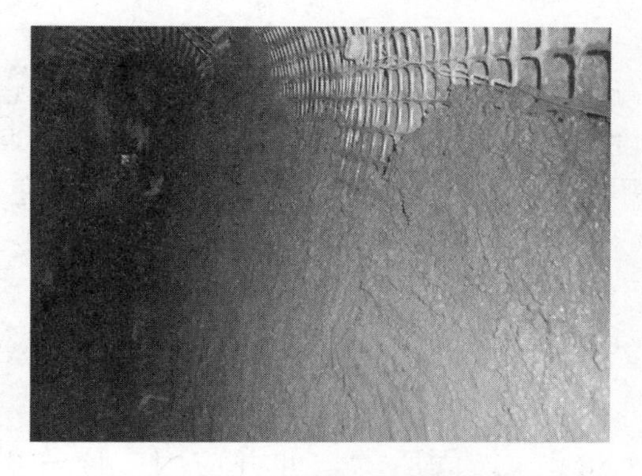

图 4-59　人工抹混凝土衬砌坎儿井 2

图 4-60　人工衬砌完成的坎儿井 1

图 4-61　人工衬砌完成的坎儿井 2

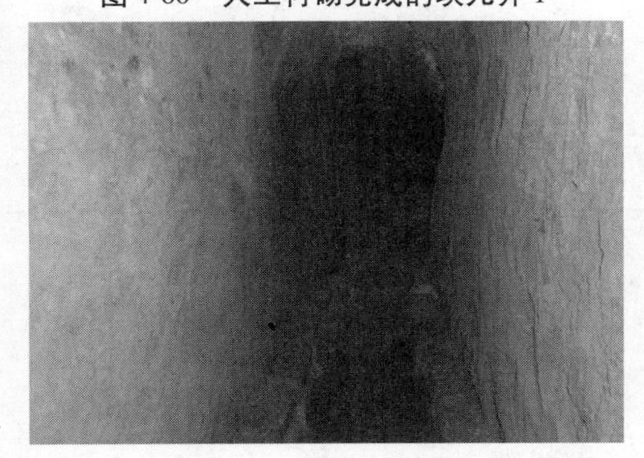

图 4-62　完工的坎儿井内渠道和清理完成的洞壁

图 4-63　竣工的坎儿井洞口和出口明渠

表 4-47　坎儿井一级配混凝土配合比

强度等级	水泥品种	水胶比	水（kg/m^3）	水泥（kg/m^3）	砂（kg/m^3）	石（kg/m^3）	外加剂		染色剂
							RH－2（%）	AE1	氧化铁黄（%）
C25 W6F200	屯河 32.5R	0.35	146	410	585	1 136	0.4	3 000	
	屯河 32.5R 白色	0.35	146	410	585	1 136	0.4	3 000	3
	屯河 32.5R 灰色	0.35	146	410	585	1 136	0.4	3 000	6

氧化铁黄是一种着色力较强的颜料,其饱和点为8% ~9%。当掺量小于6%时,对混凝土的强度、抗冻性、抗渗性无影响,和常规混凝土一样;当其掺量大于6%时,混凝土强度就开始降低。原因是氧化铁黄颗粒为针状体,会吸收大量的水分,因此必须增加拌和用水量。另外,氧化铁黄作为混凝土的着色剂有较好的耐候性。

本工程采用灰色和白色两种水泥配制一级配混凝土进行了试验,灰色水泥氧化铁黄染色剂掺量为6%,白色水泥氧化铁黄染色剂掺量为3%。其配置效果见图4-63洞口混凝土护面,洞口上部为灰色水泥一级配混凝土,洞口下部为白色水泥一级配混凝土。从效果看,采用白色水泥配置的效果较好。

4.4.3　加固后的坎儿井应力应变分析

4.4.3.1　坎儿井隧洞加固计算模型参数

坎儿井隧洞地层ABAQUS有限元分析计算参数见表4-48、表4-49。

表4-48　坎儿井地层Mohr-Coulomb模型参数

水位以上距离 h(m)	含水率 W(%)	分段地层含水率(%)	φ'(°)	c'(kPa)	弹性模量(MPa)	泊松比	湿密度(kg/m³)
0.0	29.84	29.84	26.89	12.28	16.09	0.272	1 974
0.2	26.33	28.09	27.34	14.35	16.71	0.272	1 947
0.4	19.82	23.08	28.64	20.27	20.75	0.272	1 871
0.6	14.39	17.11	30.18	27.33	29.88	0.272	1 780
0.8	12.08	13.24	31.17	31.9	38.31	0.272	1 721
1.0	10.14	11.11	31.72	34.42	43.79	0.272	1 689
2.85	6.02	8.08	32.51	38	52.63	0.272	1 643
4.00	6.02	6.02	33.04	40.43	59.33	0.272	1 612

表4-49　坎儿井地层修正剑桥模型参数

水位以上距离 h(m)	含水率 W(%)	分段地层含水率(%)	M	k	λ	e_1	湿密度(kg/m³)
0.0	29.84	29.84	1.112	0.007	0.067	1.007	1 974
0.2	26.33	28.09	1.145	0.008	0.067	1.001	1 947
0.4	19.82	23.08	1.24	0.011	0.065	0.986	1 871
0.6	14.39	17.11	1.354	0.015	0.058	0.968	1 780
0.8	12.08	13.24	1.427	0.017	0.051	0.957	1 721
1.0	10.14	11.11	1.468	0.018	0.046	0.95	1 689
2.85	6.02	8.08	1.525	0.02	0.038	0.941	1 643
4.0	6.02	6.02	1.565	0.021	0.032	0.935	1 612

C25 衬砌混凝土和自旋式锚杆 ABAQUS 有限元分析计算参数见表 4-50。

表 4-50　混凝土和锚杆计算参数

项目	规格	密度(kg/cm^3)	弹性模量(Pa)	泊松比
混凝土	C25	2 500	2.8×10^{10}	0.2
锚杆	I级	7 800	2.10×10^{11}	0.3

4.4.3.2　Mohr-Coulomb 模型计算成果分析

不同上覆土层厚度应力及变形计算成果见表 4-51 ~ 表 4-53 和图 4-64 ~ 图 4-72。

表 4-51　隧洞加固 Mohr-Coulomb 模型计算成果

项目	h(m)	位移(m)				最大等效塑性应变 PE
		最大水平位移 U_x		最大垂直位移 U_y		
		侧墙 U_{xp}	洞底 U_{xb}	顶拱 U_{yt}	洞底 U_{yb}	
地层	2.65	2.94×10^{-4}	5.88×10^{-4}	2.58×10^{-3}	3.76×10^{-4}	5.90×10^{-2}
	3.86	9.85×10^{-4}	4.30×10^{-4}	2.58×10^{-3}	1.32×10^{-3}	9.42×10^{-2}
	4.65	6.44×10^{-4}	1.29×10^{-3}	2.58×10^{-3}	2.21×10^{-3}	1.19×10^{-1}
	5.65	4.25×10^{-4}	2.55×10^{-3}	2.65×10^{-3}	4.68×10^{-3}	1.83×10^{-1}

表 4-52　隧洞加固 Mohr - Coulomb 模型计算成果

项目	h(m)	最大拉应力 S_d ($\times10^6$ Pa)	最大压应力 S_p ($\times10^6$ Pa)	位移(m)	
				侧墙最大水平位移 U_{xp}($\times10^{-4}$)	拱顶最大垂直位移 U_{yt}($\times10^{-3}$)
C25 钢筋混凝土	2.65	1.49	2.00	2.63	2.29
	3.86	2.05	2.70	3.21	2.42
	4.65	2.42	3.16	3.52	2.52
	5.65	2.82	3.65	4.23	2.65

表 4-53　隧洞加固 Mohr-Coulomb 模型计算成果

项目	h(m)	轴向应力(Pa)	
		最大轴向拉应力 FS_d($\times10^5$)	最大轴向压应力 FS_p($\times10^4$)
锚杆	2.65	1.15	4.27
	3.86	1.56	3.49
	4.65	1.83	2.59
	5.65	2.18	1.82

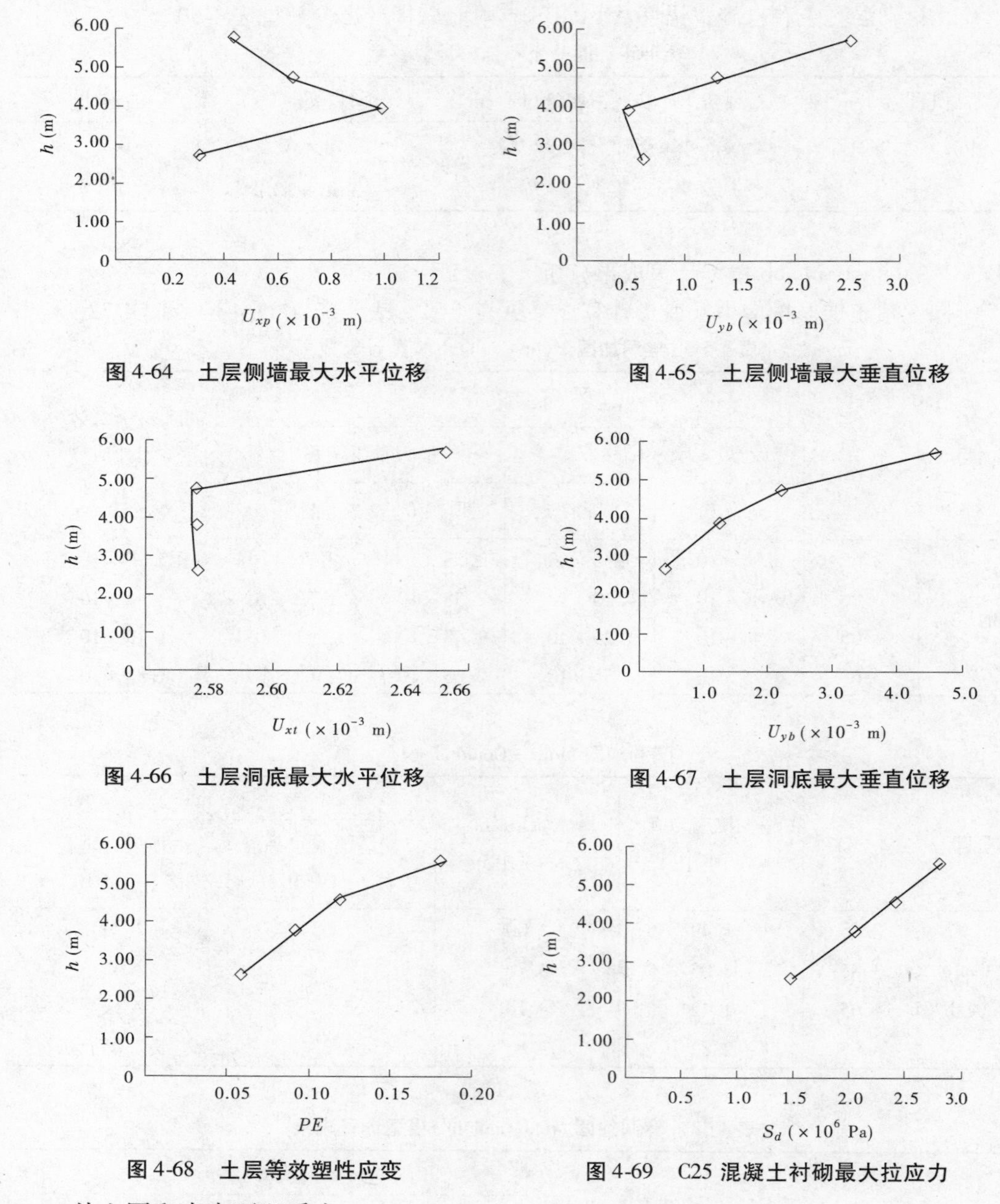

图 4-64 土层侧墙最大水平位移

图 4-65 土层侧墙最大垂直位移

图 4-66 土层洞底最大水平位移

图 4-67 土层洞底最大垂直位移

图 4-68 土层等效塑性应变

图 4-69 C25 混凝土衬砌最大拉应力

从上图和表中可以看出：

(1)随着洞顶上覆土层厚度的增大，侧墙水平最大位移变化很小，为$(2.94 \sim 9.85) \times 10^{-4}$ m，水平最大位移主要产生在洞壁中部；洞底水平最大位移在$4.30 \times 10^{-4} \sim 2.55 \times 10^{-3}$ m，主要产生在洞底靠近洞壁 20 cm 深度范围内；顶拱垂直最大位移变化很小，为$(2.58 \sim 2.65) \times 10^{-3}$ m；洞底垂直最大位移向上，为$3.76 \times 10^{-4} \sim 4.68 \times 10^{-3}$ m，随着洞顶上覆土层厚度的增大而增大；土层最大等效塑性应变为 0.059 ~ 0.183，主要产生在洞底靠近洞壁 20 cm 深度范围内。

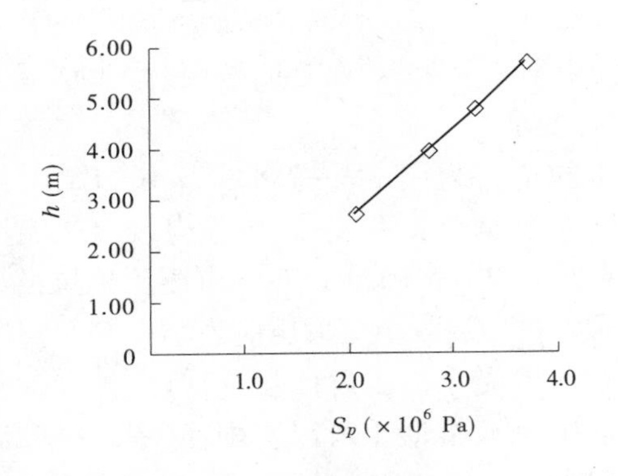

图 4-70　C25 混凝土衬砌最大压应力

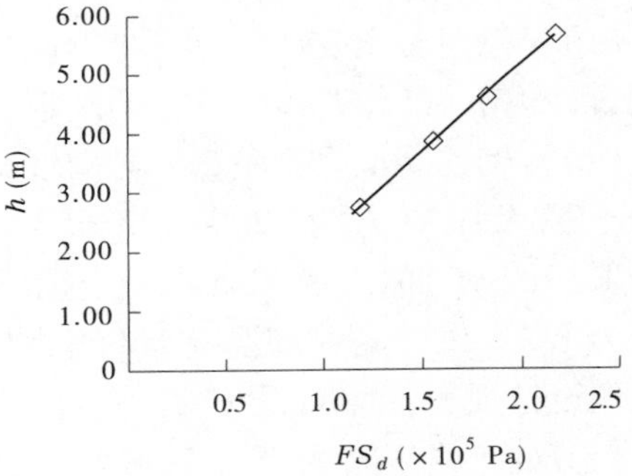

图 4-71　锚杆轴向最大拉应力

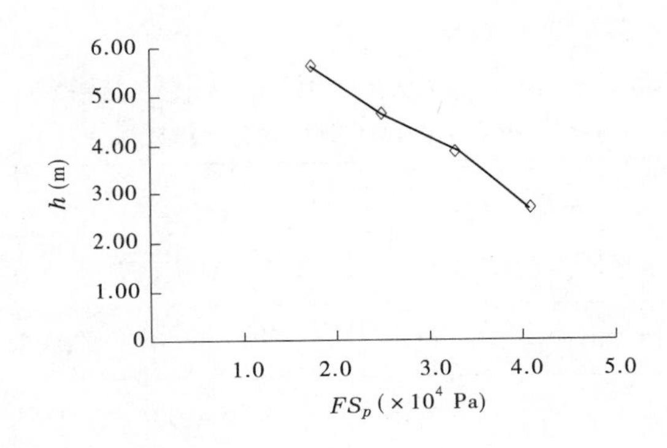

图 4-72　锚轴向最大压应力

(2)随着洞顶上覆土层厚度的增大，衬砌混凝土最大拉应力增大，其最大值为 $(1.49 \sim 2.82) \times 10^6$ Pa。较大拉应力产生在衬砌混凝土直墙洞壁内侧中下部和顶拱拱角外侧，隧洞顶拱拱角外侧拉应力大于 1.3 MPa，直墙洞壁内侧大于 1.3 MPa 拉应力在 30 cm 范围内，深入混凝土小于 2.5 cm(即衬砌混凝土厚度的一半)；随着洞顶上覆土层厚度的增大，衬砌混凝土最大压应力增大，其最大值为 $(2.00 \sim 3.65) \times 10^6$ Pa，较大压应力产生在衬砌混凝土洞壁外侧和顶拱拱角内侧，衬砌混凝土大部分处于压应力区域；随着洞顶上覆土层厚度的增大，衬砌混凝土最大水平位移增大，其最大值为 $(2.63 \sim 4.23) \times 10^{-4}$ m，变形很小；洞顶上覆土层厚度的变化，衬砌混凝土最大、最小垂直位移几乎没有变化；从变形情况可以看出，格栅混凝土变形主要是由水平位移引起的，而且值很小。

(3)随着洞顶上覆土层厚度的增大，锚杆最大轴向拉应力增大，其最大值为 $(1.15 \sim 2.18) \times 10^5$ Pa；随着洞顶上覆土层厚度的增大，锚杆最大轴向压应力减小，其最大值为 $(1.82 \sim 4.27) \times 10^4$ Pa。

从以上分析可以得到：

(1)衬砌混凝土变形验算。衬砌混凝土最大变形为 4.23×10^{-4} m，按照《水工混凝土结构设计规范》(SL/T 191—96)的规定，满足设计要求。

(2)衬砌混凝土强度验算。衬砌混凝土最大拉应力为(1.49～2.82) $\times10^{6}$ Pa，衬砌混凝土最大压应力为(2.00～3.65) $\times10^{6}$ Pa。根据《水工混凝土结构设计规范》(SL/T 191—96)的规定，C25 混凝土抗压设计强度为 12.5×10^{6} Pa，C25 混凝土抗拉设计强度为 1.3×10^{6} Pa，衬砌混凝土不考虑抗裂要求。衬砌混凝土最大压应力小于 C25 混凝土抗压设计强度，衬砌混凝土最大拉应力大于 C25 混凝土抗压设计强度，考虑衬砌混凝土大部分处于受压区域，受拉区域处于很小范围内，衬砌混凝土可以不配筋，考虑衬砌混凝土整体强度要求，采用衬砌混凝土配土工格栅网。

(3)结构处理措施。隧洞采用 U 形渠输水，隧洞底脚采用混凝土基础措施，保证坎儿井隧洞稳定。

4.4.3.3　加固方案修正剑桥模型计算

不同上覆土层厚度修正剑桥模型应力及变形计算成果见表 4-54～表 4-56。

表 4-54　隧洞加固修正剑桥模型计算成果

项目	h(m)	位移(m)				最大等效塑性应变 PE
		最大水平位移 U_x ($\times10^{-3}$)		最大垂直位移 U_y ($\times10^{-3}$)		
		侧墙 U_{xp}	洞底 U_{xb}	顶拱 U_{yt}	洞底 U_{yb}	
地层	2.65	1.03	1.03	3.16	3.54	0.128
	3.86	1.28	1.28	3.44	3.77	0.141
	4.65	1.42	1.42	3.56	3.90	0.146
	5.65	1.59	1.59	3.69	4.04	0.152

表 4-55　隧洞加固修正剑桥模型计算成果

项目	h(m)	最大拉应力 S_d ($\times10^{6}$ Pa)	最大压应力 S_p ($\times10^{6}$ Pa)	位移($\times10^{-3}$ m)	
				侧墙最大水平位移 U_{xp}(m)	拱顶最大垂直位移 U_{yt}(m)
C25 钢筋混凝土	2.65	4.39	4.90	1.03	2.48
	3.86	5.77	6.46	1.28	2.99
	4.65	6.59	7.40	1.25	3.20
	5.65	7.58	8.53	1.60	3.40

表4-56　隧洞加固修正剑桥模型计算成果

项目	h(m)	轴向应力(Pa)	
		最大轴向拉应力 FS_d($\times 10^5$)	最大轴向压应力 FS_p($\times 10^4$)
锚杆	2.65	2.16	1.45
	3.86	2.86	1.61
	4.65	3.28	1.77
	5.65	3.79	2.02

从上述表中可以看出,修正剑桥模型计算结果与 Mohr-Coulomb 模型计算结果趋势基本相近,只是数值略有差别。

4.4.4　技术经济比较

坎儿井隧洞四个加固支护方案的技术比较见表4-57,经济比较见表4-58～表4-61。城门形浆砌石拱支护法见图4-73。椭圆形混凝土涵管防护见图4-74。

表4-57　坎儿井隧洞加固支护方案比较

方案		方案一	方案二	方案三	方案四
		城门形浆砌石拱防护	椭圆形混凝土涵管防护	预制混凝土板防护	锚杆挂土工格栅喷(抹)混凝土防护
工程技术条件		形式简单,工程技术难度较小	预制形式简单,工程技术难度小,稳定性较好	预制形式简单,工程技术难度小,受力条件差	形式简单,工程技术难度小,受力条件好,稳定性好
施工条件	土方工作量	基础开挖、回填工作量较大	基础开挖、回填工作量较大	基础开挖、回填工作量较大	基础开挖、回填工作量较小
	结构工作量	场地小,运输石料不方便,水下施工难度较大	场地小,运输构件不方便,安装不方便,便于水下施工	场地小,运输构件不方便,安装较为困难,施工不方便	场地小,施工较方便
	施工难度	施工难度大	施工难度较大	施工难度较大	施工难度较小且较方便
比选结果		一般	较好	一般	最好

四个方案100 m费用见表4-58～表4-61。

表 4-58　浆砌石坎儿井预算

编号	名称及规格	单位	数量	单价	合计
一	坎儿井隧洞工程				35 971. 63
1	土方开挖	m^3	77. 5	40. 1	3 106. 75
2	土方回填	m^3	12. 0	35. 35	424. 20
3	掏捞清淤	m^3	15	37. 69	565. 35
4	整修开挖土方	m^3	15. 5	35. 35	547. 75
5	C20 浆砌石	m^3	105. 0	298. 5	31 327. 58

图 4-73　城门形浆砌石拱防护

图 4-74　椭圆形混凝土涵管防护

表 4-59　预制椭圆形混凝土涵坎儿井预算

编号	名称及规格	单位	数量	单价	合计
一	坎儿井隧洞工程				28 983. 32
1	土方开挖	m^3	11. 2	40. 1	449. 12
2	土方回填	m^3	12. 0	35. 35	424. 20
3	掏捞清淤	m^3	15	37. 69	565. 35
4	整修开挖土方	m^3	14. 7	35. 35	520. 00
5	C20 预制混凝土	m^3	27. 2	580. 3	15 777. 20
6	一级钢筋制安	t	1. 6	6 835. 4	11 247. 45

表 4-60　预制混凝土板涵坎儿井预算

编号	名称及规格	单位	数量	单价	合计
一	坎儿井隧洞工程				25 445. 20
1	土方开挖	m^3	20. 2	40. 1	810. 02
2	土方回填	m^3	18. 0	35. 35	636. 30
3	掏捞清淤	m^3	15	37. 69	565. 35
4	整修开挖土方	m^3	22. 4	35. 35	791. 84
5	C20 预制混凝土	m^3	22. 4	580. 3	12 998. 72
6	一级钢筋制安	t	1. 4	6 835. 4	9 642. 97

表 4-61　衬砌混凝土坎儿井预算

编号	名称及规格	单位	数量	单价	合计
一	坎儿井隧洞工程				21 602. 50
1	土方回填	m^3	0	40. 1	0
2	整修开挖土方	m^3	18. 6	35. 35	657. 30
3	掏捞清淤	m^3	15	37. 69	565. 35
4	加固段 C20 预制 U 形混凝土渠	m	100	58. 5	5 850. 00
5	C25 衬砌混凝土	m^3	15. 5	430. 5	6 670. 60
6	土工格栅	m^2	309. 9	7. 5	2 324. 25
7	自旋锚杆	m	270	20. 5	5 535. 00

从以上 4 个方案的工程技术条件、施工条件和经济性上的比较可以看出，方案四是较好的方案，从试验段实施上得到了较好的证明，是较好的符合坎儿井工程实际的加固方案。

4. 5　坎儿井其他部位加固方案简述

坎儿井除隧洞加固外还需要做好竖井的加固，暗渠和明渠的防渗，以及涝坝的边坡加固与防渗等工作。只有坎儿井的各个部位都稳定，才能保证坎儿井做到节水和高效运行，才能让古老的坎儿井发挥青春活力。

4. 5. 1　暗渠管道输水

输水暗渠一般为 3 ~ 5 km，也有超过 10 km 的。漫长的输水渠道会产生很大的渗漏损失。特别在穿过砂砾层时水量损失更大，每千米损失率高达 8% ~ 15%。因此，为了提高水利用系数，对暗渠进行防渗衬砌或者管道化。

4. 5. 1. 1　混凝土圆管输水

暗渠衬砌采用的管道一般有钢筋混凝土和混凝土两种，直径约 60 cm，厚 6 ~ 8 cm，每节长约 0. 5 m，通过人工抬入暗渠，进行逐段连接安装而成。其适用于流量小于 20 L/s 的情况，具体尺寸等水力要素可通过水力计算获得。

1963 年开始对塌方严重段，采用该混凝土管衬砌支护，共安装圆管 2 300 节，长 1 150 m。每隔一个竖井设一个沉砂井，定期进行清淤，至 1979 年运行 15 年未发生淤沙堵塞，运行情况良好。1965 年将此法推广到该乡人民坎使用，人民坎暗渠严重塌方段长 600 m，铺砌混凝土圆管 1 200 节，安全运行 2 年后，因洪水从竖井口进入暗渠，沙石泥土堵塞圆管，无法清淤，至今未能修复，此法未能推广，仅此两坎试用。

该方法的优点是大幅度地减少了渗漏，增大了出水量，对坎儿井暗渠的冻融剥落和坍塌破坏有一定的改善，使得坍塌对输水影响减小，保证了出水的稳定性。主要缺点是安装搬运困难,特别是在井下,暗渠断面狭窄,搬运安装更加困难,无法清淤,一旦淤积将很难清理。为了防止淤积可考虑间隔一定数量的竖井设置沉砂池,并定期对沉砂池进行掏淤。

4.5.1.2　PVC 塑料管输水

PVC 管输水是近些年发展起来的输水技术,适用于流量为 10 ~ 20 L/s 的坎儿井,采用管径为 315 mm PVC 塑料管。每 50 m 设置镇墩加强管道稳定性,在 PVC 管道入口和管道中间也要设置镇墩。镇墩尺寸厚 × 高 × 长 = 0.7 m × 0.9 m × 1.0 m。

其优点是施工方便,克服了混凝土管的搬运难度;大幅度减少了渗漏,增大了出水量,对坎儿井暗渠的冻融剥落和坍塌破坏有一定的改善,使得坍塌对输水影响减小,保证了出水的稳定性。

主要缺点是对水中泥沙含量要求较高,无法清淤,一旦淤积将很难清理。为了防止淤积,可考虑间隔一定数量的竖井设置沉砂池,并定期对沉砂池进行掏淤。

4.5.2　竖井口加固

4.5.2.1　竖井存在的问题

竖井与暗渠相通,用于出土、通风、定向,挖坎匠人上下暗渠的阶梯(通道)。竖井口为矩形(长方形),长边方向用于坎儿井地面定向。竖井井壁开挖时保持平直,不能扭曲,与暗渠共用井壁,可用作暗渠定向。竖井根据位置的不同,其对应的土质有泥质或钙质胶结砂卵石,或者黄土层。

图 4-75　坎儿井竖井的坍塌破坏

竖井在坎儿井完成之后的作用仅仅限于定期的掏淤以及掏淤时的通风。如果平时维护不当反而会加剧坎儿井的破坏以及增加运行成本。主要存在的问题有以下几点:

(1)吐鲁番地区风沙较大,大量的风沙会从竖井进入坎儿井导致淤泥量的增加。

(2)坎儿井湿热气流与外部冷气流交汇,在竖井口产生大量凝结水汽,对于土质竖井产生冻融剥落破坏,进一步增加淤积量。

(3)山前暴雨区降雨量比较急且集中,很容易冲毁竖井,并且可能毁掉坎儿井。

(4)坎儿井竖井深度最深可达百米,最浅也有 2 ~ 3 m,吐鲁番、哈密盆地现有竖井总数48 602口，当前仅防护4 743 口，若不加固还存在一定的安全隐患。

基于上述分析，竖井在日常管理中显得非常重要，有必要对其进行加固处理，做到防风沙，防暴雨，防冻胀，确保坎儿井的安全。

4.5.2.2　环形堆石体

在坎儿井修筑期间，暗渠内挖出的土石堆在坎儿井竖井口的四周，可以起到防止雨水、洪水形成的地表径流作用。这种堆石体比较普遍，但堆放比较随意，离井口太近，有时候呈漏斗状，土石会不时的滑落井口，也会造成一定的安全隐患。因此，应根据当地暴雨径流量进行环形堆石体的设计，确保不会有径流流入，同时应保证堆石料不会滑落井口。

4.5.2.3　竖井口支护加固

竖井口终年盖棚，过去棚盖物多数用树枝、高粱秸杆封口见图4-76，上覆砂石、泥土，以防风沙、雨雪、冻融为害。

图4-76　树枝与土覆盖的竖井口

由于竖井口常年处于高湿环境，树枝、秸秆等容易腐烂。开启井口时大量秸杆、砂石、泥土会掉入坎儿井暗渠内，增加掏捞维修工作量。因此，现在在易受雨洪、风沙危害区内少量坎儿井竖井已改用混凝土圈、混凝土板封堵井口，见图4-77。

图4-77　混凝土自制的坎儿井竖井口

目前，主要有以下几种加固措施。

1. *水泥砂浆砌石加盖钢筋混凝土板*

目前，一些竖井口采用水泥砂浆砌石，加盖钢筋混凝土板封堵井口。浆砌石一般为圆形，直径视井口坍塌程度不同而异，封口混凝土板有方形与圆形两种。圆形板直径60 cm，厚8 cm；方形板断面：长边60 cm，短边50 cm，厚6 cm，封口板为了开启方便，预埋钢筋拉手。该结构造价较低,施工简单。

2. 混凝土浇筑底座

少数竖井口坍塌严重的,在原地浇筑混凝土底座,中间留有方形或圆形孔,便于坎儿井匠人上下坎儿井。在预留孔上加盖预制的方形或圆形混凝土板,板上同样预埋钢筋拉手。此结构需要支撑模板,施工困难,造价较高。

3. 矩形预制钢筋混凝土板

此结构采用4块预制混凝土板拼接成正方形,单片混凝土板尺寸为长×高×厚=1 000 mm×300 mm×60 mm,如图4-78所示。板内配有钢筋网。盖板采用1.2 m×1.2 m×0.06 m的矩形钢筋混凝土板。此种结构的优点是施工方便,制作工艺简单。

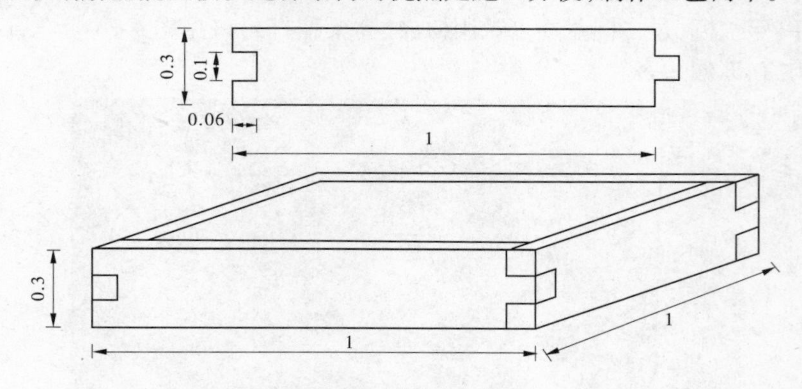

图4-78 矩形预制钢筋混凝土板尺寸图 (单位:m)

4. 预制钢筋混凝土圆环

此结构采用内径 $r=0.8$ m,外径 $R=1.0$ m,壁厚0.06 m,高度0.3 m的预制钢筋混凝土圆环对竖井口进行保护,如图4-79所示。环内配有钢筋网以增加强度。盖板采用半径0.45 m的圆形钢筋混凝土板。此种方式的优点是施工方便,制作工艺简单,受力条件好。

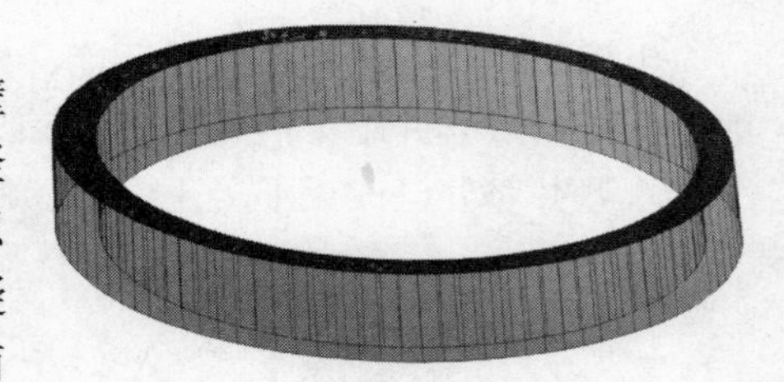

图4-79 预制钢筋混凝土圆环

在具体加固过程中,应从技术、经济、施工条件、受力条件等方面综合考虑,来选择合理的加固措施。

如果采用了暗渠加固,可废弃一部分竖井。对于20 L/s以上的有水坎儿井,通过预制椭圆形混凝土管支护后,由于暗渠塌方、淤积现象大大减小,为了便于养护维修管理,可将现有的一部分密集竖井废弃,每隔50 m左右设置加固一个竖井;对于10~20 L/s的有水坎儿井采用PVC管防护后,每条坎儿井保留加固3个竖井,即管道首部入水口处设置1个,中间加设2个,主要满足沉砂池清淤的要求。

坎儿井竖井破坏主要是冻胀剥落和坍塌,冻胀水分来自于暖湿气遇到冷空气后汽化附着在井壁,可以在竖井井壁一定范围内喷涂隔水材料,或者在井口的覆盖物应具有一定的保温作用,即应保证井壁土层温度不低于0 ℃。

4.5.3　沉砂池

在坎儿井暗渠内有时需要修筑沉砂池。沉砂池有以下几个优点：

(1)防止暗渠内渠道的淤积，一定程度上可提高暗渠的稳定性。

(2)沉砂池可起到稳定水流的作用。

(3)修筑沉砂池后，落淤点相对集中，减轻了掏淤工作，降低维护成本。

即使暗渠输水段进行全部的衬砌维护，集水段也会产生一定的淤泥，竖井深度较大，很难一一进行封闭支护，落淤是不可避免的，因此考虑到减轻掏淤量和工作量，沉砂池宜修筑在竖井下，一方面便于施工，另一方面便于掏淤。并非所有的竖井下都修筑沉砂池，沉砂池的数量、大小、间隔可根据坎儿井的土质、流量、纵比降以及落淤量和衬砌情况而定。对于普通暗渠可每隔500 m修筑沉砂池一个。沉砂池深度以1.5 m为宜，池宽1 m，池长2.5 m，也因“坎”而定。修筑材料可采用浆砌石衬砌或者混凝土砖砌。

对10～20 L/s坎儿井暗渠采用PVC管防护段时，共设置3个沉砂池，即管道首部入水口处设置1个，中间加设2个沉砂池。

4.5.4　涝坝加固方案

4.5.4.1　涝坝作用及存在的问题

涝坝又称蓄水池，是坎儿井末端的蓄水工程。涝坝是吐鲁番人民在长期生产实践中的又一创举。一条坎儿井一般有一个涝坝。涝坝面积不等，一般以1～2亩为多数，也有小于0.5亩或大于2亩的涝坝。涝坝面积的大小主要取决于坎儿井水量的大小与蓄水时间的长短。

涝坝位置宜选在不易渗漏的土质上，更要考虑选在地势较高的地方，一是为了保证自流灌溉，二是为了能控制更多的灌溉面积。

涝坝有两种形式，多数涝坝为椭圆形，少数涝坝修成“回”字形或环形。回字形可以扩大水域面积，多种树木，改善居住环境。

具体作用如下：

(1)非灌溉期间，存储坎儿井水流，防止坎儿井水漫散蒸发，保护水资源。

(2)灌溉期间，控制灌溉用水时段和灌水水量，提高水的利用系数，增加灌溉面积。吐鲁番坎儿井流量一般都很小，在10～20 L/s，大于20 L/s的坎儿井仅占10%左右，10 L/s以下的约占30%，流量小于10 L/s的坎儿井必须修筑涝坝，如果直接用明渠浇灌耕地效率很低。有了涝坝，浇水时的渠水量相对增大，提高了渠道流速，缩短了地块的浇水时间，减少了渠道与田间的渗漏损失，节省了亩次灌水量，增加了灌溉面积。

(3)提高水温，减少水温与地温差，利于作物根系生长，特别是夏季。

(4)涝坝可供牲畜饮水以及其他生活用水，可以改善村民生存环境。这是因为吐鲁番天气炎热、少雨，为了解决生活用水，一般都随坎儿井聚居，长期以来形成一个涝坝，一个村庄的格局，为了涝坝周围多栽树木，扩大夏季乘凉休息的场地，改善村民居住环境，把涝坝修筑成“回”字形或环形。

过去修筑的涝坝都不防渗，涝坝面积过大不但增加了工程量，同时增大了渗漏、蒸发损失量。为了减少涝坝的渗漏损失,从 20 世纪 80 年代中期开始农民自发地修建防渗涝坝。水利行政主管部门发现后,立即在技术和资金上给予支持。进入 90 年代以后,特别是开展"天山杯"竞赛以后,加速了防渗涝坝的建设,至 2005 年基本上做到了一条坎儿井,就有一个防渗涝坝。

但目前吐鲁番盆地坎儿井涝坝有 157 座,哈密市坎儿井涝坝有 31 座,部分坎儿井还没有涝坝,且由于长期管理不善,出现了很多问题。主要问题就是渗漏严重,堤岸由于长期没有进行维护,土坝滑坡,波浪掏蚀岸堤,岸堤变形严重,且生活垃圾较多,长期缺乏科学管理,淤积严重(见图 4-80),有效库容不断减少。

图 4-80　某淤积严重的涝坝

涝坝的加固应在保护周围树木的前提下,根据现有涝坝的库容、破损程度进行掏淤,夯实平整,铺设防渗,边坡加固甚至扩容,同时修复相应的进水口、出水闸门等。应保证每条坎儿井有一个涝坝,涝坝的大小根据坎儿井的出水量以及灌溉使用情况而定。

4.5.4.2　浆砌石砌筑

根据坎儿井流量,估计非灌溉期的水量,修筑涝坝,可采用当地丰富的石料进行浆砌石补砌,经济条件允许可全部衬砌,也可只进行涝坝边坡加固,砌筑明渠进水口和出水口,并保留若干个取水口,便于村民取水、饮牲口,同时修好防水水闸等。浆砌石砌筑(见图 4-81)的具体施工方法可参考相应的浆砌石施工规范。

图 4-81　采用浆砌石砌筑的涝坝

4.5.4.3　预制混凝土板塑膜防渗

如果经费充足,可采用预制混凝土板塑膜防渗。清除涝坝底部和周围的杂草、树根等杂物,对原有涝坝底部进行夯实,铺设0.5 mm塑料防渗膜,预制混凝土板设计厚度为0.06 m,对板缝采用砂浆或者沥青砂浆进行填缝,在涝坝周围砌筑明渠进水口和出水口,同时修筑台阶供村民取水,饮牲口等。由于吐鲁番冬季较为寒冷,涝坝基土含水率大,容易发生冻胀,要保证涝坝冬季储水到一定水位,对该水位处采取防冰冻措施,防止衬砌冻胀和冰压力。

4.5.5 明渠衬砌方案

龙口是暗渠和明渠的分界,明渠主要包括龙口到涝坝的部分以及涝坝到农田的部分。长期以来明渠得不到衬砌,渗漏严重,由于水源充分,明渠的两边生长着大量的树木植被。为了节约水资源,减少渗漏损失,应在保护两边树木的前提下进行明渠衬砌防渗。明渠衬砌可根据《渠道防渗工程技术规范》(GB/T 50600—2010)等设计规范进行设计。设计时充分考虑坎儿井出水流量或者灌溉渠道防水流量,同时应考虑由于暗渠防渗所增加的20%的流量。以此流量作为明渠衬砌的基础进行水力要素的设计计算。

在此提出了两种简单实用的衬砌防渗方案,可参考选用:

(1)采用0.06 m厚的预制混凝土板及板下铺设防渗膜的加固防渗形式。

(2)采用0.06 m厚的预制U形混凝土板,深40~55 cm,板下铺设防渗膜的加固形式。

另外,龙口到涝坝的明渠常年输水,不存在冻胀问题,涝坝防水闸门到田间地头的灌溉渠道在冬季不行水时,可能产生冻胀,应该铺设抗冻胀垫层。

由于铺设防渗膜,原有明渠两旁的树木植被可能会受到一定影响,应该评估次影响,有必要时在U形渠道的纵缝处预留渗水通道或者进行定期浇水。

4.6 小 结

(1)对坎儿井地区饱和黄土开展了深入细致的试验研究,通过坎儿井地层含水率试验得出坎儿井土层和坎儿井洞壁土层湿度随地下水位以上距离分布呈幂函数关系,冬季相同位置的湿度明显大于夏季,离地下水位以上距离越大,饱和度增加的比例越大。竖井部位从7.9%~104%,坎儿井出口段从11.2%~289%;通过饱和黄土在冻融和非冻融情况下的三轴CD试验、三轴等向压缩试验和弹性模量试验,整理出相应的Mohr-Coulomb模型和修正剑桥模型参数,这些参数反映出冻融使土体强度降低,变形增加。土性参数c'值降低27.5%,φ'值降低5.5%,弹性模量E降低25.6%,M降低6.6%,k降低60%,λ增大8.7%。

(2)对坎儿井地区非饱和黄土开展了深入细致的试验研究。通过土—水特征曲线试验发现,该地区黄土持水能力较差,主要含水率变化范围$W=10\%\sim30\%$($S_r=33.07\%\sim100\%$)的基质吸力值$u_a-u_\omega=68\sim1$ kPa;通过常吸力三轴剪切试验发现,饱和度从33.07%~100%,有效应力强度指标c'降低68.3%,φ'降低5.2%,相应的剑桥模型参数M降低16%;通过常吸力三轴等向压缩试验发现,饱和度从33.07%~100%,随含水率增大,k减小70%,e_1降低3%,λ增大46.8%;通过弹性模量试验发现,饱和度从33.07%~

100%，弹性模量 E 减小 52.6%，但泊松比 μ 变化规律不明显。

(3)采用现场广泛考察、土工试验和数值分析相结合的方法对坎儿井破坏机理开展了详细研究，其破坏机理为：坎儿井竖井、暗渠出口段与水相接，与大气相通，地层的不同高度受地下水的毛细上升作用和气温的影响，地层和洞壁湿度发生变化。在冬季由于温度降低至零度以下，冻结作用使黄土中毛细水向冷端迁移，同时坎儿井中水汽凝结，增大竖井、暗渠出口段土层中湿度，当气温增加，土体冻结融化，应力释放，结构松弛，到了夏天，土体中含水量蒸发，土体收缩出现表面裂纹，这样周而复始的作用，使土体结构破坏，黏聚力丧失，导致土体破坏。竖井、暗渠出口段土层先是底部片状剥落破坏，然后随塑性区扩展发展成块状剥落破坏，最后形成大面积坍塌破坏。

(4)在传统的坎儿井加固方案分析的基础上，提出了锚杆挂土工格栅喷(抹)混凝土加固方案，并进行了施工，对加固后的坎儿井隧洞开展了数值计算和经济技术比较，发现提出的方案较佳。

(5)对现有的坎儿井竖井加固方案，暗渠与明渠的防渗方案以及涝坝的加固方案进行了系统的总结，为坎儿井的加固提供一定的参考。

第 5 章　非灌溉期坎儿井水量控制与地下水涵养技术研究

吐鲁番地区极其干旱,蒸发量极大,水资源总量少,地下水资源极其珍贵。而坎儿井水常年自流,非灌溉期的坎儿井水(以下称为农闲水)除满足一部分生态用水和较少的人畜饮水与生活用水需求外,大部分水量或者通过涝坝水面蒸发,或者漫散蒸发,被白白浪费掉。因此,研究坎儿井农闲水的有效利用和坎儿井水控制技术,实现农闲水的有效利用,实现对坎儿井出水的人为控制,做到按需供水,是一项极为有意义的工作。

5.1　非灌溉期农闲水量分析

5.1.1　坎儿井出水量与利用分析

吐鲁番盆地包括托克逊县、吐鲁番市和鄯善县 3 个行政区域。据《2009 年吐鲁番地区统计年鉴》,盆地内水资源在各领域的分配情况见表 5-1。不同水源不同水域水资源的利用量见表 5-2。从表 5-2 看出,全盆地水资源利用量的 14% 左右由坎儿井提供,坎儿井在全地区水资源利用中占有相当的比例。另外,折算得出坎儿井用于下游生态用水每年约为 0.13 亿 m^3,非灌溉期生态用水量为 0.043 亿 m^3。

表 5-1　2009 年不同领域水资源利用量　(单位:万 m^3)

市(县)	生活用水	工业用水	农业用水	生态用水	总用水量		
					地表	地下	总计
吐鲁番地区	1 636	3 837	141 198	9 365	57 000	99 036	156 036
托克逊县	360	1 368	38 897	3 214	20 781	23 058	43 839
吐鲁番市	595	771	56 896	2 163	25 506	34 919	60 425
鄯善县	681	1 698	45 405	3 987	10 713	41 058	51 771

表 5-2　不同水源不同水域水资源的利用量

项目	托克逊	吐鲁番	鄯善北	鄯善南	地区合计
河水引用量(万 m^3)	226. 33	213. 78	173. 36	32. 94	646. 41
河水引用量所占比例(%)	60	32	50	12	39
泉水引用量(万 m^3)	7. 51	129. 89	2. 72	7. 72	147. 84
泉水引用量所占比例(%)	3	19	1	3	9

续表 5-2

项目	托克逊	吐鲁番	鄯善北	鄯善南	地区合计
机井抽水量(万 m^3)	91.44	224.61	96.29	229.20	641.54
机井抽水量所占比例(%)	24	33	28	81	38
坎儿井水利用量(万 m^3)	49.82	104.50	73.08	12.15	239.55
坎儿井水利用量所占比例(%)	13	16	21	4	14
用水量合计(万 m^3)	375.10	672.78	345.45	282.01	1 675.34

坎儿井水主要用于农业灌溉和畜牧业用水以及居民日常用水。2009 年统计资料显示(见表 5-3),坎儿井水大部分用于农业灌溉,农业灌溉用水量占总水量的 80% 以上。

表 5-3　吐鲁番地区坎儿井的农业利用率统计(2009 年)

县(市)	乡镇	50%	80%	90%	95%	98%	100%	合计
托克逊	伊拉湖乡						11	11
	夏乡	1					14	15
	郭勒布依乡	9	2	8			3	22
	博斯坦乡	1						1
吐鲁番	亚尔乡				2		63	65
	恰特喀勒乡		50				30	80
	胜金乡						18	18
	葡萄乡	1	7	2		1	18	29
	艾丁湖乡		7	2			39	48
鄯善	七克台镇		24				8	32
	城镇						4	4
	吐峪沟乡						7	7
	连木沁乡						22	22
	辟展乡						6	6
	迪坎乡			1	11		10	22
	东巴扎						1	1
	鲁克沁镇						2	2
合计		12	90	13	13	1	256	385
比例(%)		3.0	23.4	3.4	3.4	0.3	66.5	100

5.1.2　坎儿井农闲水量分析

按照吐鲁番地区种植业的作业规律,每年11月到次年3月为非灌溉期,其他时间为灌溉期。这样灌溉期为7个月,非灌溉期为5个月。

由于农业灌溉是非连续作业而坎儿井却是常年自流,因此坎儿井在灌溉期和非灌溉期均会产生农闲水,其中灌溉期农闲水量较少,而非灌溉期农闲水量较大。这里先对非灌溉期的农闲水进行统计分析。

5.1.2.1　非灌溉期农闲水量计算与预测

将非灌溉期坎儿井中流出的水量减去必要的下游生态用水和居民生活用水定义为需要合理利用的农闲水。计算农闲水不仅需要分析以往历年农闲水的量值,更为重要的是合理预测今后5年农闲水的量值。

1.2009年前历年来农闲水量计算

历年来实测得到的坎儿井年出水量和机井抽水量见表5-4。根据非灌溉期农闲水的定义,可以采用按月数折算的方法计算历年的农闲水量。具体方法为:假定一年中每个月坎儿井的月出水总量均相等,用非灌溉期的月数占全年总月数的比例(即5/12)乘以坎儿井年出水总量实测值,再减去生态用水和生活用水,就可以得到历年的农闲水量值。计算结果见表5-4和图5-1。

表5-4　坎儿井出水量、农闲水量以及机电井水量统计　(单位:亿 m^3)

年份	1994	1995	1996	1997	1998	1999	2000	2001	2002	2003	2009
坎儿井年出水量	2.97	2.73	2.38	1.96	1.84	1.81	1.98	2.11	2.35	2.18	1.46
非灌溉期水量	0.95	0.87	0.76	0.63	0.59	0.58	0.63	0.67	0.75	0.70	0.47
机井抽水量	3.16	3.62	4.05	4.75	5.30	5.87	5.84	7.39	6.26	6.41	7.12

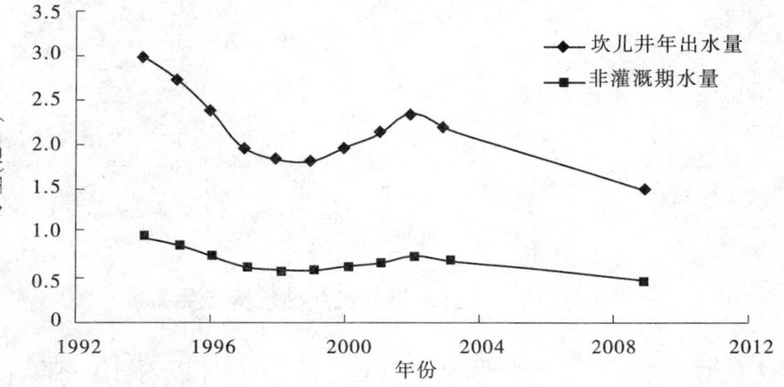

图5-1　坎儿井出水量和农闲水量年度变化曲线

2.2010～2015 年坎儿井农闲水量预测

这里采用两种方法进行预测。一是采用 2009 年以前历年的农闲水量值数据，按照拟合外延的方法预测；二是基于坎儿井出水量与机井抽水量有较强相关性的原理，分析两者的相关关系，由机井出水量预测推求坎儿井出水量，再用月数折算的方法计算非灌溉期间水量，之后减去生态用水和生活用水即可得到预测的农闲水量。

采用第一种拟合外延的方法预测得到 2010～2015 年各年的坎儿井非灌溉期水量及农闲水量见表 5-5。由于以往参考数据较少，且外延方法本身误差较大，估算的农闲水量值只能作为参考。

表 5-5　2010～2015 年坎儿井农闲水量趋势　（单位：亿 m^3）

年份	2010	2011	2012	2013	2014	2015
非灌溉期水量	0.43	0.39	0.36	0.32	0.28	0.24
农闲水量	0.387	0.347	0.317	0.277	0.237	0.197

第二种预测方法是用机井抽水量和坎儿井出水量的统计关系进行预测。由于坎儿井出水量和机井抽水量相关性极强，且机井抽水量在当今严格控制打井的情况下已经趋于稳定，2010～2015 年的机井抽水量的预测结果较为可靠，因此这种分析方法预测值较前一种方法可信，本书采用这种方法的预测结果。

拟合得到的坎儿井出水量与机井抽水量的关系如图 5-2 所示，机井抽水量历史统计资料见图 5-3。图 5-3 中，横坐标用年份难以拟合，故用数字代替。用 1 表示 1994 年，依次后推到 10 表示 2003 年，由于 2003～2009 年间没有数据资料，这样横坐标 11 就表示 2009 年，后面的就依次为预测得到的每年的机井抽水量。

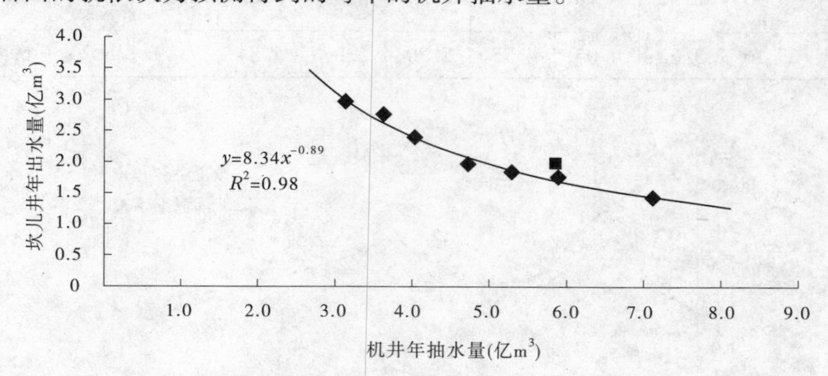

图 5-2　坎儿井出水量与机井抽水量相关关系

用这种方法估算得出的农闲水量见表 5-6。从表中可以看出，每年农闲水的总量均在 4 000 万 m^3 左右，量值巨大，如果将之充分利用，将对吐鲁番地区的地下水资源涵养极为有利，其意义重大。

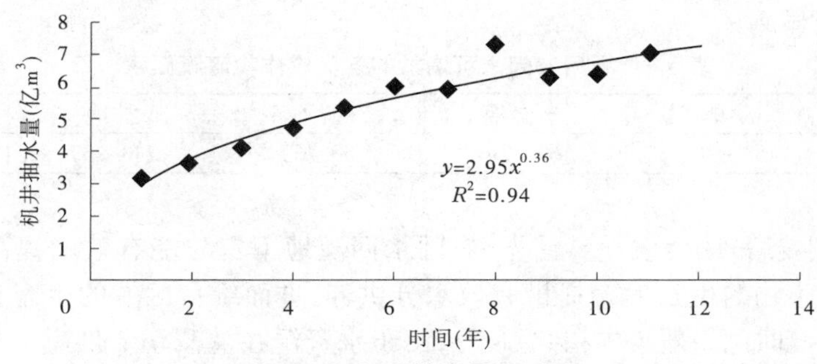

图5-3 机井抽水量预测值

表5-6 2010~2015年间计算坎儿井农闲水量 （单位:亿 m^3）

年份	2010	2011	2012	2013	2014	2015
机井抽水量	7.257	7.471	7.674	7.533	7.392	7.251
坎儿井出水量	1.429	1.393	1.360	1.382	1.405	1.430
非灌溉期水量	0.456	0.445	0.434	0.441	0.448	0.456
农闲水量	0.413	0.402	0.391	0.398	0.405	0.413

在计算2013~2015年间的农闲水时,考虑到《吐鲁番市2013年“关井退田”实施方案(试行)》和《关于对地区关井退田工作的督查情况通报》(吐地发〔2013〕194号)政策文件中列出,3年内吐鲁番地区每年要关闭机电井124口,再依据《吐鲁番地区水源综合规划》的计算方法,可以计算出关闭的124口机电井的年抽水量为0.14亿 m^3。因此,设定2013~2015年机电井的抽水量每年减少0.14亿 m^3。

5.1.2.2 灌溉期农闲水量统计与预测

坎儿井作为常年自流井,农业灌溉季节坎儿井水大部分用来灌溉,而且每种作物在灌溉期均是按照一定时间顺序和灌溉定额进行灌溉的,参见2005年《新疆坎儿井保护利用规划》中表4-9吐鲁番盆地地面灌作物灌溉制度表。这样在灌溉季节坎儿井也会产生农闲水。

利用吐鲁番地区的灌溉定额乘以坎儿井的灌溉面积再加上输水损失,即可得出灌溉用水量。用坎儿井灌溉期的总出水量减去灌溉用水量和生态、生活用水量得到的水量,即为坎儿井灌溉期的农闲水量。利用以上方法计算得出,灌溉期农闲水量约为800万 m^3,非灌溉期农闲水量约为4 000万 m^3,则每年吐鲁番地区坎儿井农闲水总量约为4 800万 m^3。

5.1.2.3 农闲水回灌地下水的意义

将农闲水回灌地下补充涵养绿洲腹地的地下水资源具有重大的效益,主要表现在以下几个方面:

(1)农业灌溉效益。农闲水回灌地下达到合理存储,用时通过机井抽取,这对水资源严重短缺、水贵如油的吐鲁番地区而言具有重要的经济效益。按照当地的灌水定额,按照预测得到的每年约4 800万 m^3 的农闲水,如果用于农业灌溉,可以大幅增加灌溉面积(见

表5-7),效益明显。

表5-7　利用农闲水可增加的各类农作物灌溉面积　　(单位:亩)

项目	菜地	水浇地	园地	林地	草地
灌溉面积	53 030	67 829	53 763	111 237	111 424

(2)经济、生态和社会效益。首先,农闲水回灌地下首先能有效的提高区域地下水位,将会为区域生物的生长发育提供有效水分供养,进而维持区域的生态良性发展。其次,当地农业灌溉时间一般集中在5~8月,由于水资源在灌溉季节供应不足而时常会发生争水纠纷,影响当地人民团结和社会稳定,回灌到地下的多余农闲水在一定程度上可以缓解这种用水紧张问题;同时区域地下水位抬升,坎儿井上游水位会因为下游水位的抬升而保持在较高水位上,坎儿井出水量也将增加。最后,下游机电井灌溉提水也会因为地下水位的抬高而节省电量的消耗,提高经济效益。

5.2　农闲水回灌技术方案与可行性分析

以上分析表明,坎儿井非灌溉期间的农闲水量值较大,对其充分利用具有重要的意义。农闲水回灌到地下用于涵养地下水资源是有效利用这部分水量的有效措施。本节提出农闲水回灌地下的具体技术方案,并且通过渗透机理分析、数值计算和现场试验分析方案的可行性,同时指出方案的适用条件和注意事项,作为地下水回灌方案实施的依据。

5.2.1　农闲水回灌地下的条件分析

地下水回灌是指将多余的地表水、暴雨径流水或再生水通过地表渗滤或回灌井注水,或者通过人工系统人为改变天然渗滤条件,将水从地上输送到地下含水层中,后随同地下水一起作为新的水源开发利用。其中,最有效的扩大地下水资源的手段是人工补给,它是解决当前许多地区水资源不足和改善水圈的一个重要途径。

吐鲁番盆地蒸发量极大,多年平均水面蒸发量为2 605.5 mm,多年平均陆面蒸发量为1 181.3 mm,涝池中大部分水量通过蒸发而损失,且这些蒸发对改善当地局部降水特性贡献极小,属于水资源浪费。此外,吐鲁番地区地处盆地,有一个相对独立、完整的地下水系统,其含水层主要是第四系砂、砂砾石层,第三系砂岩、砂砾岩。这些高透水性的地层为地下水回灌提供了巨大空间。

5.2.2　回灌技术方案设计与实施要点

5.2.2.1　技术方案

分析当前各种地下水回灌技术,结合坎儿井实际,根据“经济、实用和可行”的原则,选定提出两种回灌技术方案,叙述如下:

(1)利用农用机电井回灌方案。机电井是人们在生产生活中常用的地下取水建筑物,其结构主要由井口、井壁管、过滤器、沉淀管和水泵、输水管组成。机电井与注水井的原理是一样的,都是将滤管设置于易透水层,其区别在于水流的方向不同。本方案就是利用机电井的高透水能力将坎儿井农闲水回灌到地下,该方法也是国内外常用的地下水回灌技术,具有高效、费用低并兼顾抽水和注水双重功效的优点。

(2)反滤回灌井回灌方案。反滤回灌井是我国地下水回灌特有的一种井口带有反滤功能的回灌井,常布置于河道或回灌渠道中,具有一定的净水能力和将地表水转化为地下水的能力。本方案将该方法引入坎儿井农闲水回灌中,将反滤回灌井设置在坎儿井龙口出水附近的明渠段内或者附近,在农灌时将井封闭,在农闲时开启,省去了设置蓄水池、输水管道等设施的费用。可以就地将坎儿井农闲水灌入地下,对于无机电井区域非常适用。

5.2.2.2　利用农用机电井回灌方案设计

本方案是利用机电井在易透水层的强透水能力将坎儿井农闲水回灌到地下,回灌时易透水层能保证机电井回灌的水及时消散。农用机井在坎儿井灌区分布广泛,选用机电井回灌农闲水便于就地取材。另外,坎儿井的水质较好,含沙较少,通过简单的过滤回灌到机井中不会影响机电井的透水率。方案本身从机理上是可行的。拟订的方案设计如图5-4和图5-5所示。

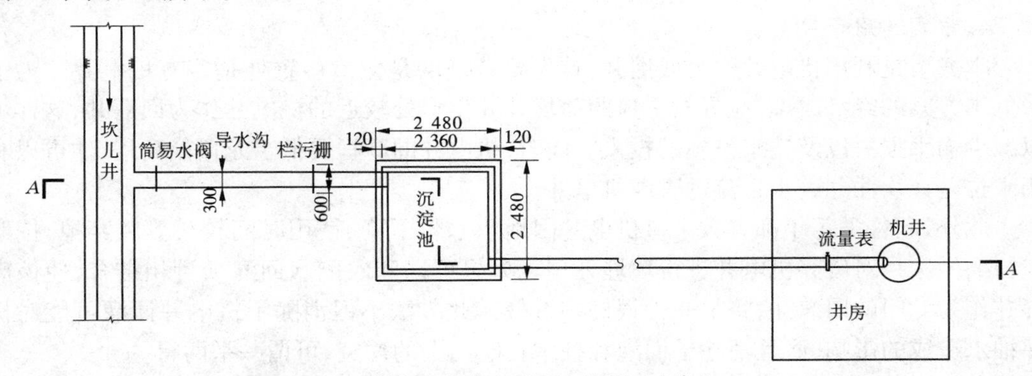

图5-4　机电井回灌方案平面布置图　(单位:mm)

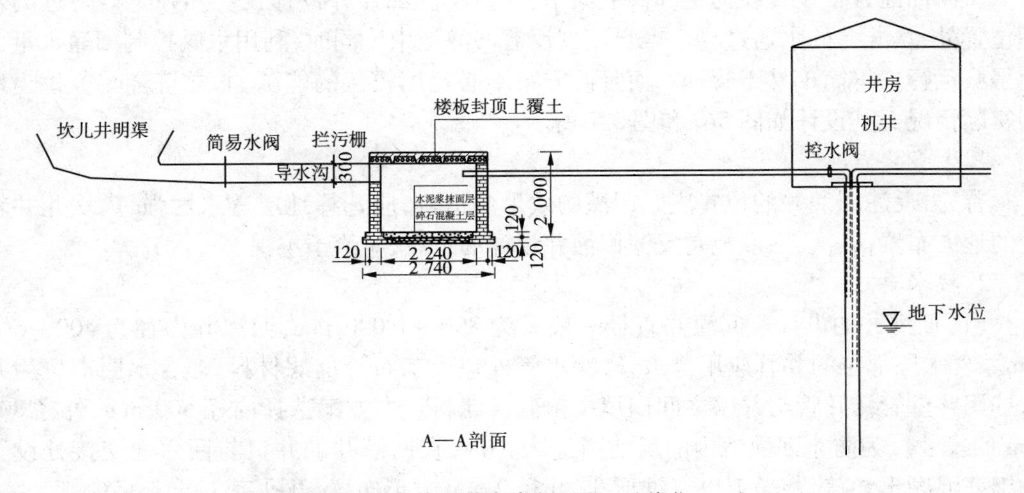

图5-5　机电井回灌方案剖面图　(单位:mm)

1. 方案要点

坎儿井历史悠久,它不仅是一种独特的水利设施,而且也是文物。因此,回灌方案必须在不影响坎儿井正常工作的情况下进行。回灌方案应该既能有效回灌农闲水,又不破坏坎儿井的自然原貌,是本方案的重点。

2. 技术要点

回灌方案包括引水部分、沉淀池、输水系统和控制系统等几个部分。引水部分包括引水槽、简易水阀和拦污栅;沉淀池为一个沉淀农闲水中沙子、泥土等固体颗粒的方形池子;输水系统包括从坎儿井龙口到过滤沉淀池的管道系统,以及从沉淀池到回灌井的管道系统两部分;控制系统主要是通过阀门进行控制。同时,要选取低于坎儿井龙口处高程又比较近的机井,这样可以实现回灌自流进行。

3. 实施方案

在龙口位置开挖导水渠,修建一个大小合适的水池作为沉淀池;将坎儿井的水经拦污过滤后引入沉淀池中沉淀水中的土颗粒;沉淀后的水进入输水管中自流进机电井中。

4. 方案适用条件

本方案是利用机电井作为回灌井,首先要考虑的是龙口位置处是否有机电井。为了降低本方案的经济成本,应寻找一口距离坎儿井出口处较近的机电井作为回灌井,这样可以减少输水损失以及输水设施的投入。同时,机电井的高程要低于龙口处高程,才可以利用水位差让坎儿井的水自流进农灌机电井。

此外,吐鲁番每年都有数十口机电井因地下水位下降、使用时间较长等废弃掉,按照以往的做法是对废弃机电井进行填埋处理。如果可以和农闲水回灌项目相结合,使该废弃井作为专门的回灌井,将是一种很好的选择。此方法不但消除了机电井回灌可能对机井抽水造成的影响,而且消除了回灌和抽水在时间上的冲突,可谓一举两得。

5.2.2.3　反滤回灌井回灌方案设计

反滤回灌井常设置在河道和回灌渠中,若将反滤回灌井设计在坎儿井龙口附近的合理位置处,坎儿井的水通过导水渠自流到反滤回灌池中。同时,利用水阀控制回灌水量也使得其运行变得简单易于管理。而且此方案不必耗用较多的能源,非常符合吐鲁番当地的实际情况。其设计如图5-6和图5-7所示。

1. 方案要点

首先,反滤回灌井的位置决定回灌的效果和造价,应选择地层透水性强,离坎儿井较近的地方布置;其次,回灌池是反滤回灌井设计的重点,应给予重视。

2. 技术要点

(1)回灌井的设计。回灌井直径一般设为800~1 000 mm,回灌井内径为400~500 mm。含水层部位的井管应用滤水管,滤水管外包土工布等反滤材料;非含水层部位用井管选用井壁管。井管与井壁之间回填中粗砂反滤料。本方案选择内径500 mm、外径800 mm的尺寸。为防止回灌池内的反滤料进入井内,在回灌井的井口与回灌池交接处设置一钢筋混凝土井盖,井盖上设有锥形孔,孔径2 cm,方形布置,开孔率不低于15%。

(2)回灌池的结构设计。回灌池是设置于回灌井上部的滤水结构。从功能上看主要是对进入回灌井的水进行净化和过滤,且应有足够的过水能力,使坎儿井农闲水进入回灌

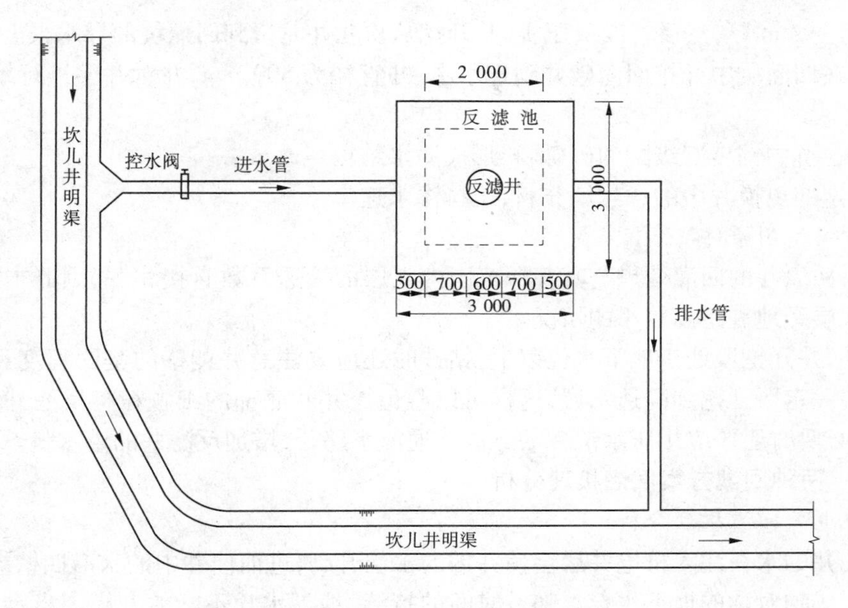

图5-6　反滤井回灌平面布置图　（单位：mm）

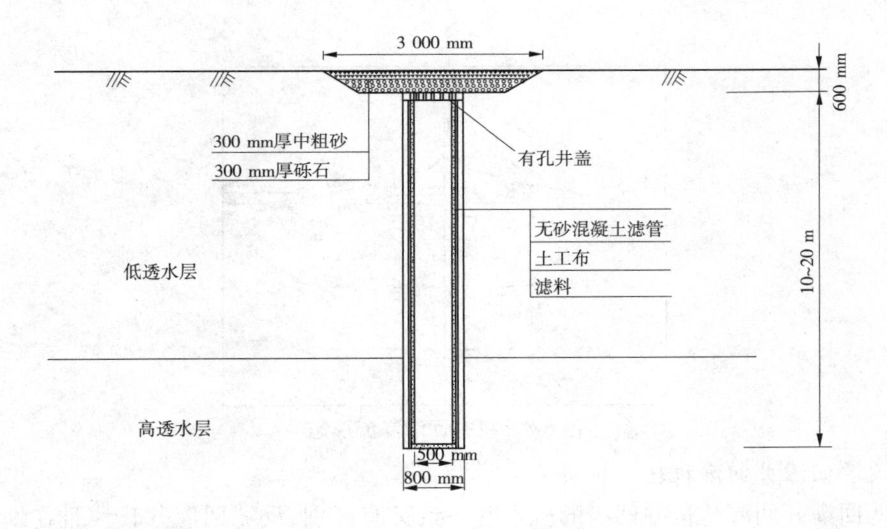

图5-7　反滤井回灌结构图

井内。

回灌池反滤结构应设置两层，上部用较细的颗粒，如细沙等，防止杂质通过反滤层进入回灌井内和含水层；下部用较粗的颗粒，防止反滤料通过井盖孔洞落入井内，避免反滤结构失效以及回灌井的堵塞。

3. 实施方案

结合本项目的实际，在坎儿井龙口附近打回灌井，实施方案如下。

(1)在龙口附近寻找一块平整的空地，高程较龙口处坎儿井水面低，用工程机械将表层黄土削去 2 m 厚，然后将四壁压实，并开挖从坎儿井龙口到回灌坑的导水渠。

（2）在回灌坑中开挖回灌竖井到透水层，井直径为 800 mm，并对井壁进行维护，修筑井盖。

（3）在坑中铺良好级配的砂砾料，形成滤水结构。

（4）定期更换井中的颗粒填充料，维持渗水速率。

4. 方案适用条件

反滤回灌井的回灌效果与其井深范围内土层的渗透系数直接相关，因此本方案适用于高透水层距地表距离较小的情况。

此外，井开挖段处于地下水位以上，钻井时还应要注意井侧壁的坚固程度和透水性。井的下端一定要开挖到高透水层，这样可以避免挖井时底部的细颗粒将反滤井的渗水路径阻塞，必要时还要应用压水洗井的方法疏通渗水路径，增加反滤井的渗水量。

5.2.2.4　两种回灌方案回灌机理分析

1. 机电井回灌机理分析

坎儿井的水在注入机电井后会使井内的水位升高，进而使井中的水沿四壁渗出，在井的周围形成轴对称的地下水丘。随着时间的持续，地下水丘不断的升高。当水丘升高到一定程度，注水量和流出机井影响范围的水量相等时，达到了稳定。机井回灌渗流的形态见图 5-8。

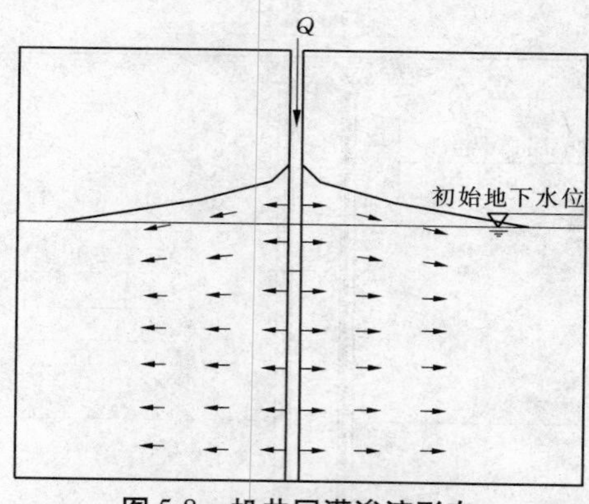

图 5-8　机井回灌渗流形态

2. 反滤回灌井回灌机理分析

反滤回灌井回灌与机井回灌的机理既一致又有区别，反滤回灌井较浅且在地下水位以上，坎儿井的水在经过反滤池进入回灌井中后，通过井壁和底部的渗漏在井的周围形成轴对称的地下水体，随着渗入量的不断增加，井中水位不断抬升，井周水体不断增多，并竖向渗入地下水中，使得地下水位抬升，在井下形成水丘，当回灌井中水较多，回灌井的回灌能力足够时，回灌井正下方的水丘会越来越大。若回灌井底距离地下水位较近，下方水丘可能会与回灌井周边的水体相连，从而使地下水位大幅抬升。反滤回灌井回灌渗流的形态见图 5-9。

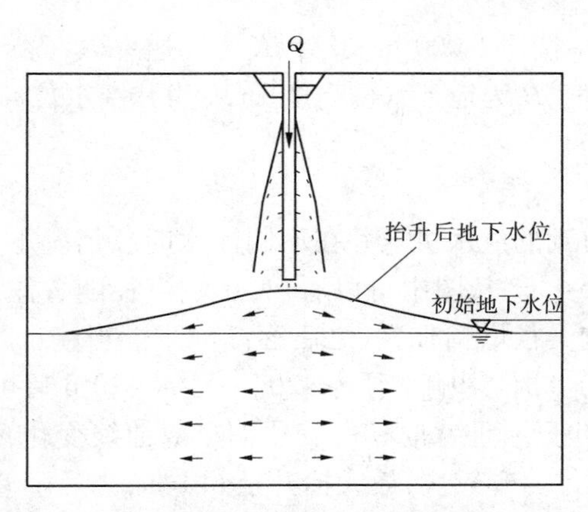

图 5-9　反滤回灌井回灌渗流形态

5.2.3　回灌技术可行性评价与效果分析

为了评价两种方案的回灌效果,本节通过理论计算、数值模拟和现场试验三种方法进行论证。

5.2.3.1　用理论计算方法进行效果评价

通过分析机井回灌和反滤回灌井回灌的机理发现,机井回灌的机理类似于农用机电井抽水的机理,可以利用理论计算公式对回灌量进行探究,而反滤回灌井的回灌计算牵涉非饱和渗流问题,目前还没有相应的理论公式可以进行分析,需要借助有限元进行。因此,本次理论计算分析评价只针对机电井回灌方案进行。

根据水文地质资料,吐鲁番地区南盆地的主要地层为:表层为 42 m 厚度为亚砂土,之下为 59 m 厚的亚砂土与砂砾石土互层,101 m 以下存在一层黏土层,可以作为不透水层,再下为砂砾石与亚砂土互层,透水性较强。而北盆地主要地层为顶部有 1 ~2 m 的含盐砂砾层,其下基本上均为砂砾石层,或者砂砾石与亚砂土互层。

鉴于表层地层对回灌计算影响不大,为了简化计算,将南盆地地层概化为亚砂土层,渗透系数取为 2.47×10^{-5} m/s;北盆地地层概化为砂砾石层,渗透系数取为 1.34×10^{-4} m/s。将两者 101 m 以下取为不透水层,地下水位按照一般 28 m 深选取,按照完整井理论进行计算。

计算公式为潜水完整井的裘布衣公式,其中影响半径采用柯泽尼公式计算,总体计算公式如下:

$$\begin{cases} Q = \pi K \dfrac{(H+s)^2 - h^2}{\ln \dfrac{R}{r_0}} \\ s = \sqrt{\dfrac{Q\ln \dfrac{R}{r_0} + H^2}{\pi K}} - H \\ R = \sqrt{\dfrac{12t}{\mu}\sqrt{\dfrac{QK}{\pi}}} \end{cases} \tag{5-1}$$

式中：Q 为注水量，计算中按照 1 000 m^3/d 计；K 为渗透系数，m/s；R 为影响半径，m；r_0 为井半径，按照 0.15 m 取值；H 为地下水位高度，m；h 为井中水位高度，m；s 为水位升高值，m；$\mu = 0.04$。

1. 南盆地计算结果

通过式(5-1)计算得到的注水机电井在不同注水时长情况下的影响半径和地下水位抬升值，见图 5-10 和图 5-11。从图中可以看出，影响半径随着注水时长的变化呈双曲线型变化，时长较短时影响半径增幅较大，之后逐渐减小。当注水时长为 5 d 时，影响半径为 120 m；当注水时长 20 d 时，影响半径为 420 m；注水 120 d 后可以达到 1 130 m。注水井处地下水位的抬升量也随着注水时长的变化而呈双曲线变化，但是较为平缓。在注水初期(5 d 之内)，地下水位上升较快，最大抬升至 6.1 m，之后随着注水时长的增加，水位缓慢抬升，最大在 120 d 时抬升至 8.4 m。

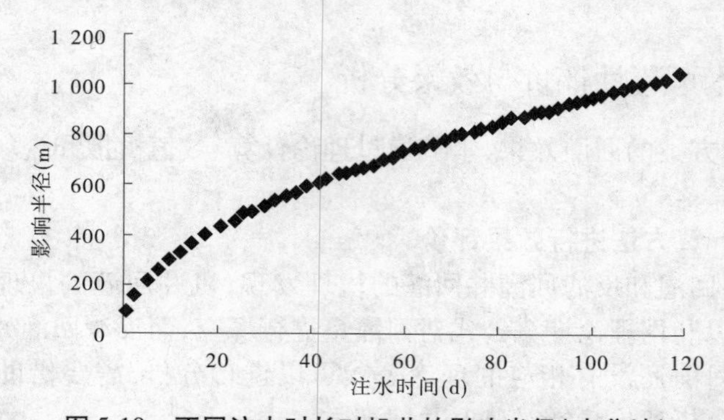

图 5-10　不同注水时长对机井的影响半径(南盆地)

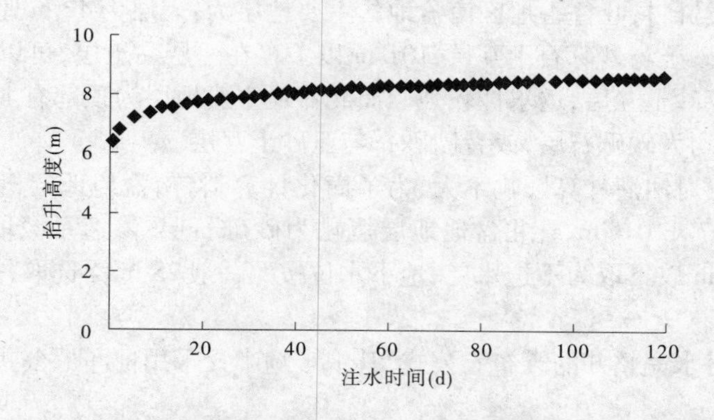

图 5-11　不同注水时长对机井地下水位抬升影响(南盆地)

2. 北盆地计算结果

通过以上公式计算得到的注水机井在不同注水时长情况下的影响半径和地下水位抬升值，见图 5-12 和图 5-13。从图中可以看出，其变化规律与南盆地基本一致，区别在于砂砾石层渗透系数较大，土壤持水量小，使得影响半径增大，而地下水位抬升值减小。注水井地下水位抬升值在注水时长初期(0 ~3 d 内)，抬升值为 1.2 m，之后缓慢增大，到 120 d 时地下水位抬升值最大达 1.6 m，整体看，持续进行 4 个月的注水后，地下水位抬升值为

1. 2 ~ 1. 6 m。

从抬升地下水位的作用看,南盆地较北盆地更为有效。而实际上南盆地进行回灌意义更大,使用更多,因此回灌效果更为显著。同时表明,进行机井注水回灌可以有效抬升较大范围的地下水位,方案可行。

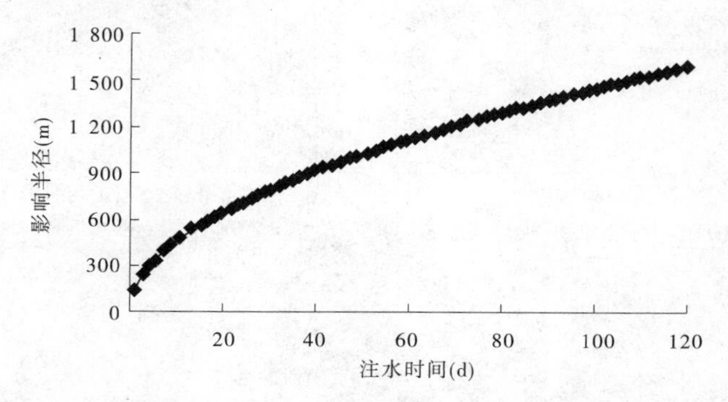

图 5-12　不同注水时长对机井的影响半径(北盆地)

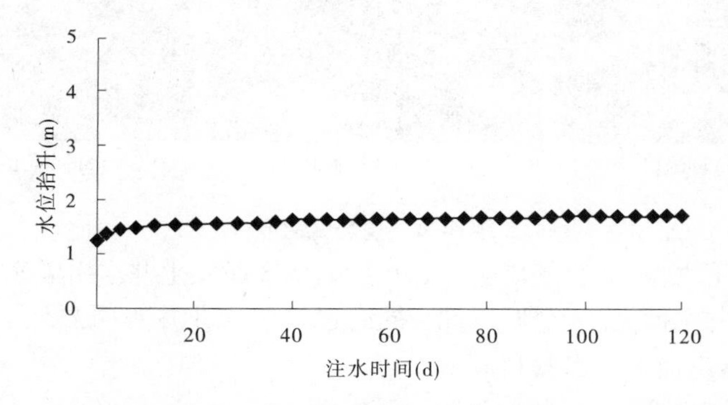

图 5-13　不同注水时长对机井地下水位抬升影响(北盆地)

5. 2. 3. 2　现场试验验证回灌效果

为了实际验证回灌效果,进行了现场机电井回灌试验工作。试验选择在一个典型的坎儿井内设置输水管道和注水、排水口,将坎儿井水持续注入机电井井管之内,通过井管将水渗入地下。注水试验总计进行了 11 d 持续向井内注水,在注水过程中定期测定井内水位和注水流量,并测定距离注水井约 500 m 处另外一口观测井的水位。

现场试验的照片见图 5-14,图中显示了输水管道、注水装置和取水口的形式和结构,以及现场测试情况。

注水量、井内水位和井内地下水位抬升量观测值随时间变化过程曲线如图 5-15 ~ 图 5-17所示。

从图中可以看出,注水实际时长为整 10 d(从 11 月 24 日 10 时到 12 月 4 日 10 时,总计 240 h),平均注水流量为 907. 46 m^3/d,总计向地下注水 9 075 m^3,注水流量前期较大,后期稍小,但差别不大。初始地下水埋深为 25. 75 m,随着水量的注入,地下水埋深在逐步减小,地下水位逐步抬升,最大抬升值为 0. 75 m,说明注水可以引起井内水位的上升,

(a) 取水口　　(b) 输水管道与泵房

(c) 回灌口　　(d) 排水口　　(e) 回灌水量测定

图 5-14　现场试验照片

但是上升的幅值不大，不会造成机电井滤水管的堵塞而发生井水出溢淹井事故，表明采用机电井进行坎儿井水回灌地下是可行的，同时也说明坎儿井水回灌地下可以促使地下水位的抬升，对涵养当地地下水有利。

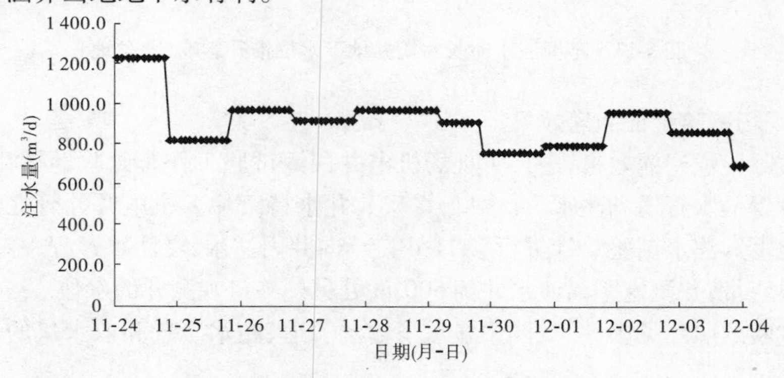

图 5-15　注水量随时间变化过程曲线

5.2.3.3　数值模拟验证回灌效果

为了进一步验证机电井回灌对地下水位的影响，采用数值计算的方法计算了注水后机井地下水位变化情况和影响范围。计算采用 GEO－studio 软件进行。该软件是国际知名软件，在渗流计算中具有独特的优势，已经为众多工程提供了渗流计算支持，可以保证计算结果的可信性。

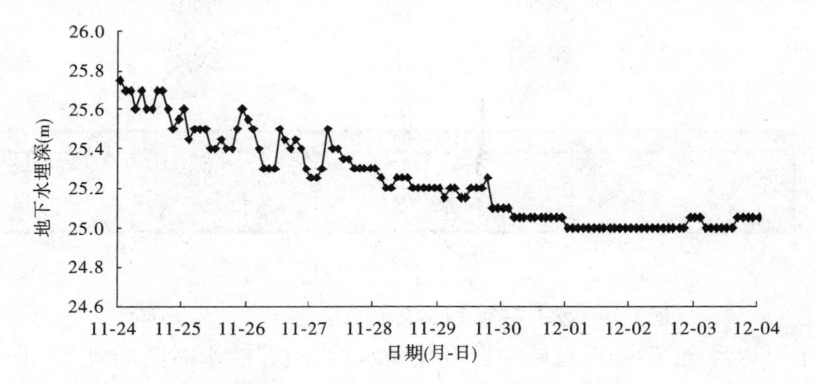

图5-16　地下水埋深观测值随时间变化过程曲线

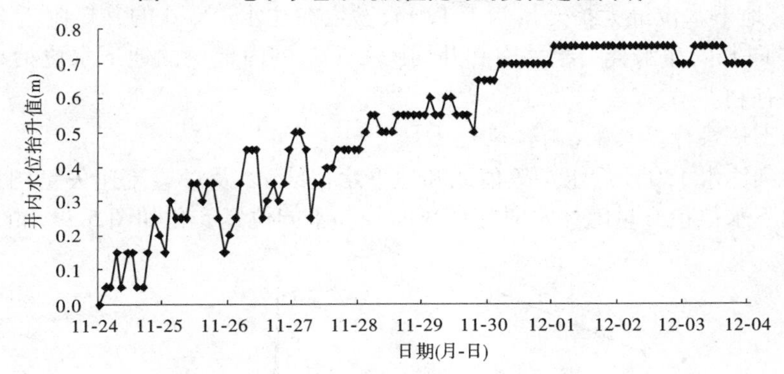

图5-17　机井内地下水位抬升量测值随时间变化过程曲线

计算中建立了两个模型，分别反映地层为砂砾石地层和亚砂土地层时机井注水对地下水位的影响，两个模型几何尺寸相同，边界条件和初始条件均一致，只是地层材料不同。

模型采用空间轴对称问题求解。机井井管直径为0.3 m，井深为129 m，地下水埋深为28 m，井内初始水深为101 m。模型高采用129 m，直径为2 000 m，为均质土层。砂砾石地层渗透系数为1.34×10^{-2} cm/s，亚砂土地层为2.47×10^{-3} cm/s，初始地下水位为101 m，注水流量为1 000 m^3/s，计算了灌水120 d内各个时段地下水位的分布与变化。计算模型图如图5-18所示。

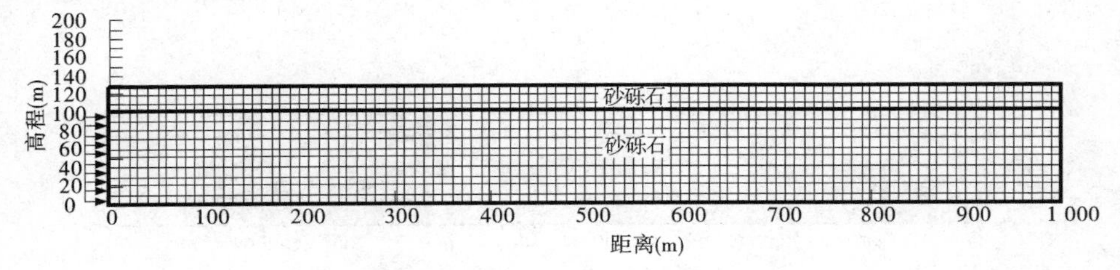

图5-18　机井回灌计算模型

1. 砂砾石地层计算结果（北盆地）

计算得到注水120 d后水头等值线和地下水位线，以及渗透流速矢量图如图5-19所示。井内地下水位抬升量随注水时间变化曲线和不同位置地下水位抬升值如图5-20和

图 5-21 所示。

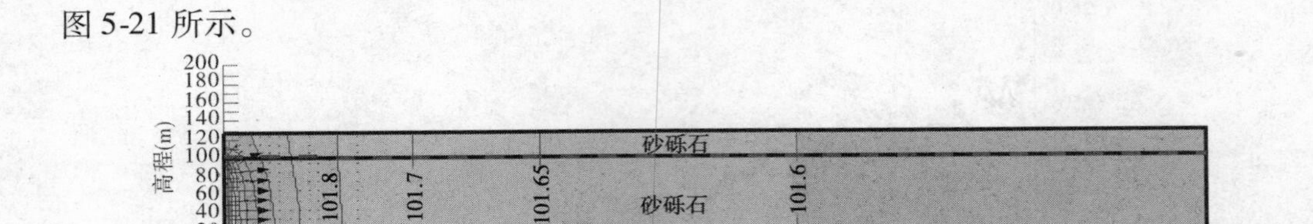

图 5-19 水头等值线(砂砾石地层) (水头单位:m)

从图中可以看出,砂砾石地层中机电井注水后,随着注水时间的延长,地下水位持续抬升;同一时段内,最大抬升量发生在井口附近,与井的距离较远处抬升量逐步减小。计算结果表明,地下水位最大抬升量为 1.12 m,发生在注水 120 d 的井口附近。按照 1 000 m^3/s 的流量向井内注水会引起井内和井周围一定范围内地层的地下水位抬高,这对涵养地下水极为有利。

2. 亚砂土地层计算结果(南盆地)

计算得到注水 120 d 后水头等值线和地下水位线,以及渗透流速矢量图如图 5-22 所示。井内地下水位抬升量随注水时间变化曲线和不同位置变化如图 5-23 和图 5-24所示。

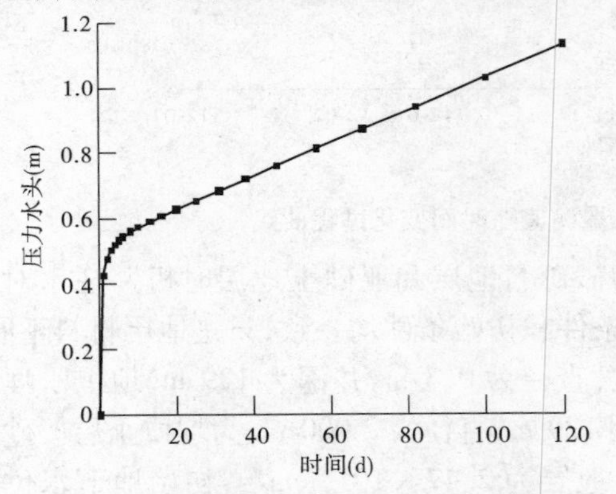

图 5-20 机井内地下水位抬升量随注水时间变化曲线(砂砾石地层)

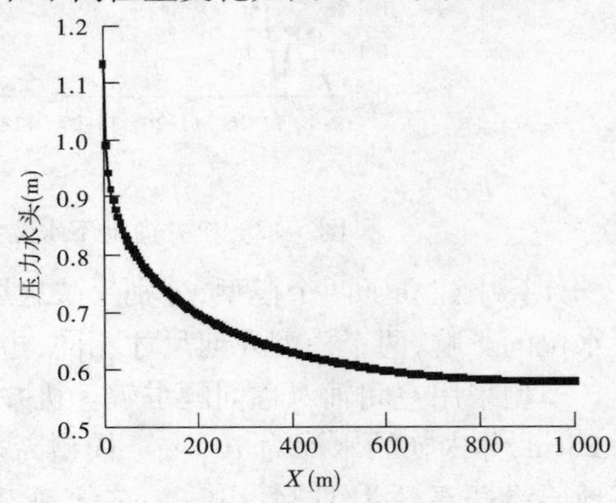

图 5-21 不同位置地下水位抬升量分布图(120 d,砂砾石地层)

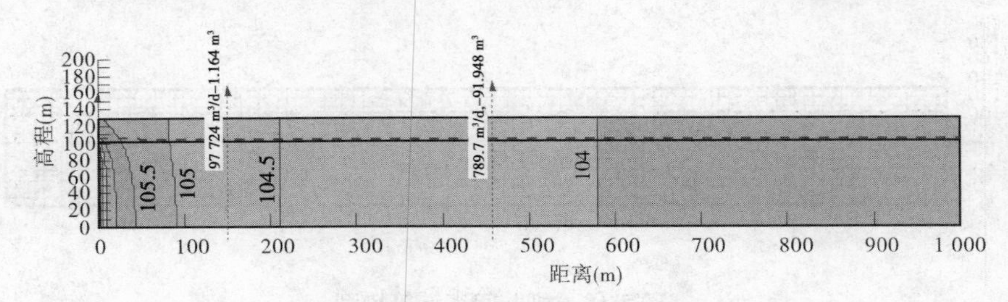

图 5-22 水头等值线图(亚砂土地层)

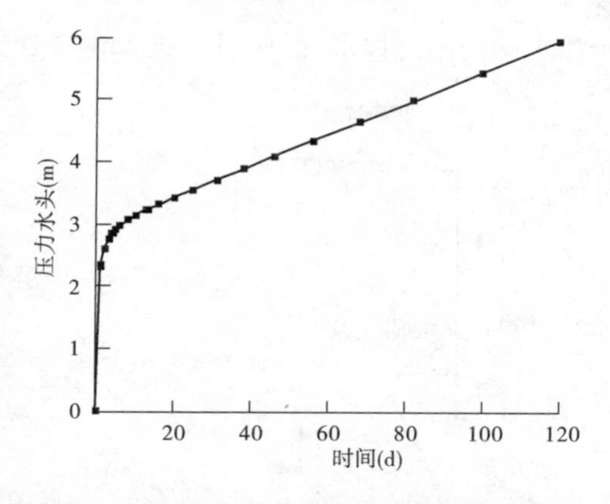

图 5-23　机电井内地下水位抬升量随注水时间变化曲线(亚砂土地层)

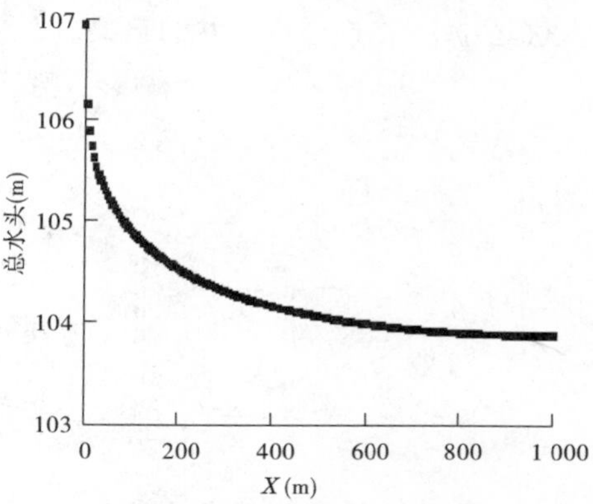

图 5-24　不同位置地下水位抬升量分布图(120 d,亚砂土地层)

从图中看出,亚砂土地层计算结果与砂砾石地层计算结果,规律上看是一致的,但是前者计算出的地下水抬升值较后者大,注水 120 d 后最大抬升量达到 7.0 m。这主要是由亚砂土地层渗透系数小、渗透水流不易向四周扩散造成的。说明亚砂土地层的可灌性较砂砾石稍差,但是对抬升地下水位有利,两者各有利弊。

3. 结果分析

从以上计算结果可以看出,无论是亚砂土地层还是砂砾石地层,机井注水后均会引起地下水位的抬升,抬升量随注水时间的增加而增加,随与井口距离的加长而减小。通过机井注水可以促进地下水位的抬升,这对缓解吐鲁番地区地下水位下降的趋势极为有利,可以达到涵养地下水的目的。同时表明,砂砾石地层的可灌性较亚砂土地层好。

5.3　坎儿井出水量控制方案可行性分析

坎儿井保护的一个重要方面是在保证其历史风貌的基础上,利用现代技术对其进行改造和加强。利用现代成井技术实现坎儿井出水的人为控制,对于一直常年自流的坎儿井来说可以避免水资源的浪费;利用现代辐射井技术可以有效提高坎儿井的出水量。

本节对坎儿井出水量控制和汇水能力加强两个问题进行了探讨,提出了基于辐射管技术和侧壁加固技术的两套坎儿井出水量控制与加强方案,并对方案的效果进行可行性验证,以达到坎儿井出水量增加和可控的目标。

5.3.1　出水量增加和控制技术方案设计与实施要点

5.3.1.1　技术方案

1. 辐射井控水方案

辐射井享有“浅井之王”的美誉,具有适用地层广、可有效开发含水层中的地下水等特点,是用来开发浅层地下水的有效方式之一。本方案主要是以出水量较少或者干涸的坎儿井为研究对象,通过新建一口取水效率较高的辐射井来使得接近断流的坎儿井重新恢复生机。首先应在坎儿井最上端的合适位置打一眼出水高效的辐射井,然后将辐射井水引入坎儿井中，在连通坎儿井的暗渠口安装一个控水阀门用以控水，详见图 5-25 和图 5-26。

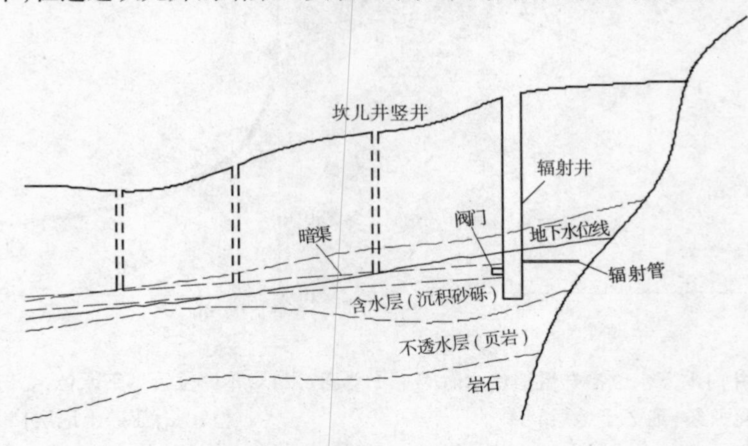

图 5-25　辐射井改造方案剖面示意图

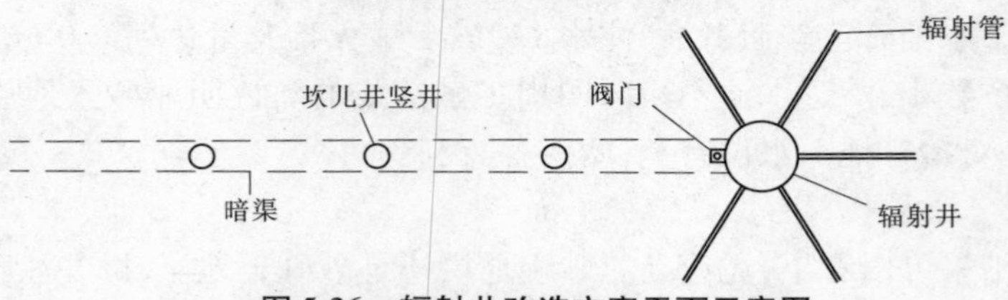

图 5-26　辐射井改造方案平面示意图

2. 暗渠支护控水方案

对坎儿井集水暗渠进行加固处理，并与控制阀门相连，用水时打开阀门，不用时关闭。如果该段两侧的水位较高还可以结合辐射管技术，沿壁向两侧打水平辐射管，用以增加水量。

本方案利用了坎儿井原来的暗渠，采用小型水平钻机铺设水平集水管，工程量相对较小。在整个运行过程当中，地下水在集水段处通过辐射管汇入暗渠，暗渠内水流被挡水墙和阀门截住，一定时间以后辐射管停止取水，起到了控水的作用。集水段附近的地下水不再流向坎儿井，而这时坎儿井集水段附近作为天然地下水库，储存非灌溉期间 50% 的低效或无效的水量。如果能实现水平辐射管取水汇入暗渠功能，这对涵养集水段附近地下水的意义巨大。

5. 3. 1. 2　辐射井控水技术方案设计

吐鲁番地区地下含水层主要是第四系砂、砂砾石层，具有较高的透水性，对辐射管的集水十分有利。

1. 辐射井结构

辐射井由集水竖井、辐射管和控水阀门组成。辐射井断面和俯视图见图 5-28。

1）集水竖井

集水竖井主要起到两三个方面的作用。汇水作用，可作为辐射管水汇集场所；辐射管的施工场所，要为辐射管的施工提供足够的空间。此外，在连通坎儿井的一段加装阀门，当需要水时可以打开阀门让水自流，不需要时关闭阀门用以实现控水。

在开挖辐射井时还应根据水文地质条件，设定开挖位置和深度，保证开挖辐射井的位置水头高于下游的坎儿井高程,这样就可以实现水的自流,节省抽水开支。

结合工程实际,集水井的直径应根据辐射管所需的施工安装尺寸进行设计。一般要求不小于2.5 m,在本工程中采用内径3 m、外径3.4 m。集水井下部设置一个100 mm的排水孔用阀门控制出水。井壁应采用钢筋混凝土预制管。

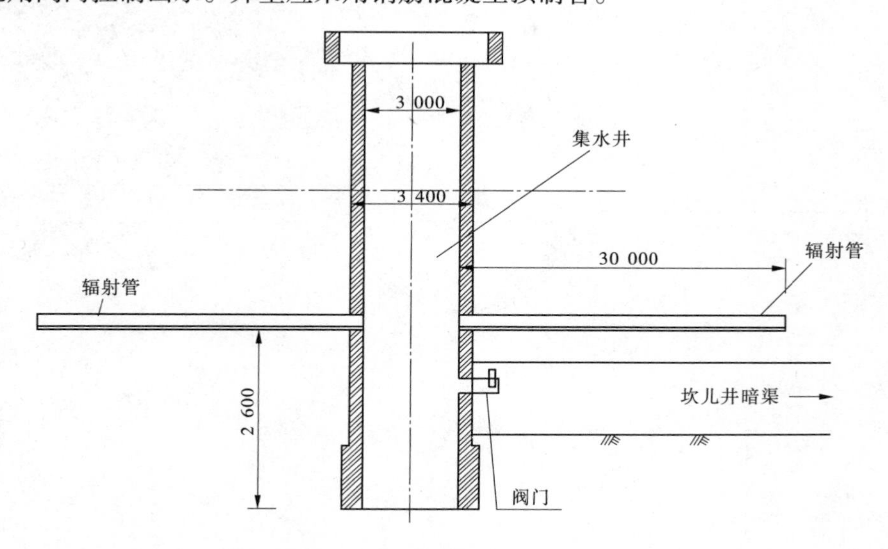

图5-27　辐射井断面　(单位:mm)

2)辐射管

辐射管均匀分布在井筒的周围,适用于地下水埋深较浅的非承压水。辐射管的材质根据含水层地质条件确定,粗砂、卵砾石含水层辐射管为预打孔眼的滤水钢管。结合工程实际,为了能够获得较大的出水量,外径为159 mm的无缝钢管作为水平集水管,这比通常采用的外径89~127 mm的集水管大,导致水平集水管在进入地层中受到的阻力也大。为了保证集水管在钻入地层中不发生破坏,集水管需要保证一定厚度,选用壁厚8 mm的钢管,每根集水管长950 mm,水平集水管进水孔眼直径选定为12 mm,一条辐射管长30 m。另外,为了确保集水管的刚度,开孔率不能过大,根据经验,开孔率为15%~16%,见图5-29。

为了解决砂砾石中水平集水管成孔问题,需要采用具有推进、拉拔、旋转、振冲功能的水平辐射管全液压清水钻进的水平钻机。

表5-8　水平钻机的一般技术指标

推力	800 kN
拉拔力	600 kN
扭矩	1 500 nm
振冲打击数	800 bmp左右
冲击能	大于1 200 J
体积约为	2.5 m×1.3 m×1.3 m

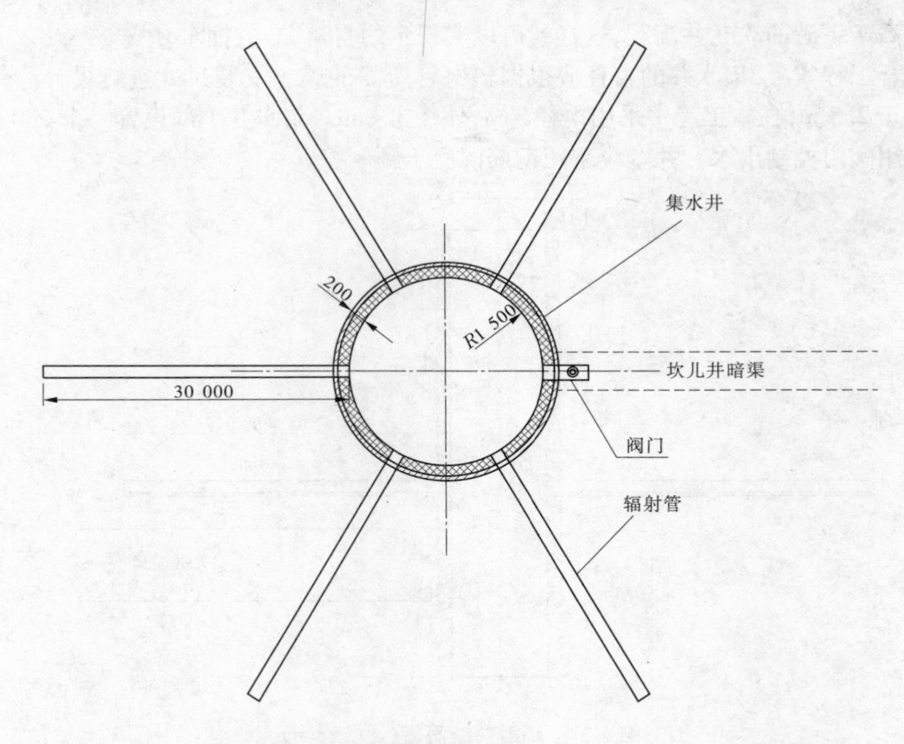

图 5-28　辐射井俯视图　（单位:mm）

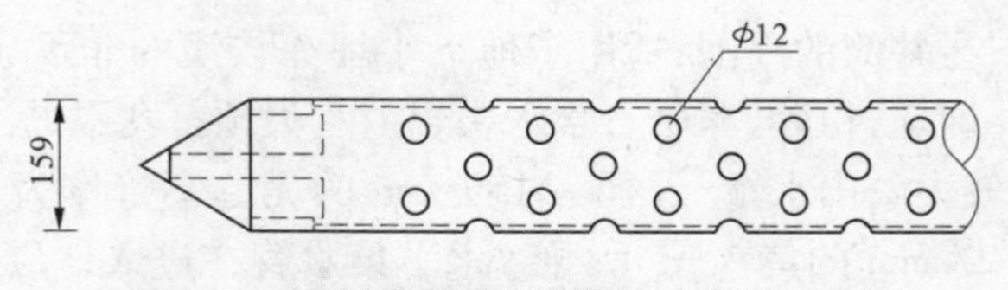

图 5-29　水平辐射管示意图　（单位:mm）

2. 实施方案

1）井管预制

竖井井管由钢筋混凝土做成，不透水，外径 3. 40 m，内径 3. 00 m，每节长 1 m，井底为厚 300 mm 的钢筋混凝土，内径和壁厚与井管相同，高 1 m。井管和井底均要事先预制完成并达到要求强度。

2）钻孔

竖井成孔通常采用反循环回转工程钻机。准备工作完成后，开动钻机和泥浆泵，让钻机正常运转但不进尺，人工往孔内投放黏土或泥浆土，1 ~ 2 h 后使泥浆池内清水变成泥浆，待泥浆达到要求后开始进尺。

3）下井管

清理已入井口的井座上平面，剔去不平整的混凝土。吊起一节井管，孔口周围 4 ~ 6 人扶住，让井管徐徐下落，使井管与井座接口对齐，松开吊绳，此时四个方向上的钢丝绳应该绷紧以防井管下沉。如果在下沉过程中钢丝绳全部放松后,井管下沉较少,则用水泵往管内加水增加重量,使井管下沉,直到有利于操作下一节管下管。全部井管下完后,用水泵往井管内加满水使井管充分下沉。

4)滤水管施工

在砂卵石地层水平集水管成孔选用中国水利水电科学研究院自行研制的旋转式全液压水平钻机或采用顶管法施工。将第一节滤水管推进含水层,此间速度一定要快,否则会产生大量流沙,无法堵住,造成严重事故。接上第二节滤水管,转动水平钻机,检查滤水管是否水平,若不水平,应及时调整钻机位置,循环操作,直至推不进。用盖板将孔封闭,待全部水平集水管施工完成之后,一次全部打开盖板。

5.3.1.3 暗渠支护控水方案设计

对于出水量较多的坎儿井,主要考虑其水量的控制,综合坎儿井的运行方式和地层地质资料,提出了在坎儿井暗渠合适段对坎儿井壁进行开挖支护,使其管道化,再在进水口处添加管道阀门以便控水。如果该支护段两侧的水位较高还可以与辐射管技术相结合,使其成为坎儿井的汇水源。

暗渠支护方案主要分为渠壁支护、阀门控制、辐射管三个部分。

1. 渠壁支护

本工程的支护措施拟采用15 cm厚喷射混凝土衬砌,混凝土中加土工格栅,格栅用锚杆和螺栓锚固,加固锚杆采用自旋式锚杆,锚杆长0.5~0.8 m,排距0.4 m。支护以后的暗渠净宽1 m,高为1.68 m的门式结构。

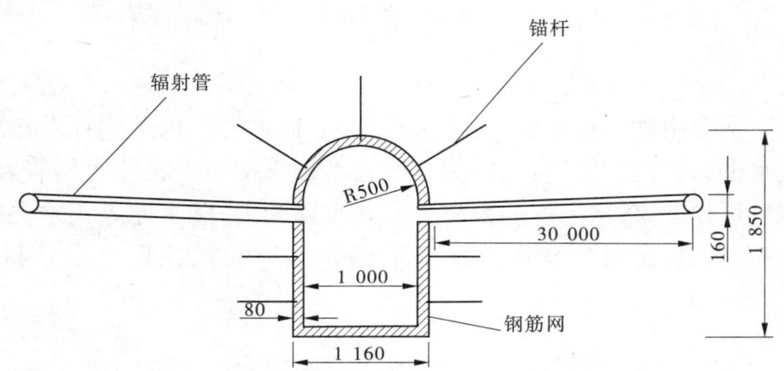

图5-30 坎儿井暗渠辐射管剖面图 (单位:mm)

2. 阀门控制

坎儿井暗渠尺寸比较大,为了满足控水要求,在暗渠建小型挡水墙,在挡水墙中设置排水孔,排水孔中设置阀门,用阀门控制其出水量。此排水孔直径100 mm。采用直径不小于100 mm的钢管连接阀门控制其出水量,见图5-31。

3. 辐射管结构布置

坎儿井暗渠是高1.6 m、宽0.6 m的卵形不规则结构。暗渠内施工空间很小,选用小型钻孔机也无法完成垂直于暗渠壁的水平辐射管。为了工程施工的顺利进行,对坎儿井的部分暗渠壁进行处理(见图5-32),也要对辐射管的角度进行限制。这就提高了整个工程的施工难度。

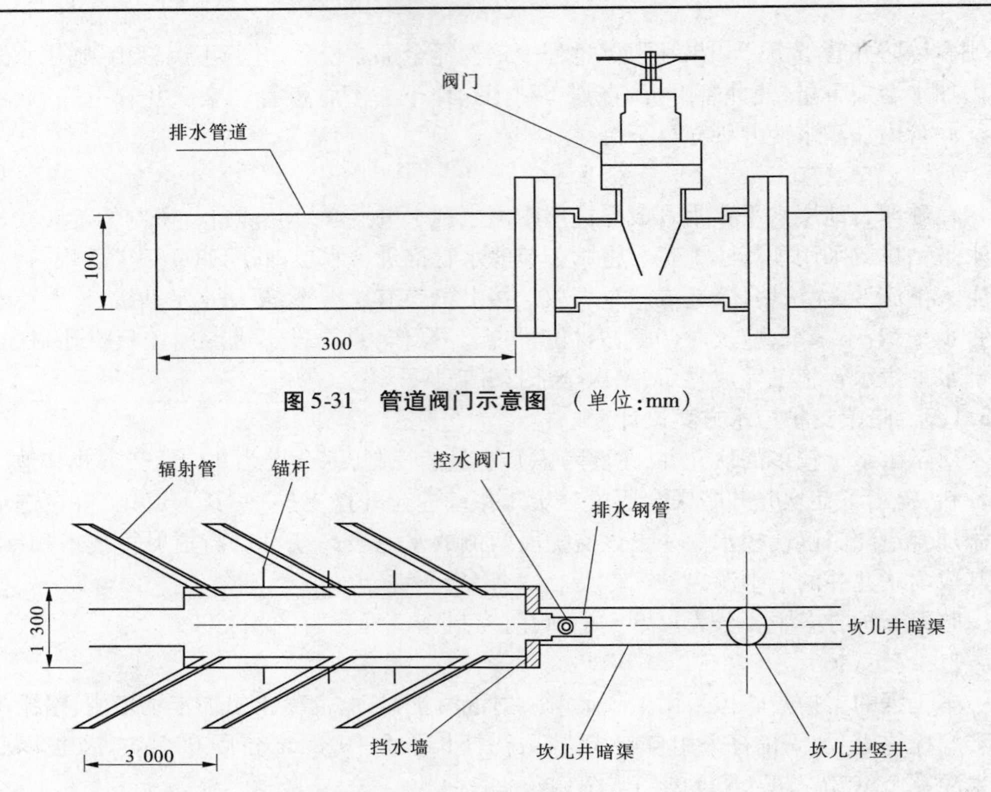

图 5-31　管道阀门示意图　(单位:mm)

图 5-32　辐射管平面图　(单位:mm)

4. 钻孔技术

坎儿井暗渠土层由砂砾石组成,根据工程实际,辐射管可以选用顶进法施工,将滤水钢管用液压式水平钻机边旋转边推进,后一根滤水钢管接前一根滤水钢管直接顶进含水层。顶进法施工过程中,含水层中的粉粒进入滤水钢管内,随水流入集水井排走,同时使粗粒挤到滤水钢管,形成天然滤层。采用三相 380 V 立式工程水平钻机,见图 5-33、表 5-9。

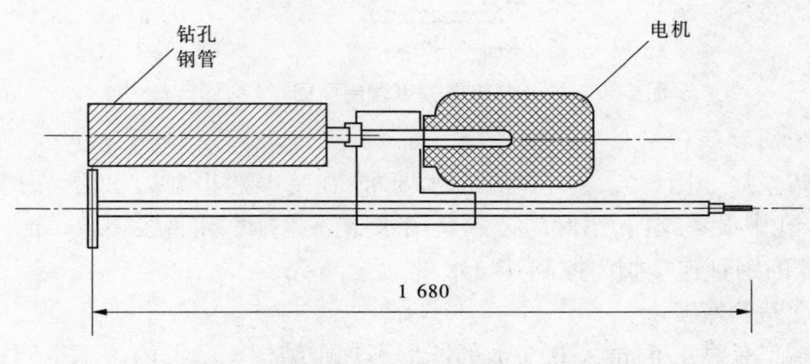

图 5-33　手提式钻孔设备示意图　(单位:mm)

表 5-9　**钻机的技术指标**

三相 380 V 立式工程水钻机参数			
别名	工程水钻机	主驱动转速	1 440 rad/min
品牌	地龙	主轴转速	820 rad/min
型号	DL160	主机尺寸(mm)	1 680 × 460 × 320
额定电压	380 V	标配钻筒尺寸(mm)	600 × 160 × 6
额定输入功率	5.5 kW	合金钻头规格	按要求配置
额定频率	50 Hz	净重	80 kg

钻孔施工内容如下：

凿除洞壁松散面，安装自旋式锚杆，锚杆间距 400 mm，均匀布置。然后固定土工格栅网，最后用混凝土喷射机喷射混凝土至设计厚度。

因为暗渠空间小，所以钻孔机和渠壁向上游方向保持 31°钻进，见图 5-34。两侧打两个辐射管，辐射管长 30 m。为了避免辐射管之间的相互干扰，在 3 m 距离处再打两个辐射管，再过 3 m 距离再打两个辐射管，总共打 6 个辐射管。利用顶进法打辐射管时，必须要在暗渠中做混凝土支撑。

控制阀门的时候必须要做挡水墙，挡水墙的中间设计直径为 100 mm 的排水孔。用不锈钢管引水到暗渠。阀门安装在钢管上，用阀门实时控制排水孔的出水。

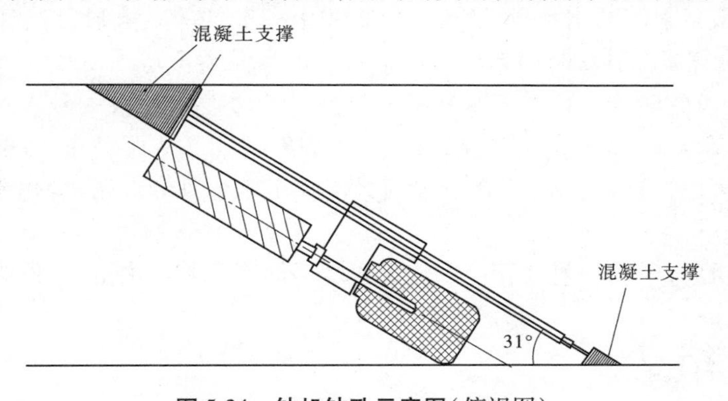

图 5-34　**钻机钻孔示意图**(俯视图)

5.3.2　控制技术可行性评价与效果分析

5.3.2.1　辐射井方案出水量计算

由于辐射井结构特殊，出水时水力条件与管井、大口井不同。辐射井出水时，辐射管以外地下水呈水平渗流，辐射管范围内以垂直渗流为主；辐射管顶上水位较低，两辐射管之间的水位较高，呈波状起伏。目前，确定辐射井出水量尚无较准确的理论计算方法，多按抽水试验的资料确定。如缺乏资料，在初步规划时，可按等效大口径法估算。

根据等效原则，将辐射井简化为一个虚拟大口井，出水量与它相等。可按与潜水完整

相类似的公式计算辐射井的出水量,即

$$Q = \frac{1.364KS_0(2H - S_0)}{\lg \frac{R}{r_f}} \tag{5-2}$$

式中:Q 为辐射井出水量,m^3/d;K 为渗透系数,m/s;S_0 为水位降深,m;H 为潜水含水层厚度,m;R 为辐射井影响半径,m,按经验公式计算,r_f 为等效大口井半径,m,当水平辐射管等长度时 $r_f = 0.25^{\frac{1}{n}} L_f$,$n$ 为单层水平集水管根数,L_f 为单根水平辐射管长度,m。

公式适用条件为水平集水管管径要求大于一定数值,对于砂卵石地层,该值不小于100 mm。

工程实例计算:

吐鲁番地区的坎儿井均开采地下潜水,因此地下水位应该略高于坎儿井。而辐射井的水面高程应该与坎儿井暗渠高程一致,这样才能让水自流进坎儿井中。估算一般地下水位高程应该高于坎儿井 2 m 左右,取 2 m 作为水位降深 S_0 的取值;辐射井的内径为 3 m,辐射管半径 0.159 m、长 30 m,一排布设 5 条辐射管,辐射井底部至辐射管的高差为 2.6 m,渗透系数取砂砾石土的渗透系数 1.37×10^{-4} m/s。

通过计算:$R = 30.27$ m,$r_f = 22.7$ m,$Q = 1\ 837\ m^3/d$。从而得知,在设置辐射管后坎儿井的出水量可以达到 1 837 m^3/d,比常规坎儿井每天约 1 000 m^3 的出水量增大了 1.8 倍,效果明显。

5.3.2.2　暗渠支护出水量计算

对于暗渠段辐射管的出水量计算,可以采用上一节的等效大口径法计算出水量。取 2 m 作为水位降深 S_0 的取值;暗渠底部至辐射管的高差为 1 m,辐射管长 30 m,两侧设 6 条辐射管,砂砾石的渗透系数 1.37×10^{-4} m/s,其余的参数与上文一致。

通过计算:$R = 30.23$ m,$r_f = 23.81$ m,$Q = 1\ 218\ m^3/d$。从而得知,在设置辐射管后坎儿井的出水量可以达到 1 218 m^3/d,比常规坎儿井每天约 1 000 m^3 的出水量增大了 1.2 倍,效果明显。

从以上分析看,增设辐射井管可以较大幅度增加坎儿井出水量,效果明显。

5.4　小　结

本章以减少坎儿井的水量浪费为目的,分析并预测了吐鲁番地区坎儿井农闲水的量值,提出利用农闲水回灌地下,涵养绿洲区地下水的技术,并研究坎儿井出水人为控制技术,为坎儿井水的高效利用和科学管理提供技术保障。得到的主要结论如下:

(1)根据吐鲁番当地的地质、农业、水利和水文等相关资料,从坎儿井各年出水量总体变化趋势和坎儿井出水量与机电井抽水量的相关性出发,找到了机电井抽水量与坎儿井出水量之间的关系,并基于此预测了未来 5 年内坎儿井出水量的大小。根据坎儿井出水量、灌溉用水量、生态用水量等,对坎儿井的非灌溉期间农闲水量和灌溉期间的农闲水量作出了预测,定量地估算出了 2010～2015 年坎儿井农闲水的量值。计算结果表明,2015 年以前每年的农闲水量均不少于 4 800 万 m^3,量值巨大 。

(2)根据吐鲁番当地实际情况,提出了利用农用机井进行坎儿井农闲水回灌地下和设置反滤回灌井进行回灌两种技术方案。两种方案适合不同的条件,符合地下水渗流原理和坎儿井实际情况,具有经济、有效和实施简单的优点。

(3)通过现场回灌试验实测、理论计算和 ADINA 有限元软件、GEO－studio 有限元软件的数值模拟,对机电井回灌方案进行了验证。研究结果表明,机井回灌方案是可行的,回灌后局部地下水位会出现明显抬升,但不会出现井水出溢淹井现象;反滤井与机电井回灌机理基本一样,推测认为反滤井也具有足够的回灌能力。机井回灌方案适用于坎儿井附近有机井或者废弃机井的情况;反滤井回灌可以设置在坎儿井龙口附近,适用于无机井且强透水砂砾石层埋深较浅的地区。

(4)通过对坎儿井的水文地质情况和运行机理的研究分析,提出了辐射井控水方案和暗渠加固控水方案,实现了坎儿井出水人为可控的目标。对于暗渠加固控水方案,在地下水位高于暗渠的渠段,也可打水平辐射管,在控水的同时还可以增加坎儿井的出水量。经计算,辐射井控水方案可增加坎儿井的出水量为 1 837 m^3/d,暗渠加固控水方案可增加坎儿井的出水量为 1 218 m^3/d。

第6章　结　论

通过现场调查、室内试验、数值模拟、示范工程以及专家咨询等方式对新疆吐鲁番地区坎儿井地下水资源涵养与保护开展了系统研究，从“治本”、“治标”以及管理等方面提出了几种不同的治理方案和对策，具体结论如下。

一、开展了坎儿井区域水环境演变调查与趋势分析

（1）调查了吐鲁番盆地机电井的数量、分布以及出水量等情况。根据统计调查的资料，宏观上分析了近几十年来机电井数量与坎儿井数量的关系，机电井出水量与坎儿井出水量之间的关系。分析表明：机电井数量和抽水量的增长速率与坎儿井出水量和有水坎儿井数量的衰减速率密切相关。机电井抽水是有水坎儿井数量衰减的最大影响因素。

（2）选取一个典型坎儿井区域，进行了坎儿井与机电井布局、数量以及抽水量的数值模拟。得出：单个机电井位置对坎儿井出水量影响有限，且机电井到坎儿井距离的远近影响不是很大，坎儿井出水量减少量最大不会超过15%；多个机电井同时抽水时，抽水位置对坎儿井出水量的影响明显，坎儿井出水量随抽水量的增加大致呈线性降低关系，机电井布置在坎儿井集水段时影响最为明显；机电井的抽水量对坎儿井出水量的影响大于机电井的距离的影响。

（3）在对坎儿井区域水环境演变调查及其衰减原因分析的基础上，从水资源保护的角度出发，在坎儿井长效利用保护机制的建立完善、坎儿井抢救与保护工程的实施、坎儿井及其绿洲水资源保护以及坎儿井灌区水文化建设四个方面提出了对坎儿井水资源利用与保护对策。

二、进行了吐鲁番盆地山前冲积扇蓄洪入灌地下水技术论证

（1）分析了天山山前暴雨特征、洪水频率、水文地质条件等条件，论证了山前蓄洪入灌地下水技术是可行的，可以增加坎儿井的水源补给量。

（2）提出了鱼鳞坑与拦洪坝贮蓄的洪水入灌方案，该方案储蓄的洪水均以非饱和形式垂直渗入地下，从而引起地下水位的抬升。若大面积布设鱼鳞坑或者拦洪坝后，将引起地下水位的较大幅度抬升。即使有淤泥层存在，坑内蓄水也可在14～15 h内渗入地下，入渗持续时间较短，补给地下水的效果较好。

（3）以喀尔于孜萨依沟区域作为典型区域计算蓄洪入灌量并扩展至吐鲁番盆地，扣除蒸发量及洪流沿途正常入渗量，计算得到修建蓄洪入灌工程后5年一遇洪量增加入渗补给地下水量为570.2万m^3/a，蓄洪入灌效益明显。

三、开展了坎儿井破坏机理与加固技术研究

（1）采用现场广泛考察、土工试验和数值分析相结合的方法对坎儿井破坏机理开展

了详细研究。其破坏机理为:坎儿井竖井、暗渠出口段与水相接,与大气相通,地层的不同高度受地下水的毛细上升作用和气温的影响,地层和洞壁湿度发生变化。在冬季由于温度降低至零度以下,冻结作用使黄土中毛细水向冷端迁移,同时坎儿井中水汽凝结,增大了竖井、暗渠出口段土层中湿度;当气温增加,冻结土体融化时,应力释放,结构松弛;到了夏天,土体中含水量蒸发,土体收缩出现表面裂纹,这样周而复始的作用,使土体结构破坏,黏聚力丧失,导致土体破坏。竖井、暗渠出口段土层先是底部片状剥落破坏,然后随塑性区扩展发展成块状剥落破坏,最后形成大面积坍塌破坏。

(2)在传统的坎儿井暗渠出口段加固方案分析的基础上,提出了"自旋式锚杆挂土工格栅喷(抹)混凝土加固方案",并建立了示范工程一处,对加固后的坎儿井暗渠开展了数值计算和经济技术比较,证明了提出的方案较佳。

(3)对现有的坎儿井竖井加固方案,暗渠与明渠的防渗方案以及涝坝的加固方案进行了系统的总结,为坎儿井的加固提供一定的参考。

四、进行了非灌溉期坎儿井水量控制与地下水涵养技术研究

(1)从坎儿井各年出水量总体变化趋势和坎儿井出水量与机电井抽水量的相关性两个方面出发,找到了机电井抽水量与坎儿井出水量之间的相关关系,并基于此预测了2010~2015年坎儿井出水量的大小。根据坎儿井出水量、灌溉用水量、生态用水量等,对坎儿井的非灌溉期间农闲水量和灌溉期间的农闲水量做出了预测,定量预测估算给出了2010~2015年坎儿井农闲水的量值,估算表明:2015年以前每年的农闲水量均不少于4 800万m^3。

(2)根据吐鲁番当地实际情况,提出了利用农用机电井进行坎儿井农闲水回灌地下和设置反滤回灌井进行回灌的两种技术方案。两种方案适合不同的条件,符合地下水渗流原理和坎儿井实际情况,具有经济、有效和实施简单的优点。并以农用机电井为例开展了现场回灌试验和有限元数值模拟,结果表明:机电井回灌方案是可行的,回灌后局部地下水位会出现明显抬升,但不会出现井水出溢淹井现象。

(3)通过对坎儿井的水文地质情况和运行机制的研究分析,提出了辐射井控水方案和暗渠加固控水方案,可以实现坎儿井出水人为可控的目标。经计算,辐射井控水方案可增加坎儿井出水量到1 838 m^3/d,比常规坎儿井每天约1 000 m^3的出水量增大1.8倍;暗渠加固控水方案可增加的坎儿井出水量到1 218 m^3/d,比常规坎儿井每天约1 000 m^3的出水量增大1.2倍。

参考文献

[1] 殷宗泽,等. 土工原理[M]. 北京:中国水利水电出版社,2007.
[2] 沈珠江. 理论土力学[M]. 北京:中国水利水电出版社,2000.
[3] 郑颖人,王敬林,陆新,等. 岩土力学与工程进展[M]. 重庆:重庆出版社,2003.
[4] 杨小平. 土力学[M]. 广州:华南理工大学出版社,2001.
[5] 王元汉,等. 有限元法基础与程序设计[M]. 广州:华南理工大学出版社,2001.
[6] 邢义川,谢定义,汪小刚. 非饱和黄土的三维有效应力[J]. 岩土工程学报,2003,25(3):288-293.
[7] 邢义川,谢定义,李振. 非饱和黄土的破坏条件[J]. 工程力学,2004,21(2):167-172.
[8] 张爱军,邢义川. 黄土增湿湿陷过程的三维有效应力分析[J]. 水利发电学报,2002(1):21-27.
[9] 郭敏霞,张少宏,邢义川. 非饱和原状黄土湿陷变形级孔隙压力特性[J]. 岩石力学与工程学报,2000,19(6):785-788.
[10] 邢义川. 非饱和土的有效应力与变形强度特性规律的研究[D]. 西安:西安理工大学,2001.
[11] 邢义川,谢定义,骆亚生. 非饱和土有效应力及力学特性研究浅析[J]. 西北农林科技大学学报,自然科学版,2003,31(2).
[12] 陈正汉. 非饱和土研究的新进展[C]//中加非饱和土学术研讨会论文集,1994:145-152.
[13] 弗雷德隆,等. 非饱和土土力学[M]. 陈仲颐,等,译. 北京:中国建筑工业出版社,1997.
[14] 陈正汉,等. 非饱和土固结的混合物理[J]. 应用数学和力学,1993:127-137.
[15] 陈正汉,等. 非饱和土的水气运动规律及其工程性质的试验研究[J]. 岩土工程学报,1993(3):9-20.
[16] 陈正汉,等. 非饱和土应力状态和应力状态变量[M]. 北京:中国建筑工业出版社,1994:186-191.
[17] 陈正汉,等. 非饱和土的有效应力探讨[J]. 岩土工程学报,1994(3):62-69.
[18] 陈正汉,周海清,Fredlund. 非饱和土的非线性模型及其应用[J]. 岩土工程学报,1999(5):603-608.
[19] 陈正汉,等. 非饱和土固结的混合物理论[J]. 应用数学和力学,1993(8):687-698.
[20] 陈正汉,黄海,卢再华. 非饱和土非线性固结模型和弹塑性固结模型及其应用[J]. 应用数学和力学,2001(1):93-103.
[21] 卢再华,陈正汉,孙树国. 南阳膨胀土变形与强度特性的三轴试验研究[J]. 岩石力学与工程学报,2002(5):717-723.
[22] 陈勉,陈至达. 多重孔隙介质的有效应力定律[J]. 应用数学和力学,1999,20(11).
[23] 卢再华. 非饱和膨胀土的弹性损伤模型及其在土坡多场耦合分析中的应用[J]. 岩土力学,2001,22(3).
[24] 黄海. 非饱和土的屈服特性及其弹塑性固结的有限元分析[D]. 重庆:后勤工程学院,2000.
[25] 黄文熙. 土的工程性质[M]. 北京:水利水电出版社,1983.
[26] 李广信. 高等土力学[M]. 北京:清华大学出版社,2004.
[27] 赵成刚,白冰,王运霞. 土力学原理[M]. 北京:清华大学出版社,2004.
[28] 刘祖德,等. 土的抗剪强度特性[J]. 岩土工程学报,1986,8(1).
[29] M J 伏斯列夫. 饱和粘土抗剪强度的物理分量[M]. 北京:科学出版社,1965.

[30] R V 惠特曼. 关于粘土抗剪强度的一些见解和试验数据[M]. 北京:科学出版社,1965.
[31] 殷宗泽,周建,赵仲辉,等. 非饱和土本构关系及变形计算[J]. 岩土工程学报,2006,28(2).
[32] 殷宗泽,徐志伟. 土体各向异性及近似模拟[J]. 岩土工程学报,2002,24(5).
[33] 钱家欢,殷宗泽. 土工数值分析[M]. 北京:铁道出版社,1996.
[34] 殷宗泽,朱俊高,袁俊平,等. 心墙堆石坝的水力劈裂分析[J]. 水利学报,2006.
[35] 殷宗泽,朱泓. 土与结构材料接触面变形及其数学模拟[J]. 岩土工程学报,1994,24(3).
[36] 王元汉,等. 有限元法基础与程序设计[M]. 广州:华南理工大学出版社,2001.
[37] 杨小平. 土力学[M]. 广州:华南理工大学出版社,2001.
[38] 郑颖人,沈珠江,龚晓南. 岩土塑性力学原理[M]. 北京:中国建筑工业出版社,2002.
[39] 陈惠发,A. F. 萨里普. 弹性与塑性力学[M]. 北京:中国建筑工业出版社,2004.
[40] 粟一凡. 材料力学[M]. 北京:高等教育出版社,1986.
[41] 袁志发,周静芋. 多元统计分析[M]. 北京:科学出版社,2002.
[42] 赵选民,徐伟,师义民,等. 数理统计[M]. 北京:科学出版社,2002.
[43] 阮贵海,等. SAS 统计分析实用大全[M]. 北京:清华大学出版社,2003.
[44] 中国岩土工程协会. 岩土锚固新技术[M]. 北京:人民交通出版社,1998.
[45] 朱以文,蔡元奇,徐晗. ABQUS 与岩土工程分析[M]. 北京:中国图书出版社,2005.
[46] 王金昌,陈页开. ABQUS 在土木工程中的应用[M]. 杭州:浙江大学出版社,2006.
[47] 石亦平,周玉蓉. ABQUS 有限元分析实例详解[M]. 北京:机械工业出版社,2008.
[48] 祖景平,钱英莉,周华樟,等. ABQUS 6.6 基础教程与实例详解[M]. 北京:中国水利水电出版社,2008.
[49] 赵腾伦. ABQUS 6.6 在机械工程中的应用[M]. 北京:中国水利水电出版社,2007.
[50] 李围,等. ANSYS 在土木工程应用实例[M]. 北京:中国水利水电出版社,2005.
[51] 李围,等. 隧道及地下工程 ANSYS 实例分析[M]. 北京:中国水利水电出版社,2005.
[52] 徐学祖,王家澄,张立新. 冻土物理学[M]. 北京:科学出版社,2001.
[53] 中华人民共和国住房和城乡建设部. GB 50010—2002 混凝土结构设计规范[S]. 北京:中国建筑工业出版社,2002.
[54] 中华人民共和国水利部. SL/T 191—96 水工混凝土结构设计规范[S]. 北京:中国水利水电出版社,1997.
[55] 中华人民共和国水利部. SL 237—1999 土工试验规程[S]. 北京:中国水利水电出版社,1999.
[56] 中华人民共和国建设部. GB/T 50123—1999 土工试验方法标准[S]. 北京:中国计划出版社,1999.
[57] 中华人民共和国建设部,中华人民共和国国家质量监督检验检疫总局. GB/T 50021—94 岩土工程勘察规范[S]. 北京:中国建筑工业出版社,1999.
[58] 中华人民共和国建设部. GB 50324—2001 冻土工程地质勘察规范[S]. 北京:中国计划出版社,2001.
[59] 中华人民共和国建设部,中华人民共和国国家质量监督检验检疫总局. DL/T 5082—1998 水工建筑物抗冰冻设计规范[S]. 北京:中国电力出版社,1998.
[60] 虎胆·吐马尔白. 地下水利用[M]. 北京:中国水利水电出版社,2008.
[61] 云桂春,成徐州. 人工地下水回灌[M]. 北京:中国建筑工业出版社,2004.
[62] 曹剑锋,迟宝明. 专门水文地质学[M]. 北京:科学出版社. 2006.
[63] 何万雄. Visual ModFlow 数值模拟在陕化新开水源地勘察中的应用[J]. 陕西地质,2011,29(2).
[64] 李旺林. 反滤回灌井的结构设计理论和方法[J]. 地下水,2009,31(1).

[65] 流畅,成建梅,苏春利．敦煌月牙泉地区人工回灌下的地下水动态模拟[J]．水资源保护,2013,29(2).
[66] 易立新,徐鹤．地下水数值模拟 GMS 应用基础与实例[M]．北京:化学工业出版社,2009.
[67] 邓明江．干旱区坎儿井与山前凹陷地下水库[J]．水科学进展,2010,21(6):749-751.
[68] 陈鹏,王玮．辐射井取水方式数值模拟方法[J]．人民黄河,2013,35(4):48-50.
[69] 周维博,何武全．辐射井定流量抽水时非稳定流计算[J]．水利学报,1997,23(2):79-83.
[70] 陈崇希,林敏．地下水动力学[M]．武汉:中国地质大学出版社,2003.
[71] 陈崇希,林敏．渗流－管流耦合模型及其应用综述[J]．水文地质工程地质,2008,35(3):70-75.
[72] 李坤,董新光,吴彬,等．冲洪积平原渗流和灌流耦合的辐射井结构[J]．水科学进展,2012,23(5):680-684.
[73] 何俊杰,王明伟,王廷国．地下水动力学[M]．北京:地质出版社,2009.
[74] 管光华,王长德,候峰．美国中亚利桑那调水工程(CAP)地下水银行经验对我国调水工程的启示[J].南水北调水利科技,2011,9(1).
[75] 马兴华,何长英,等．河谷区地下水人工回灌试验研究[J]．干旱区研究,2011,28(3).
[76] 杜新强,冶雪艳,路莹,等．地下水人工回灌堵塞问题研究进展[J]．地球科学研究进展,2009,24(9).
[77] 张猛,成徐州,赵璇．采用组合式强化井灌的人工地下水回灌[J]．清华大学学报:自然科学版,2009,49(9).
[78] 童坤,束龙仓,黄修东,等．雨洪水回灌过程中堵塞滤层特征试验[J]．水利水电科技进展,2011,31(4).
[79] 新疆自治区坎儿井研究会.新疆坎儿井(上、下册)[M].乌鲁木齐:新疆人民出版社,2009.
[80] 新疆通志.水利志[M].乌鲁木齐:新疆人民出版社,2009.
[81] 新疆自治区人民代表大会.新疆维吾尔自治区坎儿井保护条例[R].2006.
[82] 新疆自治区坎儿井研究会.新疆坎儿井普查及初步研究报告[R].2002.
[83] 新疆水利水电科学研究院,吐鲁番地区水利科学研究所.新疆坎儿井保护利用规划[R].2005.
[84] 爱斯卡尔·买买提.吐鲁番地区坎儿井的保护与利用[R].西安:长安大学,2010.
[85] 邓铭江.新疆地下水资源开发利用现状及潜力分析[J]．干旱区地理,2009(5).
[86] 翟源静,刘兵.从鲍尔格曼的“焦点物”理论看新疆坎儿井角色的转变[J]．科学技术哲学研究,2010(6).
[87] 翟源静,刘兵.新疆坎儿井工程中的文化冲突及其消解[J]．工程研究—跨学科视野中的工程,2010(1).
[88] 傅小峰,卢伟.干旱区水资源可持续有效利用探讨—以新疆为例[J]．干旱区地理,1998(2).
[89] 赵丽,宋和平,等.吐鲁番盆地坎儿井的价值及其保护[J]．水利经济,2009(5).
[90] 陈鹏.新疆地下水资源合理开发利用与保护措施[J]．地下水,2002(3).